JAMES ALDRED

DER MANN, DER AUF BÄUME KLETTERT

JAMES ALDRED

DER MANN, DER AUF BÄUME KLETTERT

Einblicke in einen
verborgenen Kosmos
zwischen Himmel und Erde

Aus dem Englischen von
Sabine Lohmann und Andreas Gressmann

LUDWIG

Die Originalausgabe erschien 2017 unter dem Titel *The Man Who Climbs Trees* bei WH Allan, einem Imprint von Random House Group Limited, 20 Vauxhall Bridge Road, London.

klimaneutral
powered by ClimatePartner°
Druck | ID 12537-1707-1001

MIX
Papier aus verantwortungsvollen Quellen
FSC® C014889
FSC
www.fsc.org

Verlagsgruppe Random House FSC® N001967

Redaktion: Thomas Bertram, Gelsenkirchen
Umschlaggestaltung: Eisele Grafik-Design, München
Umschlagsfoto: © James Aldred
Fotos im Innenteil: Bildteil Seite 2, u.: © James Aldred / Cede Prudente;
Seite 7, o.: © Graham Hatherley
alle anderen Fotos: © James Aldred
Satz: Leingärtner, Nabburg
Druck und Bindung: Pustet, Regensburg
Printed in Germany
ISBN: 978-3-453-28106-6

www.ludwig-verlag.de

Für dich, Yogita
Mera pehla, mera aakhiree,
mera sachcha pyaar

Noch nie war er sich so plötzlich und so deutlich bewusst geworden, wie sich die Haut eines Baumes anfühlte und wie viel Leben in ihm steckte. Eine Wonne überkam ihn beim Anblick und Berühren des Holzes, nicht wie sie ein Förster oder Zimmermann empfunden hätte; es war die Wonne des lebendigen Baumes selbst.

J.R.R. TOLKIEN, *DER HERR DER RINGE*

Bäume sind Gedichte, die die Erde auf den Himmel schreibt.

KHALIL GIBRAN, *SAND UND SCHAUM*

PROLOG

Anfänge

1988

Der Morast saugte sich an meinem linken Stiefel fest, brachte mich aus dem Gleichgewicht. Ich spürte, wie die morastige Suppe durch die Schnürlöcher eindrang. Vor mir entdeckte ich ein festes Grasbüschel und wälzte mich darauf. Ich griff nach einem über mir hängenden Zweig und zog mein Bein aus dem Sumpf, rappelte mich auf und krabbelte auf festen Boden. Knochentrockene Laubbrösel klebten auf den schwarzen Schlammspuren an meinen Hosenbeinen.

Trügerische Moore sind eine echte Spezialität des New Forest in Südengland. Am selben Tag hatte ich schon einmal einen Fuß auf scheinbar festen Boden gesetzt, der aber sofort zu schwanken und zu federn begann wie die dünne Haut eines Schlauchboots. Wenn man durch die Decke aus Moos und

Gräsern auf der Oberfläche eines Regenmoores bricht, kann man innerhalb von Sekunden bis zum Hals drinstecken. Ich hatte schon eine Menge grünbemooste Tierknochen gesehen, die aus solchen Sümpfen ragten – eine schauerliche Mahnung, einen weiten Bogen darum zu machen. Doch als 13-Jähriger musste ich noch lernen, wie man eine Landschaft liest, und manchmal gewann meine Ungeduld die Oberhand über die Vorsicht. Ich atmete tief durch und wischte mir die Hände ab. Beim nächsten Mal würde ich lieber einen Umweg von zehn Minuten in Kauf nehmen und den Sumpf umgehen, so viel war sicher.

Ich zog meine Karte hervor: Stinking Edge Wood, stinkender Waldrand. Das passte. Als ich mich setzte, um mit einer Socke den Dreck zwischen meinen Zehen zu entfernen, hallte in der Ferne dumpfes Getrappel und das scharfe Knacken von Ästen durch den Wald. Ich war einem Rudel von Damhirschen gefolgt, doch diese Geräusche waren zu heftig und zu laut, als dass sie von ihnen herrühren konnten. Ich zog meinen Stiefel wieder an und bewegte mich langsam zwischen den Bäumen voran. Der Boden war übersät von großen toten Ästen, abgeworfen aus den dichten Baumkronen über mir. Die Nachmittagssonne strömte in den offenen Raum zwischen den Bäumen, und ein staubiger Dunst hing in der Luft.

Die Hufschläge kamen näher, und ich vernahm ein Wiehern. Ein tiefes Trommeln erschütterte den Boden, dann brach eine Herde Ponys zwischen den Bäumen hervor und hielt direkt auf mich zu. Ein Dutzend Stuten, mit geblähten Nüstern und wilden Mähnen, in denen sich Farne und Ranken verfangen hatten.

Eine fieberhafte Erregung ging von ihnen aus, eine gefährliche Energie lag in der Luft. Sie galoppierten in einer Spirale mit den Köpfen nach innen gerichtet, und hinter ihnen erblickte ich zwei weiße Hengste, die in einem wilden Sturm von

Zähnen, Hufen und Geifer umeinander wirbelten. Verdrehte Augen, aufgeblähte rosa Nüstern, gebleckte Zähne. Sie bockten, schlugen aus und wandten sich die Kehrseite zu, um einander heftige Tritte mit den Hinterbeinen zu verpassen. Die Stuten schrien fast vor Erregung, stießen ein lang gezogenes Wiehern aus. Wieder erbebte der Boden, und mir wurde plötzlich bewusst, dass die ganze Herde trotz der großen Nähe meine Anwesenheit noch gar nicht bemerkt hatte. Die Luft war erfüllt von ihrem scharfen Geruch, und es bestand die reale Gefahr, dass ich in das Getümmel hineingeriet, niedergetrampelt und überrannt wurde. Mit einem Mal bekam ich Panik, als mir klar wurde, dass mir nur wenige Augenblicke blieben, um Schutz zu finden.

Die Stuten setzten sich wieder in Bewegung, sie umkreisten in wilder Hatz die beiden Hengste und kamen bedrohlich näher. Rennend konnte ich ihnen nicht entkommen. Ich trat zurück und spürte einen Baumstamm hinter meinem Rücken. Eine dicke Eiche, doch es waren zu viele Ponys, als dass sie mir echten Schutz hätte bieten können. Die untersten Äste saßen hoch über mir außer Reichweite am Stamm. Mir schlug das Herz bis zum Hals, und meine Beine fingen an zu zittern. Als ich mit den Händen verzweifelt über die Rinde fuhr, spürte ich einen alten Eisenhaken, der aus dem Stamm hervorstand. Er steckte schon so lange dort, dass der Baum ihn fast überwuchert hatte, ragte jedoch gerade genug hervor, um als Stütze zu dienen. Über ihm fand ich einen zweiten, dann einen dritten, vierten und fünften – und im Handumdrehen lag ich bäuchlings auf einem breiten Ast und blickte hinunter auf die muskulösen Rücken der Hengste, die zwei Meter unterhalb von mir umeinander wirbelten. Die Eiche stand im Mittelpunkt einer wogenden Masse außer Rand und Band geratener Ponys.

Die Luft war von Staub und Lärm erfüllt, und ich klammerte mich fest an die knorrige Rinde, in meinem Kopf drehte sich alles, mein Puls raste, das Adrenalin schoss durch meinen Körper. Einer der Hengste stob davon, worauf die ganze Herde ihm nachsetzte und zwischen den Bäumen verschwand. Ich lauschte auf das sich entfernende Getrommel der Hufe auf dem trockenen Boden und atmete tief durch, dankbar, dass mir das Schicksal zur rechten Zeit diese Zuflucht geschenkt hatte. Im Wald kehrte wieder Frieden ein, und nach und nach legte sich der Staub.

Erst jetzt betrachtete ich meine Umgebung und stellte fest, dass ich auf einer alten Kopfeiche saß. Die Eisenhaken zeugten davon, dass jemand, vielleicht ein Forstaufseher oder auch ein Wilderer, den Baum vor vielen Jahren regelmäßig benutzt hatte. Vielleicht als Ausguck oder auch als Versteck, lange bevor ich selbst auf ihm Zuflucht gesucht hatte.

Die breiten Äste dehnten sich von der Mitte waagerecht aus und bogen sich an den Enden nach oben, wie die Finger einer riesigen, gekrümmten Hand. Ich rutschte zurück in das Zentrum dieser schutzbietenden Handfläche und wartete, bis mein Puls sich beruhigte. Nach einer Weile tauchte zwischen den Bäumen die kleine Damwildherde auf, der ich gefolgt war, suchte sich sorgfältig einen Weg durch das aufgewirbelte Laub und zog auf den Spuren der Ponys unter mir vorbei. Die Tiere waren die ganze Zeit über in der Nähe gewesen, und es verblüffte mich, dass offenbar kein einziges mich gesehen oder gewittert hatte, obwohl ich direkt über ihnen in den Armen der Eiche kauerte.

Einmal in den Ästen dieses Baumes, hatte ich eine riesige Erleichterung verspürt. Ich wusste sofort, dass ich mich in Sicherheit vor dem Kampfgetümmel unter mir befand, und das Schauspiel der vorbeiziehenden Damhirsche hatte das Gefühl noch verstärkt, mich an einem entrückten Zufluchtsort zu befinden. Darüber hinaus fühlte ich eine uralte Verbundenheit mit demjenigen, der irgendwann diese Eisenhaken eingeschlagen und auf denselben Ästen gesessen hatte, auf denen ich jetzt saß, als sei die seither verflossene Zeit vollständig eingedampft.

Ich habe diese Eiche am Rande des Stinking Edge Wood später noch viele Male aufgesucht. Diese Eisenhaken sind eine greifbare Erinnerung daran, dass Bäume einem anderen Zeitmaßstab folgen, dass das Leben eines Baumes ohne Weiteres Dutzende von menschlichen Generationen umfassen kann. Wenn ich auf seine Riesenarme klettere, entsinne ich mich jedes Mal jenes aufregenden Tages im Jahr 1988, als ich als 13-jähriger Junge zum ersten Mal entdeckte, dass Bäume Zufluchtsorte sind und neue Aussichtspunkte bieten, von deren Warte aus man auf unsere Welt hinabblicken kann. Auch heute noch, fast 30 Jahre später, grüble ich zuweilen darüber nach, wie es sich fügen konnte, dass er einfach dort für mich bereitstand. Am richtigen Ort zur richtigen Zeit, als ich ihn am dringendsten benötigte.

EINLEITUNG

Wie ich zu meinem Beruf kam

Ein plötzlicher Luftzug, der meine Hängematte sanft zum Schwingen brachte, hatte mich geweckt. Auf der Seite liegend starrte ich in schlaftrunkener Verwunderung auf den prähistorisch aussehenden Vogel, der soeben in meiner Nähe gelandet war. Ich befand mich in 60 Metern Höhe über dem Erdboden im Wipfel eines Baumes auf Borneo, und ich hatte noch nie einen Rhinozerosvogel aus so großer Nähe gesehen. Er hatte mich noch nicht bemerkt und war damit beschäftigt, sein Brustgefieder mit seinem langen Schnabel zu putzen. Auf seinem Scheitel saß ein feuriger, nach oben gebogener Helm, wie ein knallbunter türkischer Pantoffel – grelle Rot- und Gelbtöne, die im Halbdunkel der Dämmerung aufleuchteten. Ich war wie verzaubert.

Ein paar Sekunden später erstarrte er, dann hob er seinen Flugsaurierkopf, musterte mich mit einem rubinroten Auge, um sich gleich darauf von seinem Ast gleiten zu lassen. Riesige schwarze Flügel entfalteten sich, um sein Gewicht aufzufangen, und im nächsten Augenblick war er verschwunden, vom dichten Morgennebel verschluckt.

Ich rollte mich wieder auf den Rücken und starrte hinauf in das ungeheure Astwerk. Eine lange Nacht lag hinter mir. Der Schweiß vom gestrigen Klettern war schon längst zu einer klebrigen Schmiere geronnen, die meinen ganzen Körper bedeckte. Meine Kleidung war feucht, sandig und aufgerissen, und beißende Ameisen krabbelten über meine Haut. Irgendetwas hatte einen brennenden Ausschlag auf meiner Brust verursacht, und um Mitternacht herum war ich zweimal von einer nachtaktiven Wespe im Gesicht gestochen worden. Aber das war es mir wert. Eine solche Begegnung mit einem Rhinozerosvogel – das war es, wonach ich im Grunde genommen suchte. Mit einem Mal fühlte ich mich in meine ureigene Traumwelt aus wabernden Nebelschwaden und märchenhaften Geschöpfen versetzt. Es gab keinen Ort, an dem ich lieber gewesen wäre.

Die Sonne war noch nicht aufgegangen, und zum ersten Mal seit meiner Ankunft in Borneo war mir kalt, eine angenehme Abwechslung zu der in diesen Regenwäldern normalerweise herrschenden drückenden Hitze. Es konnte nicht mehr lange dauern, bis die Sonne aufging, doch einstweilen genoss ich den Zustand, auf dem Rücken zu liegen und zu beobachten, wie die einzelnen Wassertröpfchen vorbeischwebten. Sie wirbelten in den sichtbaren Luftströmen umher und kondensierten auf dem Metall meiner Kletterausrüstung zu glänzenden Perlen. Ich hatte in meinem Klettergurt geschlafen, der an einem Seil befestigt war, meine einzige direkte Verbindung zu der anderen Welt weit unter mir.

* * *

Der gestrige Kletterakt hatte schon fast etwas von einer Mission gehabt. Borneo ist von dem größten tropischen Regenwald dieser Erde bedeckt, und viele der hiesigen Laubbäume sind weit über 70 Meter hoch, mit Stämmen, an denen erst in fast 50 Metern Höhe die ersten Äste entspringen. Hohe gerade Pfeiler aus Holz, die in großer Höhe umfangreiche Schirme aus Ästen tragen. Ein Seil dort oben anzubringen war oft schier unmöglich.

Aus Erfahrung wusste ich, dass mein Katapult einen 200-Gramm-Wurfbeutel in eine Höhe von etwa 50 Metern befördern konnte. Doch immer wieder verfehlte der Beutel den angepeilten Ast, und die an ihm befestigte dünne Schnur trudelte erneut abwärts und blieb schlaff und leblos im Unterwuchs hängen. Der Ast war offensichtlich deutlich höher als ich angenommen hatte. Entnervt befestigte ich schließlich das Katapult an einer drei Meter langen Stange und zog unter Einsatz meines Körpergewichts das ächzende Gummiband bis zum Boden hinunter. Meine Muskeln zitterten, als ich in die Hocke ging und auf den Ast hoch über mir zielte. Als ich losließ, schnalzte das Gummi wie eine Peitsche und zog sich zu einer schlaffen Schlaufe zusammen. Ich ließ die Stange zu Boden fallen. Der Beutel schoss durch die Lücke im dichten Unterwuchs und erreichte den angepeilten Ast, den er nur um Zentimeter überflog. Dann sauste er wieder abwärts, die Schnur zischte mit einem hohen Pfeifton hinterher, bevor der Beutel sich schließlich mit einem dumpfen Schlag in das am Boden verstreute Laub bohrte. Danach kehrte wieder Stille ein. Mit dem beschlagenen Feldstecher versuchte ich den Verlauf der dünnen Schnur gegen den hellen tropischen Himmel über mir zu verfolgen. Endlich doch noch ein gelungener Versuch.

Mit Hilfe der Schnur zog ich mein Kletterseil zu dem Ast empor und wieder zurück zum Boden, wo ich es um den Fuß eines benachbarten Baumes schlang und festknotete.

Der Beginn einer Kletterpartie in die Krone eines solchen Baumriesen ist immer eine langsame und mühselige Sache. Die meiste Energie wird von der Elastizität eines derartig langen Seils aufgesaugt. An die 120 Meter Seil waren im vorliegenden Fall im Einsatz, daher hüpfte ich unfreiwillig auf und nieder, wenn sich das Nylon dehnte und wieder zusammenzog. Immer wieder stolperte ich zwischen die riesigen Brettwurzeln, und erst als ich schon ein gutes Stück weit hinaufgekommen war, konnte ich beide Füße gegen den Stamm stemmen und einen festeren Halt gewinnen. Mit Hilfe von zwei Steigklemmen, einer Technik, die unter Kletterern auch »Jümarn« genannt wird, arbeitete ich mich Stück für Stück an dem dünnen Nylonseil nach oben. Rhythmus ist beim Klettern entscheidend, und dabei lohnt es sich, die eigenen Bewegungen mit dem natürlichen Auf- und Abschwingen des Seils zu synchronisieren. Dennoch stand mir ein langer Aufstieg am freien Seil bevor. Meine Arme waren bereits erschöpft von dem Kraftakt, den es mich gekostet hatte, den Wurfbeutel in die Höhe zu katapultieren, daher stemmte ich mich, um meine Armmuskeln zu entlasten, in erster Linie mit Hilfe meiner Beine aufwärts.

Die nächste Herausforderung bestand darin, sich durch das Gestrüpp des Unterwuchses nach oben zu arbeiten. Ranken umschlangen mich wie Tentakel, Blätter wischten mir über das verschwitzte Gesicht, hinterließen Staub und Algen in Augen und Ohren. Die ungeheure Menge an biologischem Abfall, auf die man in diesen unteren Bereichen stößt, ist unglaublich. Aufgefangen von einem Netz aus Blätterwerk, stauen sich dort die Ablagerungen von Jahrzehnten, tote Äste und verrottende Pflanzenteile, und warten nur darauf, befreit zu werden. Die ersten 15 Meter waren ein Kampf mit dem Dreck. Pflanzlicher Abfall fiel in Minilawinen auf mich herunter, um sich an meinen schweißnassen Kleidern festzusetzen, und bei jedem Ruck des Seils regnete feiner schwarzer Kompost auf mich herab.

Aber es gab nur diesen einen Weg nach oben: die vorgegebene Linie des gespannten Seils über mir. Als ich endlich in den offenen Raum oberhalb des Unterwuchses vorstieß, war ich über und über mit Schmutz bedeckt.

Obwohl es spät am Nachmittag war, traf mich die tropische Sonne mit voller Wucht, als ich mit dem Kopf aus dem Unterwuchs auftauchte. Auf den folgenden 30 Metern gab es nichts als den offenen Raum und den monolithischen Baumstamm neben mir. Diese astlose Region ist ein merkwürdiges Zwischenreich, in der ein Kletterer vollkommen der gefährlichen Situation ausgesetzt ist, in großer Höhe über dem Erdboden an einem Nylonfaden zu baumeln. Indem ich mich ganz auf die braune schuppige Borke vor meinen Augen konzentrierte, arbeitete ich mich Stück für Stück weiter hinauf zur Baumkrone, die Sicherheit verhieß.

Zehn Stockwerke über dem Erdboden, befand ich mich jetzt auf halbem Weg nach oben, und der Baumstamm hatte immer noch einen Durchmesser von eineinhalb Metern. Diese Laubbäume auf Borneo sind, was ihre Dimensionen betrifft, mit keinen Laubhölzern der Welt vergleichbar. Ich hielt inne und schwang mich herum, um die Aussicht zu genießen. Ich hatte mir diesen Augenblick bis zu dem Zeitpunkt aufgespart, an dem ich schon ein gutes Stück über den Unterwuchs hinausgelangt war, damit es sich auch lohnte. Doch während des Kletterns hatte ich die ganze Zeit ihre Präsenz hinter meinem Rücken gespürt. Eine fast greifbare, brütende Wachsamkeit, als bohrten sich Tausende verborgener Augenpaare aus dem umliegenden Dschungel in mich.

Langsam kreiste ich an meinem Seil und wurde von einer der atemberaubendsten Aussichten begrüßt, die ich je gesehen hatte. Dichter Regenwald breitete sich vor mir aus, fiel steil von der Bergkante ab, um in der Tiefe in eine reizvolle Landschaft aus Baumriesen überzugehen. Gegen den Horizont, viele Meilen entfernt, stieg der Wald wieder an und überwucherte eine Kette von hohen, zerklüfteten Hügeln. Ein weiter Ozean von unerforschtem, jungfräulichem Dschungel. Welche Wunder warteten in jenen Bäumen dort drüben auf ihre Entdeckung?

Ich war jetzt an meinem Seil der brennenden Sonne voll ausgesetzt und spürte, wie mir der Schweiß zwischen den Schulterblättern den Rücken hinunterlief. Die Luft war von Feuchtigkeit gesättigt, und in der Ferne hörte ich Donnergrollen. Als ich die Arme ausstreckte, um den nächsten Klimmzug in Angriff zu nehmen, war mein Hemd bereits durchnässt und klebte mir wie Frischhaltefolie am Körper. Ich stemmte mich weiter hinauf in den gesprenkelten Schatten der Baumkrone über mir. Bald erreichte ich meinen Ast, 60 Meter über dem Boden, und nachdem ich mich keuchend hinaufgeschwungen hatte, nahm ich den Helm ab, um die überschüssige Körperwärme zu verringern.

Die folgenden 20 Minuten verbrachte ich damit, meine Hängematte zwischen zwei waagerechten Ästen aufzuspannen. Als ich mich schließlich hineinrollen ließ und mein erschöpfter Körper zu einem Bündel Knochen und Fleisch zusammensackte, schwand bereits das Tageslicht. Die Donnerschläge, weit entfernt zunächst, wurden immer lauter und folgten immer dichter aufeinander. Nicht lange danach öffneten sich die Himmelsschleusen, und süßer, schwerer Regen fiel in meine hohlen Hände, als ich mir den Schmutz aus dem Gesicht wusch. Das Wasser schmeckte metallisch und prickelnd. Fast elektrisch, so rein und frisch war es. Der Regen dauerte nur etwa eine halbe Stunde an, doch bis er aufhörte, hatten sich einige Zentimeter Wasser in der Hängematte angesammelt. Daher wälzte ich mich auf eine Seite und kippte es über die Kante auf den Waldboden weit unter mir. Noch bevor es gänzlich dunkel wurde, sank ich in einen tiefen, traumlosen Schlaf.

Abgesehen von dem Zwischenfall mit den Wespen um Mitternacht, hatte ich gut geschlafen. Der Nebel löste sich allmählich auf, und weit über mir entdeckte ich die ersten Anzeichen von Blau. Ein klarer Sonnenaufgang kündigte sich an. Ich kam mir dekadent vor, wie ich einfach so dalag und nichts anderes zu tun hatte, als auf den langsamen Beginn eines neuen Tages zu warten. Eingekapselt in meiner nebligen Umgebung, fragte ich mich, warum ich dieses tiefe Bedürfnis verspürt hatte, unbedingt eine Nacht in diesem Baum verbringen zu müssen.

Komfortabel und gemütlich war es nun wirklich nicht. Ich hatte in meinem Klettergurtzeug geschlafen und schon vor einer Ewigkeit meinen gesamten Proviant verspeist, sodass ich jetzt hungrig war wie ein Wolf. Außerdem war ich von so vielen Insekten gestochen und gebissen worden, dass mein Körper sich wie ein großer Klumpen Histamin anfühlte. Und dennoch war ich mit mir im Reinen. Vollständig mit mir und der Welt um mich herum im Reinen. Doch warum? Was war es, was das Klettern auf Bäume so anziehend machte und eine so starke Wirkung auf mich ausübte? Und wie hatte ich es bloß geschafft, mir meinen Lebensunterhalt damit zu verdienen?

* * *

Ich war nach Borneo gereist, um Wissenschaftlern beizubringen, wie man auf Bäume klettert, sie in den Gebrauch der Seile und Klettergeräte einzuweisen und ihre ersten Übungen zu begleiten, bis sie sicher in eigener Regie klettern konnten. Sie waren hier draußen, um die Beziehung zwischen unserem Planeten und seiner Atmosphäre zu untersuchen, eine ungemein wertvolle Tätigkeit, bei der sie Daten gewannen, um den Klimawandel zu bekämpfen. Ihre Forschungsarbeit war anregend und wichtig.

Doch obwohl ich sie gern unterrichtete, war ich nicht in

erster Linie deswegen in Borneo. Eigentlich brauchte ich keinen Anlass, um hierherzukommen und zu klettern. Meine Leidenschaft für das Baumklettern ist mehr als nur beruflich bedingt, sie gründet sich auf etwas, das ich zum ersten Mal gespürt habe, als ich als Junge in die Krone jener Eiche im New Forest kletterte. Bäume haben einfach etwas an sich, das mich fesselt und mich immer wieder dazu bringt, ihre Nähe zu suchen und mich in ihnen aufzuhalten.

In vielerlei Hinsicht verkörpern sie für mich das wahre Wesen der Natur. Sie verschaffen uns eine lebendige Verbindung zu unserem Planeten, überbrücken gewissermaßen die Kluft zwischen unserer eigenen Vergänglichkeit und der Welt, die uns umgibt. Ich habe das Gefühl, einen flüchtigen Blick auf eine uralte, halb vergessene Welt zu erhaschen, wenn ich sie erklettere, und aus irgendeinem Grund gibt mir das ein gutes Gefühl. Es hilft mir dabei, mich daran zu erinnern, welcher Platz mir im Getriebe der Welt zukommt.

In erster Linie jedoch entspringt mein Glücksgefühl einem tief verwurzelten Glauben, dass jeder Baum eine einzigartige Persönlichkeit besitzt, die zum Kletterer spricht, sofern dieser gewillt ist, ihr zuzuhören. Sei es das sanft schimmernde Leuchten einer Buchenkrone im Frühling oder das umfangreiche, von der Sonne gesengte Blätterdach eines tropischen Riesen, jeder Baum hat einen einzigartigen Charakter, und es ist das beglückende Gefühl, sie ein wenig besser kennenzulernen – sich physisch mit ihnen zu verbinden, wenn auch nur für kurze Zeit –, das mich immer wieder auf ihre Äste hinauftreibt. Als lebende Botschafter der Vergangenheit verdienen sie meiner Meinung nach unseren tiefen, bleibenden Respekt, und ich möchte wetten, dass die meisten von uns irgendwann in ihrem Leben eine emotionale Bindung zu ihnen entwickelt haben.

* * *

Meine Leidenschaft für das Baumklettern entsprang auch dem heftigen Wunsch, die wunderbaren Dinge zu entdecken, die sich in ihrem Geäst verbergen. Schon in der Krone des kleinsten Baumes sind ganze Welten enthalten, und dies gilt natürlich erst recht für die gewaltige Krone eines Waldgiganten wie demjenigen, auf dem ich mich gerade befand. Die Baumkronenregion beherbergt Myriaden von Lebewesen, die niemals den Erdboden berühren, ihr gesamtes Leben dort oben verbringen. Jagen, Nahrung suchen, sich fortpflanzen, leben und sterben in einem unerforschten Reich unter den Baumwipfeln. Eingebettet in einen endlosen Kreislauf aus verborgenen Dramen, die sich seit Millionen von Jahren immer wieder abgespielt haben.

Eine Begegnung Auge in Auge mit einem Orang-Utan 20 Stockwerke über dem Boden des Regenwaldes ist ein bewegendes Erlebnis. Doch auch von den heimatlichen Bäumen geht für mich noch immer dieselbe Faszination aus wie ehedem. Ich erinnere mich noch lebhaft an das zarte, durchscheinende Grün der ersten Laubheuschrecke, die ich in den Baumkronen des New Forest gesehen habe, und an die Art, wie sie von einem Blatt hüpfte, durch die Lüfte segelte und dabei ihre unglaublich langen Fühler ausbreitete wie ein winziger Fallschirmspringer.

Es war der Wunsch, diese Erfahrungen mit anderen zu teilen und meinen Beitrag zur Erschließung dieser unbekannten Welt der Baumkronen zu leisten, der mich zum Naturfilm geführt hat. Fotografie und Baumklettern gingen Hand in Hand, und so war ich mit 16 Jahren fest entschlossen, Tierfilmer zu werden.

Doch als ich schließlich College und Universität verließ, wurde mir schnell klar, dass ein Diplom keinen Ersatz für praktische Kameraerfahrung war und ich noch eine Menge zu lernen hatte. Daher nahm ich jeden Job als Kameraassistent an, der mir angeboten wurde, und arbeitete ohne Bezahlung, nur um Erfahrungen zu sammeln. Ich schob Nachtschichten in Fabriken und machte alles Mögliche andere, um über die Runden zu kommen. Es gibt kaum einen trostloseren Job als vom Winde verwehten Müll im Umkreis einer Deponie von den Zäunen zu pflücken, daher war ich extrem erleichtert, als man mir schließlich meinen ersten bezahlten Assistentenjob bei einer Produktion in Marokko anbot. Einige Jahre später hatte ich genug Geld gespart, um versuchsweise nach Bristol – dem Standort der naturwissenschaftlichen Abteilung der BBC – zu ziehen, wo meine Fähigkeiten als Baumkletterer und Assistent allmählich nachgefragt wurden. Es sollte noch lange dauern – ungefähr zehn Jahre –, bis ich schließlich vom Assistenten zum Kameramann aufstieg, doch es war ein unglaublicher Weg, und ich habe jeden Schritt genossen.

Und obschon für mich heute nicht mehr ganz nachvollziehbar ist, wie ich es letztlich dahin gebracht habe, wo ich heute stehe, empfinde ich unter dem Strich tiefe Dankbarkeit und kann mir einfach nicht vorstellen, etwas anderes zu tun. Und immer wenn ich einen Anflug von mürrischer Laune verspüre, wenn ich gerade von Insekten gestochen und gebissen werde, während ich im Dschungel 30 Meter über dem Boden aus einem Kameraversteck heraus filme, sehe ich es als meine Pflicht an, mir eine metaphorische Ohrfeige zu verpassen, nur für den Fall, dass ich in Versuchung gerate, selbstzufrieden zu werden und alles für selbstverständlich zu halten.

So sehr ich die Arbeit mit der Kamera liebe, die Basis von allem ist nach wie vor meine ungeschmälerte Leidenschaft für Bäume. Und selbst wenn ich einen ganz anderen Beruf gewählt hätte, würde ich heute, dessen bin ich mir ganz sicher, immer noch auf Bäume klettern, um ihnen so nahe wie möglich zu sein.

Meinen ersten großen Baum habe ich mit Seilen erklommen, als ich 16 war. Die Jahre dazwischen sind in einem Durcheinander aus Ästen und Laub vorbeigerast, und mittlerweile dürfte ich auf genug Bäume geklettert sein, um einen ganzen Wald damit zu füllen. Doch obwohl ich mich an viele nicht mehr deutlich erinnern kann, gibt es einzelne, die aus dem Nebel der Erinnerung herausragen – besondere Bäume, die ich so deutlich vor mir sehe, als hätte ich erst gestern in ihrer Krone gesessen. Wie sich ihre Rinde anfühlte, wie ihr Holz roch, wie ihre Äste geformt waren, ganz zu schweigen von den wunderbaren Tieren und Menschen, denen ich in ihren Kronen begegnet bin.

* * *

Zurück nach Borneo, wo sich die Luft mit den ersten Sonnenstrahlen erwärmt hatte und der Nebel im Verlauf von wenigen Minuten nach unten ins Tal gedrückt wurde, wo er einen weiten Ozean von Weiß bildete. Zu meiner Rechten war die Sonne gerade über die Hügel aufgestiegen und ließ das Tal in Flammen aufgehen. Der Dunst begann sofort in zarten Schlieren aufzusteigen, die für einen kurzen Augenblick rosa, orange und golden aufleuchteten, bevor sie sich vollständig auflösten.

Binnen einer Viertelstunde stand die Sonne an einem klaren tropischen Himmel und Segler sausten über das Blätterdach, auf der Jagd nach Insekten. Der neue Tag war angebrochen, und ich machte mich bereit, wieder zur Erde hinabzusteigen, hinunter in das Dunkel des Waldbodens, wo noch die Nacht verweilte.

KAPITEL I

Goliath – England

1859

Ein grauer feuchter Wintertag im Herzen des New Forest. Kissen aus verwelktem kupferbraunen Farn säumen einen matschigen Pfad. Zwei Männer in einfacher Försterkleidung, grobe Nagelstiefel an den Füßen, machen sich abseits des Weges zu schaffen. Der eine stützt sich auf einen langen Spaten, neben ihm ein frisch ausgehobenes Loch. Sein Begleiter kniet neben einem buschigen, etwas mehr als einen Meter langen Bäumchen, das zu seinen Füßen liegt. Er entfernt das verschnürte Sackleinen, mit dem der Wurzelballen umwickelt ist, worauf ein kompakter Klumpen dunkler Erde sichtbar wird, der die weichen, empfindlichen Wurzeln des jungen Baums enthält. Er hebt das Bäumchen am Stamm hoch und streift etwas von der Erde ab, um die Wurzelspitzen freizulegen. Dann wird das

Bäumchen vorsichtig in das vorbereitete Loch gesenkt und gerade gehalten, während der erste Mann das Loch wieder zuschaufelt. Dabei zerkleinert er mit dem Spaten vorsichtig die dicken Lehmbrocken, um die Lücken zwischen Boden und Wurzeln gleichmäßig zu verfüllen. Am Ende verteilt er sorgfältig die Deckerde und verdichtet sie nur so stark, dass sie dem Bäumchen einen festen Stand gibt, andererseits aber durchlässig für Luft und Regen bleibt.

Als die beiden Männer sich entfernen, um den Vorgang mit einem zweiten gleichartigen Bäumchen zu wiederholen, welches auf der anderen Seite des Weges auf dem Farnkraut liegt, nähert sich aus der Richtung eines Bachlaufs ein dritter Mann mit zwei Eimern Wasser. Er kniet neben dem frisch gepflanzten Bäumchen und gräbt mit den Händen eine kleine Mulde rings um den Stamm, die er danach mit Wasser füllt. Er wartet, bis der Boden es vollkommen aufgesogen hat und die Mulde wieder trocken liegt, bevor er nachfüllt und wieder nachfüllt, bis das Wasser auf der Oberfläche stehen bleibt und er darin sein Gesicht gegen den Himmel gespiegelt sieht.

Als er mit den wieder aufgefüllten Eimern zurückkehrt, sind die anderen mit dem Setzen des zweiten Bäumchens fertig. Er wässert es sorgfältig, während seine Begleiter Bündel von Pfählen aus gespaltenem Kastanienholz aus einem in der Nähe stehenden Karren holen. Binnen weniger Stunden sind beide Bäumchen von einem anderthalb Meter hohen Zaun umgeben, der das Erdreich zu ihren Füßen schützt und ihr Laub vor dem winterhungrigen Rotwild abschirmt. Die Männer wissen nur zu gut, dass die ersten Jahre für diese jungen Bäume entscheidend sein werden, und mit dem zufriedenen Gefühl, ihnen die bestmögliche Chance gegeben zu haben, sammeln sie ihre Werkzeuge ein und kehren zu dem Karren zurück. Das Geräusch ihrer Stimmen und das Poltern und

Quietschen des Karrens flauen allmählich ab, die beiden zurückgelassenen Bäume bewachen jetzt still den Pfad.

In ihrem Rücken liegt eine riesige Schonung mit jungen Stieleichen. Doch im Gegensatz zu den anonymen, blätterlosen Allerweltsbäumen, deren Reihen sich in der Ferne im Nieselregen verlieren, sind diese beiden Bäume Botschafter der Neuen Welt, frisch aus Kalifornien eingeführt. Aus Samen gezüchtet und aufgezogen, die sechs Jahre zuvor in der Sierra Nevada gesammelt wurden, stammen sie von einem exotischen Geschlecht von Baumriesen ab, die das Gesicht der britischen Landschaft für die kommenden Jahrhunderte, wenn nicht gar Jahrtausende verändern wird.

Der Niesel verwandelt sich schon bald in Regen, doch während die Skelettarmee der jungen winterlichen Eichen sich durch die Nässe verdüstert, fängt das saftgrüne Blätterwerk der jungen immergrünen Bäume an zu leuchten.

1991

Aus den Boxen dröhnten nacheinander AC/DC und Aerosmith, während wir in Paddys altem verbeulten Vauxhall über die einspurigen Straßen im New Forest bretterten. Ich war 16 und mir war ziemlich schlecht. Es war zu früh am Morgen, nach der vorausgegangenen Nacht, und Steven Tylers Gesang war auch nicht hilfreich, genauso wenig wie Paddys Fahrkünste. Die abgesehen von dem einen oder anderen Pony, das mitten auf dem Asphalt stand, absolut leere Straße schien Paddy zu animieren, das Äußerste aus seinem bemitleidenswerten Wagen herauszuholen. Matt hatte es sich auf dem Rücksitz hinter mir bequem gemacht. Ich wandte den Blick von der Straße ab, öffnete das Fenster und schaute auf die vorbeihuschenden

Bäume. Die vordersten bewegten sich zu schnell, als dass ich sie mit einem Blick hätte erfassen können, doch dahinter, in den Tiefen des Waldes, sah ich die hoch aufragenden, silbern-glatten Stämme alter Buchen.

Paddy war in seinem Element auf diesen Straßen, doch gerade als ich ihn bitten wollte, etwas langsamer zu fahren, wenn er nicht wolle, dass ich ihm in seinen Wagen kotze, riss er das Lenkrad nach rechts, zog die Handbremse und katapultierte uns über einen Weiderost. Das hintere Ende des Wagens schlitterte zur Seite, bevor die Räder urplötzlich wieder auf dem Asphalt einer kleinen Seitenstraße griffen. Paddy verlangsamte die Fahrt und stützte sein Kinn auf die Hände am Lenkrad. Die Musik war jetzt ausgeschaltet, er spähte durch die Windschutzscheibe in den Himmel hinauf. Matt war von dem Weiderost wach geworden und streckte seinen Kopf vollständig zum Fenster hinaus. Alle drei schauten wir ehrfürchtig und aufgeregt nach oben. Endlich waren wir angekommen.

Ich lehnte mich aus dem Fenster und atmete tief durch. Wir glitten langsam durch eine schnurgerade Allee von Bäumen, den höchsten, die ich je im Leben gesehen hatte. Reihen riesiger gerader Stämme, deren dunkle Borke runzelig wie alter Kork war und tiefe Risse aufwies, säumten die schmale Straße. Darüber stützten die Äste das grün gesprenkelte Blätterdach wie die gewölbte Decke einer Kathedrale. Licht drang hindurch in schrägen Strahlenbündeln, die beinahe so körperlich wirkten wie die Stämme selbst. Nach wenigen Minuten stellten wir das Auto am Straßenrand ab.

Die Luft war erfüllt von würzigem Zitrusduft, den das Harz der Nadelbäume verbreitete. Es war früh am Morgen, doch die Thermik über der umliegenden Heide hatte bereits eingesetzt und saugte kühlere Luft von der nahe gelegenen Küste an, es roch nach Meer. Hoch droben, unsichtbar im dichten Grün, ließ sich das Gezwitscher von Goldhähnchen hören. Die lebende

Kolonnade, an der wir entlanggefahren waren, war eine Doppelreihe von hohen – sehr hohen – Douglasien, aus Oregon eingeführt. Angesichts ihrer Größe gehörten sie vermutlich zu den ältesten in ganz Großbritannien. Eine edle Baumgattung, wahre Aristokraten. Doch waren es offenbar nicht die Bäume, derentwegen wir gekommen waren. Paddy und Matt hatten andere Pläne.

Beide blickten über die Straße hinweg in das Dickicht auf der Suche nach etwas, das in der Tiefe des Waldes liegen musste. Als ich selbst hineinspähte, bemerkte ich zwei riesenhafte Schatten im grünen Zwielicht. Ich hatte keine Zeit, genauer hinzuschauen, denn schon hatte Paddy mit Schwung den Kofferraumdeckel hochklappen lassen. Darunter kam ein Gewirr von alten Seilen, Schnallen und Lederriemen zum Vorschein. Paddy und Matt waren beide Kletterer. Doch während Matt auf Felsen in seinem Element war, machte Paddy eine Ausbildung zum Baumchirurgen und war ausschließlich auf Bäumen unterwegs. Matt hatte seine eigene Ausrüstung dabei, ziemlich schick aussehendes Klettersportgerät: ein knallbuntes Seil, glatt und geschmeidig wie eine geölte Schlange, dazu ein Haufen schimmernder Metallteile.

Ein größerer Unterschied zu der Ausrüstung, die Paddy uns beiden zugedacht hatte, war nicht denkbar: zwei wirre Knäuel uraltes Kletterseil, zwei zerschlissene Klettergurte und ein bunter Haufen klirrender Karabiner – einige davon sichtlich selbst gefertigt. Die Seile waren dunkelgrün verfärbt von Moos, Baumsaft und Kettensägenöl, die geflochtenen Stränge glatt und glänzend gerieben von den unzähligen Händen, durch die sie gegangen waren. Ausgemusterte Ware, zu alt und verschlissen, um noch für die Arbeit zu taugen.

Damals sollte es noch Jahre dauern, bis der Gesetzgeber Vorschriften über den ordnungsgemäßen Zustand von Kletterausrüstungen erließ. Wenn daher im Jahr 1991 ein Baumchirurg ein Seil ausmusterte, dann gab es im Allgemeinen gute Gründe dafür. Kettensägen und Seile vertragen sich nicht so gut, und als ich das Seil prüfend durch die Hände gleiten ließ, spürte ich die ausgefransten Stellen, an denen die Fasern in Mitleidenschaft gezogen worden waren, eine Anhäufung von Kerben und Schnitten, die dem Ganzen ein mottenzerfressenes Aussehen verliehen. Doch wenn auch die Seile nicht viel hermachten, so war es um die Klettergurte noch viel schlimmer bestellt. Beide Sets bestanden aus zwei weiten Gurten aus zerschlissenem Leinen und Leder. Ein Gurt wurde um die Taille gelegt, der andere lief unter dem Gesäß hindurch wie bei einer Schaukel. Keines der beiden Sets wies Beinschlaufen auf, und beide rochen nach harter Arbeit und Angst, eine beißende Mischung aus altem Schweiß, Öl, Benzin und Baumsaft.

Wir schulterten die Ausrüstung, überquerten die Straße und betraten den Wald. Ich sprang über einen Graben und atmete tief durch, saugte die in der Luft liegende pfefferige Würze in meine Lungen. Nach der nervenaufreibenden Autofahrt entspannten sich meine Muskeln allmählich. Paddy und Matt marschierten schweigend voraus, geradewegs auf etwas zu, das tiefer im Wald lag. Ich folgte ihnen und trat aus dem Schatten des Eichenhains auf einen offenen, grasbewachsenen Waldweg hinaus. Als sich die Zweige lichteten, erblickte ich staunend zwei der schönsten und gewaltigsten Bäume, die ich je gesehen hatte. Sie unterschieden sich von sämtlichen Bäumen in der Umgebung und standen wie zwei Wächter zu beiden Seiten des Weges. Lebendige Obelisken, an die 50 Meter hoch, ragten sie mindestens 30 Meter über die Eichen unter ihnen hinaus. Das obere Drittel ihrer kegelförmigen Kronen badete im morgendlichen Sonnenschein, während ihre gewaltigen, am Fuß äußerst breiten Stämme noch in Schatten gehüllt waren. Der Baum zur Rechten schien etwas kürzer zu sein, mit einem schärfer gezeichneten, weniger vom Wetter abgestumpften Wipfel als sein Geselle zur Linken. Dieser jedoch war ein wahrer Riese. Unwillkürlich malte ich mir aus, wie grandios die Aussicht von dort oben sein müsste, säße man auf seiner Schulter. Ich wusste, dass wir hergekommen waren, um auf einen Baum zu klettern, doch da ich noch nie zuvor mit Seilen geklettert war, kam mir das als Einstieg hammerhart vor. Es bei meinem allerersten Klettergang mit einem der größten Mammutbäume Großbritanniens aufzunehmen, das hieß wahrhaftig ins kalte Wasser zu springen. Ich hoffte nur, dass die beiden eine deutliche Ahnung davon hatten, wie man so etwas angehen musste, denn ich selbst hatte keinen blassen Schimmer.

Paddy und Matt hatten inzwischen den Stamm fast erreicht. Ihre Silhouetten verschwammen mit den Schatten am Fuße des Riesen. Sie wirkten winzig – wie Astronauten, die sich der Startrampe einer Apollorakete näherten. Als ich zu ihnen stieß hatte Paddy sein Seil aufgeschnürt, das in offenen Schlaufen zu seinen Füßen lag. Er versuchte das eine Ende über einen etwa zehn Meter über seinem Kopf befindlichen Ast zu werfen. Immer wieder klatschte das kleine Seilbündel mit einem hohlen Geräusch gegen den Baum, bevor es auf den Boden zu seinen Füßen zurückfiel.

Ich strich mit der linken Handfläche über die Rinde. Sie war weich und ließ sich eindrücken. Eine dicke, faserige Schicht, die ein Trommelgeräusch erzeugte, als ich darauf klopfte. Etwa von Kopfhöhe bis zum Boden verbreiterte sich der Stamm stark, sodass er mit einem Umfang in der nackten, verdichteten Erde verschwand, der mindestens doppelt so groß war wie der des Stamms in sieben Metern Höhe. Einige wenige Wurzeln durchbrachen in einem starren Geflecht die Oberfläche des Bodens, doch war nicht abzusehen, wie tief der Rest in die Erde hinabreichte.

Paddy hatte weiterhin keinen Erfolg mit seinen Würfen, und allmählich schwante mir, dass unser Abenteuer schon an der ersten Hürde scheitern könnte, als Matt in seinem Rucksack kramte und ein Paar Eispickel zum Vorschein brachte. Grinsend schwenkte er sie hin und her. Offenbar hatte er von Anfang an vorgehabt, sie zu benutzen, doch ich betrachtete sie mit einiger Skepsis.

»Meinst du wirklich?«

»Hast du eine bessere Idee?«, sagte er.

Hatte ich nicht. Doch es schien ein irrwitziger Plan zu sein, der damit enden könnte, dass Matt zerschmettert zu Füßen des Baumes landete. Hier ging es nicht um einen Klettergang im Eis. Weder verfügte er über ein Toprope, das ihn sicherte, noch hatte er die Möglichkeit, Haken in den Stamm zu schrauben. Bis er die untersten Äste erreicht hätte, wäre er ganz auf sich gestellt und müsste sich auf Gedeih und Verderb auf die unbekannte Festigkeit der Baumrinde verlassen. Die polierten, aggressiven Metallstacheln schienen mir in scharfem Gegensatz zu unserer sanften organischen Umgebung zu stehen. Es erschien mir einfach nicht richtig – und zwar nicht, weil die Pickel, obwohl spitz und scharf, den Baum in irgendeiner Weise hätten schädigen können. Dafür war die Borke viel zu dick und wulstig. Nein, es hatte in meinen Augen mehr mit Respekt zu tun. Dieser Baum war ein Lebewesen, etwas Organisches, nicht irgendein unbeseelter Gesteinsbrocken, den man beliebig mit Löchern versehen konnte. Eine abstrakte Ehrfurcht vor dem Baum vermischte sich mit dem abergläubischen Wunsch, das Schicksal nicht herauszufordern, und meiner Nervosität, weil ich bislang noch nie geklettert war. Doch damals konnte ich all diese Gefühle natürlich nicht angemessen formulieren. Und selbst wenn ich es gekonnt hätte, die anderen hätten mich als Schwachkopf bezeichnet und weitergemacht, ohne sich davon berühren zu lassen.

Matt hatte sicherlich keine solchen Bedenken, als er jetzt beide Pickel mehrere Zentimeter tief in den Baum schlug, bevor er sich hinunterbeugte, um ein Paar Steigeisen anzuschnallen. Dann trat er an den Stamm heran und grub die Frontalzacken in die Rinde. Und los ging's. »Zack!«, »zack!«, Schritt, Schritt. »Zack!«, »zack!«, Schritt, Schritt. Die schräg geneigte Stammoberfläche, die immer steiler wurde, ließ seine Lage immer gefährlicher erscheinen, je höher er kam. Irgendwann wird er noch abstürzen, dachte ich. »Wenn er abrutscht …«

Doch es passierte nichts. Eins musste ich ihm lassen – er hatte eine knifflige Aufgabe flink und mit Stil gelöst. Es ist eine Technik, die meines Wissens von keinem anderen Baumkletterer benutzt wird. Vermutlich, weil sie ohne eine um den Stamm führende Seilsicherung, die einen notfalls daran hindert, nach hinten zu kippen, geradezu selbstmörderisch anmutet. Doch eine ganze Menge bekloppter Dinge kommen einem ganz vernünftig vor, wenn man 16 Jahre alt ist.

Matt gelangte glücklich hinauf. Die untersten Äste waren alle tot, daher kletterte er weiter bis in die lebende Krone, bevor er sich mit dem Seil sicherte, die Steigeisen abstreifte und die Eispickel zu Boden fallen ließ. Einer von ihnen bohrte sich bis zum Griff in das am Boden verstreute Laub.

Paddy war als Nächster dran. Er knotete das Ende seines Seils an das von Matt. Matt zog es hinauf, legte es über den Ansatz eines dicken Astes und ließ das Ende wieder zu ihm hinuntergleiten, wobei es sich wie eine Schlange über die rissige Rinde bewegte. Paddy war im Handumdrehen oben. Er stemmte die Füße gegen den Stamm und zog sich abwechselnd mit der rechten und linken Hand wie ein Affe hinauf. Mir war klar, dass ich mich bei meiner ersten richtigen Baumkletterpartie unter keinen Umständen mit diesen beiden messen konnte. Paddy zog jetzt mein Seil nach oben und warf es über einen Ast, der sich drei Meter über ihm befand. Das Ende fiel zu mir hinunter, und ich befestigte es an den beiden Triangelringen an der Vorderseite meines Klettergurtes. Ich war jetzt mit einem Ast verbunden, der sich 15 Meter über mir befand.

»Was mache ich jetzt?«, rief ich hinauf.

»Nimm diese kleinere Seilschlaufe und wickle sie zwei Mal um das Hauptkletterseil, dann steck das Ende durch. Wie ich's dir gezeigt habe«, rief er von oben runter. Er wackelte mit dem Seil, und ich befolgte seine Anweisung. Ich hatte soeben einen Klemmknoten, den sogenannten Prusikknoten, geknüpft.

»Mach das andere Ende mit einem Karabiner an deinem Gurt fest. Nein, nicht da; vorne: hier!«, rief er und steckte einen Daumen durch die Ringe an seinem Gurt.

Dies war das schlichte, uralte Klettersystem, das Paddy und alle anderen Baumchirurgen tagtäglich verwendeten. Die Technik des Baumkletterns hatte sich seit den 1960er-Jahren keinen Millimeter weiterentwickelt, doch für mich war alles brandneu. Ich war immer noch zu sehr damit beschäftigt, die Folgen einer durchzechten Nacht abzuschütteln, um gründlich darüber nachdenken zu können, was ich als Nächstes zu tun hatte. Ich packte das Hauptseil und schob mit der Rechten den ausgefransten Knoten etwa einen halben Meter nach oben.

Als ich mein Körpergewicht vom Boden auf das Seil verlagerte, zog dessen Elastizität mich auf die Zehenspitzen. Ich stand taumelnd da und versuchte, mein Gleichgewicht wiederzufinden. Mir blieb nichts anderes übrig als mich der Sache ganz anzuvertrauen. Während ich also vorwärtstänzelte bis zum Stamm, schob ich den Knoten weiter am Seil hinauf, bis ich beide Füße fest gegen den Stamm gestemmt hatte. Nun schwebte ich zwar nur wenige Zentimeter über dem Boden, hing aber vollständig am Seil. Bis ich den ersten Ast erreichte, musste ich mich ganz darauf verlassen, dass dieser eine, von Kettensägen angenagte Faden mein Körpergewicht aushalten würde. Ich ruckelte mit den Hüften hin und her, um einen bequemeren Sitz im Klettergurt zu erreichen. Ohne Beinschlaufen, die den Gurt daran hindern, bis unter die Achseln hochzurutschen, musste ich mich voll zurücklehnen, fast in die Horizontale, um das Gleichgewicht zu halten. Ich holte tief Luft und krümmte den Rücken. Da ich nichts anderes zum Festhalten hatte, hing ich an dem Seil wie eine tollpatschige Spinne an ihrem Faden und pendelte mal hierhin, mal dorthin. Ich musste nur hinaufklettern. Kinderleicht. Jedenfalls theoretisch.

Nach einem langsamen Beginn fand ich allmählich einen Rhythmus, bei dem ich beide Füße gegen den Stamm stemmte, während ich den Knoten nach oben verschob und so ein paar Zentimeter an Höhe gewann. Ich wiederholte diesen Vorgang immer wieder, bis ich trotz der morgendlichen Kühle ordentlich ins Schwitzen kam. Jedes Mal, wenn ich mich an dem Kletterseil hochzog, rutschte es ein Stück über den Ast hoch oben und erzeugte eine Wolke aus feinem grünen Staub, der durch das Morgenlicht nach unten schwebte. Er erfüllte die kühle Luft mit einem weichen, erdigen Aroma.

Als ich weiter hinaufgelangte, spürte ich, wie das Seil klebrig vom Baumsaft wurde. Das verschaffte mir einen festeren Griff, und auch der Klemmknoten hielt besser, wodurch mein Gewicht effektiv reduziert wurde. Ich befand mich jetzt oberhalb des schrägen Baumfußes und hing vollkommen parallel zum Stamm. Wieder staunte ich, wie weich und elastisch seine Rinde war. Sie fühlte sich hart an, wenn man sie berührte, gab aber nach, wenn man darauf drückte. Mit einem Mal hatte ich den Wunsch, Schuhe und Socken auszuziehen und die Haut des Baumes an meinen Füßen zu spüren, zu spüren, wie seine

Lebendigkeit durch mich hindurchfloss. Das hätten mir Paddy und Matt allerdings niemals durchgehen lassen, daher beugte ich mich stattdessen vor und drückte meine Wange gegen den Baum. Die Borke war schon von der Sonne aufgewärmt, sie fühlte sich weich und angenehm an, wie die Borsten eines riesigen prähistorischen Tieres, das mir erlaubte, auf seinen gewaltigen Rücken zu klettern. Ich schickte mich an, ein neues Reich zu betreten, einen Ort der Sicherheit und der Zuflucht, ich durchlebte eine Art Taufe – mein erstes Eintauchen in die Krone eines Baumriesen.

Ich kam nur langsam voran – nicht ganz freiwillig. Meine Technik war stockend, ihr fehlten das Selbstvertrauen und der Rhythmus, die sich erst mit der Erfahrung einstellen. Neun Meter über dem Boden erreichte ich die ersten Äste, ein Dickicht aus hellbraunen trockenen Stümpfen. Sie erzeugten ein dumpfes Geräusch, als ich dagegen klopfte. Obwohl sie brüchig wirkten, erwiesen sie sich als überraschend stark, als ich einen Fuß auf ihren Ansatz setzte, sodass ich sie als Leiter benutzen konnte. Vorsichtig begann ich den Baum selbst zu erklettern. Ich verlagerte mein Gewicht von dem Gurt auf die Aststümpfe und verließ mich darauf, dass mein Seil mich auffing, falls einer der Äste brechen sollte.

Paddy und Matt waren jetzt nur noch drei Meter über mir. Matt balancierte wie ein Turner auf einem Ast, die Brust gegen den Stamm gedrückt, und spähte hinauf, um die beste Route auszuwählen. Er hängte sich mit dem linken Arm an einem Ast ein, warf mit dem rechten ein Seilbündel nach oben, und kurz darauf war er unter Karabinergerassel auf und davon. Paddy hockte auf einem großen Ast zu meiner Linken und nahm die letzten Züge aus einem schrumpeligen Joint. Statt ihn am Baumstamm auszudrücken, zwickte er die Glut mit seinen Nägeln ab und steckte das angekokelte Mundstück in seine Socke. Ich kletterte zu seinem Ast, setzte mich neben ihn und blickte nach oben, wo immer weniger von Matt zu sehen war, der behände wie ein Eichhörnchen von Ast zu Ast huschte.

Schließlich geriet er ganz und gar außer Sicht. Die einzigen Lebenszeichen waren eine gelegentliche Dusche aus feinem Staub, der im gestreuten Sonnenlicht langsam herabschwebte, und das ständige Zucken seines Seils, das neben mir herabhing. Auf der anderen Seite saß Paddy. Er war hier in seinem Element. Bei seiner Arbeit musste er tagtäglich klettern, ob es regnete, hagelte oder die Sonne schien, und normalerweise führte er noch eine Kettensäge mit sich, die an seinem Gurt festgeschnallt war. Das hier war für ihn wirklich ein Kinderspiel. Wenn ich ihm beim Klettern zuschaute, wurde mir nur allzu bewusst, wie übertrieben fest meine Griffe und wie angespannt meine Muskeln im Vergleich waren. Mir schmerzten die Hände von meinem Klammergriff am Seil, und mein Nacken und meine Schultern waren verkrampft. Ich versuchte meine Muskeln zu entspannen und meinen Körperschwerpunkt abzusenken. Ich spürte, dass die Spannung etwas nachließ und ich tiefer in den Ast sank. Doch es bedurfte einer ständigen bewussten Anstrengung, und je stärker ich mich bemühte, je mehr schien es mir wieder zu entgleiten. Von Zeit zu Zeit verkrampfte sich mein ganzer Körper in einem Greifreflex, als würde ich jeden Moment einschlafen. Meine Muskeln zogen sich zusammen und umklammerten den Ast mit einem heftigen Ruck, den ich nicht unterdrücken konnte. Paddy brach das Schweigen mit einem Räuspern:

»Gut. Okay – alles gut?« Mehr eine Feststellung als eine Frage, und ich antwortete, dass ich gerne noch eine Weile allein auf dem Ast sitzen bleiben würde.

»Keine Sorge – komm einfach nach, wann du Lust hast, und wenn nicht, sehen wir uns in einer halben Stunde, wenn wir wieder runterkommen.«

Und schon machte er sich an die Verfolgung von Matt. Unter keinen Umständen konnte er zulassen, dass ein Felsenkletterer vor ihm an die Spitze eines der höchsten Bäume Englands gelangte. Bei Paddy und Matt wirkte alles so einfach.

Ich war hin- und hergerissen. Etwa 20 Meter über dem Boden befand ich mich jetzt etwa auf einer Höhe mit den Kronen der Eichen ringsherum, und ich spürte, dass nur wenige Meter höher, dort, wo sich die mit Zapfen beladenen Äste des Mammutbaums träge im Wind wiegten, eine tolle Aussicht auf mich wartete. Doch ich war immer noch damit beschäftigt, meine neue Umgebung im wahrsten Sinne des Wortes in den Griff zu bekommen, und die Vorstellung, mich über die gewohnte, Sicherheit verheißende Ebene der Eichen hinauszuwagen, flößte mir gehörige Angst ein. Daher blieb ich, wo ich war. Auf einem Ast hockend, ein Drittel des gesamten Aufstiegs bis zum Wipfel hinter mir, spürte ich, wie sich die gewaltige Masse des Baums fast unmerklich im Morgenwind bewegte.

Um mich herum streckten sich die unteren Glieder dieses gewaltigen Riesen aus und neigten sich in anmutigem Bogen nach unten. An ihren Enden wuchsen sie wieder nach oben und endeten mit fast senkrechten Spitzen. In sechs Metern Entfernung vom Stamm steckten dichte Klumpen von Zapfen im struppigen dunklen Nadellaub. Einige waren alt, braun und aufgebrochen, hatten ihre Samen in den letzten Jahren verstreut. Andere waren glatt, glänzend und hellgrün, eine Verheißung für die Zukunft. Ich stellte mir die Aufgabe, einen von ihnen zu erreichen. Langsam schob ich meine Füße auf dem Ast vor, doch kaum war ich an den Punkt gelangt, an dem er sich nach unten neigte, begann er sich zu biegen und unter meinem Gewicht nachzugeben. Die Äste waren dick, schienen aber überraschend brüchig zu sein, und ich gab mein Vorhaben bald auf und schob mich wieder zum Stamm zurück. Irgendwie musste ich mein Gewicht mehr in den Klettergurt verlegen und den Ast entlasten. Ich musste mein Seil weiter oben neu verankern, damit es mich voll trug, wenn ich mich vom Stamm wegbewegte.

Ich hatte zugeschaut, wie Paddy und Matt ihre Seile zu kleinen Bündeln aufrollten, bevor sie sie mit spielerischer Leichtigkeit über den Ast warfen, den sie anvisiert hatten. Doch selbst das erwies sich als erheblich schwieriger, als es aussah. Als ich mein Seil endlich über den gewünschten Ast bekommen hatte, war das Seilende nicht schwer genug, um wieder zu mir hinunterzufallen. Ich zog es wieder zurück, sodass es auf mich fiel und sich um Kopf und Schultern legte.

Darauf befestigte ich einen unbenutzten Karabiner an seinem Ende, um es zu beschweren, zog ein paar Schlingen Seil hindurch und versuchte es noch einmal. Diesmal flog es über den Ast und kam auch wieder herunter, doch gleichzeitig rutschte es ab und blieb in anderthalb Metern Abstand vom Stamm hängen. Als ich mich vorsichtig daran hängte, bog sich der Ast nach unten. Ich klinkte das Seil wieder aus und warf die Schlaufe mit einigen Schwüngen über die Astgabel direkt am Stamm. Wenn ich das Seil jetzt dauerhaft belastete, konnte ich so verhindern, dass die obere Schlaufe wieder den abwärtsgebogenen Ast hinunterrutschte.

Ganz langsam stand ich auf und balancierte auf meinem Ast. Ich lehnte mich in meinen Klettergurt zurück, setzte den rechten Fuß hinter den linken, und bewegte mich rückwärts auf die Zapfen zu, die am Rande der Baumkrone hingen. Dabei verdrehte ich den Oberkörper so weit wie möglich, um zu sehen, wohin ich ging. Mit der Rechten hielt ich den Prusikknoten fest und ließ ihn Zentimeter um Zentimeter am Hauptseil entlanggleiten. Ich streckte den linken Arm aus, meine Finger griffen vergeblich nach den Zapfen, die immer noch über einen Meter entfernt waren.

Mein rechtes Bein fing an zu zittern. Ich hatte mich nur vier Meter vom Stamm entfernt, doch ich fühlte mich exponiert und unsicher auf den Beinen. Ich zwang mich, die Spannung ganz aus dem Seil zu nehmen und ging in die Hocke, um meinen Körperschwerpunkt nach unten zu verlagern. Das Zittern wanderte jetzt in meine Oberschenkel, während ich die Position hielt, doch ich fühlte mich viel sicherer, viel stabiler. So schaffte ich den letzten Meter und konnte das Ende des Astes greifen. Die unreifen Zapfen ließen sich nur schwer von dem Zweig lösen, daher suchte ich mir einen älteren aus, pflückte ihn und ließ ihn in den Ausschnitt meines T-Shirts fallen. Dann wandte ich mich wieder dem Stamm zu und machte mich auf den Rückweg.

Auf halbem Weg rutschte mein linker Fuß auf der glatten, staubbedeckten Oberfläche ab. Panisch klammerte ich mich an das Seil, und schon schwang ich an seinem Ende, mich um die eigene Achse drehend, auf den Stamm zu. Ehe ich mich's versah, stieß ich mit einem dumpfen Schlag gegen den Baum. Die Wucht des Aufpralls war ein Schock, doch er wurde von der weichen Borke gnädig abgefedert. Als ich mich umblickte, stellte ich fest, dass ich nur ein kleines Stück in die Tiefe gestürzt war. Statt mein Selbstvertrauen zu untergraben, hatte mich die sanfte Landung erleichtert und bestärkte mich eher darin, mich ganz auf das Klettergurtsystem zu verlassen.

Ich stemmte die Füße gegen den Baumstamm und hing nun in meinem Gurt neben dem Ast, von dem ich abgerutscht war. Das Schwanken des Baumes im Wind war nun deutlicher zu spüren, seine ungeheure Masse neigte sich sanft von einer Seite zur anderen. Ich hing schlaff in dem Gurt und genoss es, von diesem gigantischen Lebewesen hin- und hergewiegt zu werden.

Unterhalb von mir schien sich der Baum überhaupt nicht zu bewegen. Das untere Drittel des Stammes war steif, offenbar hing ich in einem Grenzbereich zwischen Erde und Himmel – als würde der Boden seinen eisernen Griff ein wenig lockern und der Baum sich losreißen, um zu einer Kreatur der Luft zu werden. Ich schloss die Augen und ließ mich in seine Umarmung fallen. Die einzigen Geräusche, die ich vernahm, waren das sanfte Streichen des Windes über die Nadeln und ein gelegentliches Knarren tief aus dem Innern des Holzes.

Als ich sie wieder öffnete, dehnte sich ein strahlend blauer Himmel hoch über mir. Schon lange hatte ich Paddy und Matt aus den Augen verloren, doch ihre Stimmen drangen zu mir durch, von gelegentlichem Lachen begleitet. Sie mussten inzwischen ein gutes Stück über das Blätterdach der Eichen geklettert sein, und ich konnte mir nur ausmalen, wie wahrhaft göttlich die Aussicht dort oben im Olymp sein musste. Doch in jenem Moment fühlte ich mich noch nicht bereit, höher hinauf zu klettern. Ich war schon stolz, meinen ersten Gang auf dem Ast hinter mich gebracht zu haben. Ich kramte den Zapfen aus dem T-Shirt hervor, um ihn näher zu betrachten.

Er war dunkelbraun, und seine im Zickzackmuster geöffneten Schuppen enthielten Hunderte, wenn nicht Tausende winziger Samen. Ich klopfte ein paar davon heraus, um sie in der hohlen Hand näher zu untersuchen. Jeder einzelne war nicht mehr als ein winziges hölzernes Flöckchen mit einem grafitgrauen Bleistiftstrich in der Mitte. Ich holte tief Luft und blies das kleine Häufchen von meiner Hand. Es rieselte wie Feenstaub in das Geäst unter mir. Wie konnte etwas so Gewaltiges und perfekt Gewachsenes wie dieser Baum aus einem so unscheinbaren Fitzel schlafenden Lebens entstanden sein? Ich steckte den Zapfen mit den restlichen Samen wieder zurück in mein T-Shirt und ließ die Stille um mich herum auf mich wirken. Ich verspürte eine unglaubliche innere Ruhe und hatte das Gefühl, voller positiver Energie zu sein. Obwohl ich den größten Teil meiner Kindheit *mit* der Natur gelebt hatte, hatte ich mich noch nie zuvor so sehr *in* der Natur gefühlt wie in jenem Augenblick. Während ich in den Armen des Baumes sanft hin- und herwiegte, war es, als spürte ich eine Verbindung mit der Erde selbst.

Eine herabschwebende Wolke aus Staub und Nadeln weckte mich aus meinem Dämmer. Wenige Augenblicke später vernahm ich die dumpfen Schläge von Klettergeräten gegen Holz. Matt und Paddy tauchten auf, mit leuchtenden Augen und aufgeblähter Brust, beide in Hochstimmung, und ich blickte ein wenig neidisch zu ihnen hinauf. Doch ich hätte es unter keinen Umständen bis in den Wipfel dieses Baumes geschafft, ohne vorher noch ein paar weitere Klettererfahrungen gemacht zu haben.

1994

Ich beugte mich nach vorn und fuhr mit den Händen den Baumstamm hinauf, während ich aufstand und auf dem Ast balancierte. Dann lockerte ich das Seil um ein paar Längen, ging in die Knie, sprang hoch und griff nach dem breiten Ast über mir. Ich zog mich mit beiden Händen hinauf, schwang mein linkes Bein darüber und drückte mich mit den Unterarmen empor, um hinaufzugelangen. Dann hielt ich mich mit dem linken Arm an einem anderen Ast fest, schlang ein kurzes Reepseil herum und hängte es an meinem Gurt ein, um mich zu sichern. Jetzt konnte ich mein Seil aushängen und es von dem Ast unter mir lösen, bevor ich es zu mir hochzog, um es über einen anderen Ast drei Meter über mir zu werfen. Ich schickte mich an, in raschem Tempo bis zur Mitte des Baumes zu klettern und musste lächeln, als ich den höchsten Punkt passierte, den ich drei Jahre zuvor erreicht hatte. Es war ein wunderbarer Spätnachmittag im Herbst. Die niedrig stehende Sonne schien ihr Licht durch ein Prisma zu senden, sodass der Wald in den schönsten Farben leuchtete. Ich blickte nach oben durch die von hinten beleuchteten Zweige. Die Nacht brach herein, und ich musste mich beeilen.

Nach unserer ersten gemeinsamen Kletterpartie waren Matt, Paddy und ich in die reale Welt am Erdboden zurückgekehrt. Matt habe ich nie wiedergesehen, ich wechselte auf die Oberstufe, und wir verloren uns aus den Augen. Doch obwohl die neue Schule weiter entfernt war, kehrte ich in dieser Zeit so oft wie möglich zurück, um mit Paddy auf Bäume zu klettern. Der New Forest hielt schier unbegrenzte Möglichkeiten für uns bereit. Man konnte ein Leben lang jeden Tag auf fünf verschiedene Bäume klettern, ohne je den Boden zu berühren. Paddy und ich waren Partner in einer nie endenden Suche nach dem ultimativen Kletterbaum.

Mittlerweile studierte ich Fotografie in London und wohnte in Tooting. Um nicht aus der Übung zu geraten, turnte ich in den Bäumen des Tooting-Bec-Common-Parks herum, während meine Kumpels im nahen Freibad in der Sonne hockten. Doch mit dem Herzen war ich immer im New Forest, und sobald ich das Geld oder die Zeit hatte, bestieg ich in Waterloo den Zug und fuhr nach Westen. Southampton war für mich die Schwelle: Dahinter lag die Welt der Bäume und der Heimat. Je weiter ich mich von London entfernte, desto erregter und konzentrierter wurde ich. Ich genoss es, in London zu leben, es war, als würde man sich im Innern eines riesigen Organismus befinden, der mit einem Rhythmus und Lebenshunger atmete, den man kaum woanders finden konnte. Doch ich hatte ständig das Gefühl, dass die Stadt mir mehr nahm, als sie mir zurückgeben konnte. Und von dem Augenblick an, als ich wieder in meiner Bude in Tooting hockte, bis zu dem Augenblick, als ich alles liegen lassen und mich wieder in die Wälder flüchten konnte, hatte ich das Gefühl, als liefe mein Motor mit einer Ersatzbatterie, die sich allzu schnell entlud.

Ich war an jenem Tag um die Mittagszeit in Brockenhurst aus dem Zug gestiegen und allein quer durch den Wald zu »Goliath« gegangen. Paddy und ich hatten ihm vor drei Jahren, nach unserer ersten Kletterpartie, diesen Namen gegeben, und nun war ich zum ersten Mal wieder dort. Mittlerweile war ich zu einem recht guten Kletterer geworden, doch hatte ich mir das Wiedersehen mit Goliath so lange aufgespart, bis ich mich wirklich dazu bereit fühlte. Nichts sollte mich daran hindern, diese gewaltigen Äste nach Lust und Laune zu erkunden und die atemberaubende Aussicht zu genießen, die ich mir in den drei vergangenen Jahren ausgemalt hatte.

Schon bald war ich auf 20 Meter Höhe geklettert, und beim Blick nach unten sah ich, dass der Waldboden zunehmend im Schatten versank. Doch hoch über mir konnte ich den Wipfel des Baumes deutlich erkennen, der immer noch in warmes herbstliches Licht getaucht war. Alle Anzeichen deuteten auf eine klare Nacht hin. Das ferne Rauschen des Verkehrs war schon seit Langem verstummt, stattdessen hörte ich Waldkäuze, deren klagende Rufe in den Tannen der Umgebung widerhallten. Hin und wieder war auch das kehlige Röhren brunftiger Damhirsche zu vernehmen. Wenn der Regen ausblieb, würden diese Geräusche wohl die ganze Nacht über weiter zu hören sein.

Ich befand mich genau auf halber Höhe, in der Mitte des Baumes, wo seine Äste am dicksten und miteinander verflochten waren. Das dichte Blätterwerk der Nadeln an den äußeren Enden der Zweige schirmte die Sicht auf alles ab, was außerhalb des Baumes lag. Geborgen im Innern von Goliath: der perfekte Ort, um meine Hängematte aufzuspannen. Geeignete Befestigungspunkte gab es überall, und nach Osten, dort, wo die Sonne am Morgen aufgehen würde, hatte ich sogar eine perfekte Aussicht über die Wipfel der umliegenden Bäume. Ich zog mein nach unten hängendes Seil hoch, an seinem Ende holperte und rumpelte der schwere Rucksack an dem Geäst unter mir entlang. Dann befestigte ich eine kurze Nylonschlinge an einem Ast, hängte meinen Rucksack ein und holte eine ultraleichte Netzhängematte daraus hervor. Ich spannte sie zwischen zwei dicken Ästen, die direkt am Stamm entsprangen und sich im Geflecht der Baumkrone verloren. Die Hängematte wirkte ziemlich dünn und war ganz offensichtlich für den Gebrauch nahe am Boden gedacht, doch es gab keinen Grund, weshalb sie mein Gewicht nicht auch in 20 Metern Höhe aushalten sollte. Dennoch beschloss ich, nur zur Sicherheit, meinen Klettergurt die Nacht über anzubehalten und ihn an dem Halteseil über mir zu fixieren.

Mir war immer noch ziemlich warm vom Klettern, doch die Sonne war inzwischen untergegangen, und der Schweiß in meinem Nacken fühlte sich allmählich kalt an. Der Wind hatte sich gelegt, und die Schatten krochen von unten am Baumstamm herauf, während die Äste über mir im schwindenden Licht zu einem undurchdringlichen Gewirr verschwammen.

Auf einem Ast sitzend, zog ich die Schuhe aus und band die Schnürsenkel zusammen, dann hängte ich sie über einen Ast neben der Hängematte und steckte die Hosenbeine in die Socken. Unter meinem T-Shirt zog ich ein Thermo-Unterhemd an und darüber einen dicken Pullover. Mein Schlafsack entrollte sich wie ein Tierfell, als ich ihn aus dem Rucksack zog, und er roch so muffig und feucht wie immer. Ich hatte ihn vor fünf Jahren in einem Restpostenladen für Militärartikel gebraucht gekauft, ein deutsches Modell aus der Zeit des Kalten Krieges, mit einer gummierten, wasserdichten Außenhaut und einer warmen Füllung. Er besaß sogar Ärmel und einen Zwei-Wege-Reißverschluss – ideal, wenn man in einer Hängematte schlief und gleichzeitig an einem Seil gesichert bleiben wollte. Ich schlüpfte hinein und streifte mir zum Schluss die gummierte Kapuze, die sich angenehm an meine Wollmütze anschmiegte, über den Kopf.

Jetzt kam der schwierige Teil: in die Hängematte zu gelangen, ohne zu kentern. Ich zog die straff gespannten grünen Netzkanten auseinander und zwängte meinen Hintern in die Lücke. Ich schwang die Beine nach oben und zur Seite und verstaute die Füße im Netz, bevor ich mich mit den Schultern hineinwand, um schließlich auf dem Rücken zu liegen. Ich verschränkte die Hände hinter dem Kopf, sodass ich mit den Ellbogen die Ränder der Hängematte von meinem Gesicht wegdrücken konnte, dann lag ich ruhig da, sanft schaukelnd. Die Käuzchen schrien immer noch. Die Baumkrone war jetzt gänzlich in Dunkelheit versunken, doch als ich durch die schwarzen Umrisse des struppigen Blätterwerks hinausschaute, sah ich die ersten Sterne am nachtblauen Himmel schimmern. Kalt und fern schienen sie wie Lichterketten auf den Spitzen der zum Himmel aufwärtsgebogenen Zweige zu hängen.

Ich steckte meine Finger durch das Netz, zog die Ränder der Hängematte über mir zusammen und hängte einen Karabiner ein. Ich war jetzt vollkommen eingehüllt, wie eine lange grüne Raupe, die in fast 30 Metern Höhe in der Luft hing. Eine Weile genoss ich noch das Wunderbare dieses Moments, doch schon bald übermannte mich die Erschöpfung, und ich fiel in tiefen Schlaf.

Gegen zwei oder drei Uhr morgens wachte ich mit einem Ruck auf. Das gespenstische Bild eines Waldkauzes, der dicht neben meinem Kopf auf einem Ast saß, stand mir noch vor Augen. Hatte ich das geträumt? Sechs Meter weiter oben rief mir ein Kauz die Antwort zu, bevor er geräuschlos in die mondbeschienene Nacht hinausglitt. Der fast volle Mond stand hoch am klaren Himmel. Das Kreuz und Quer der Äste und Zweige um mich herum war wie ein filigranes Geflecht aus Silber und Schwarz, der Wald dahinter schien in weißes Satin gehüllt zu sein. Aus der Ferne tönte das Röhren der Hirsche herüber: eine perfekte Herbstnacht. Dies war der Moment, um den es ging, der wahre Grund, eine Nacht hier oben zu verbringen. Ich wollte das Erlebnis so lange wie möglich festhalten und genießen, doch nach wenigen Augenblicken sank ich wieder in tiefen Schlaf zurück.

Als ich das nächste Mal aufwachte, war es Morgen. Die Sonne war gerade aufgegangen, und ihre Wärme sickerte durch das Blätterwerk der Krone und ließ die Haut der grünen Zapfen erglänzen. Die Käuzchen waren verstummt, doch die Damhirsche ließen sich mit erneuerter Kraft vernehmen. Sicherlich hatten sie eine unruhige Nacht hinter sich. Das näselnde Aufheulen eines schweren Motorrads in der Ferne durchbrach den Zauber. Ich konnte seinen Weg durch den Wald anhand des Geräuschs beim Schalten und Beschleunigen verfolgen. Ich kramte in dem neben mir hängenden Rucksack und holte eine dicke Warmhaltedose mit lauwarmen Baked Beans hervor – mein Frühstück.

Dann wälzte ich mich aus der Hängematte, zog meine Socken aus und blieb eine Weile ruhig sitzen, um mich wieder mit meiner Umgebung vertraut zu machen. Der Wipfel des Baumes wurde bereits vom Sonnenlicht bestrahlt, doch in Richtung Westen lagen noch tiefe Schatten auf den Blätterkronen der umliegenden Eichen. Barfuß machte ich mich auf den Weg zum Wipfel Goliaths, erfüllt von der Aussicht auf einen fantastischen Blick. Die Handgriffe und Äste führten mich in einer natürlichen Spirale um den Stamm herum, und ich arbeitete mich immer weiter bis ganz nach oben – dorthin, wo der Baum einfach aufhörte und der Himmel begann. Die Äste standen dichter, je höher ich kletterte. Ich hatte zunehmend Mühe, meinen Körper zwischen ihnen hindurchzuzwängen. Und während der Fuß dieses monolithischen Baumes mehrere Meter im Durchmesser maß, war der glatte Stamm hier oben dünner als meine Taille. Drei Meter unterhalb des Wipfels legte ich eine Pause ein und wickelte das Seil um den Hauptstamm, um einen sichereren Halt zu haben. Die spröden Äste waren nunmehr nicht dicker als mein Handgelenk, und der Erdboden war sehr weit entfernt. Ganz bewusst vermied ich es, in die Weite hinauszublicken und konzentrierte mich auf das Klettern, bis ich schließlich ganz an der Spitze angelangt war.

Ich legte meinen rechten Arm um den Baumwipfel, als wäre es die Spitze eines Schiffsmastes oder der Hals eines Freundes, ich zog das Seil an, lehnte mich in den Klettergurt zurück und wandte mich der aufgehenden Sonne zu.

Ich werde diesen Blick bis an das Ende meiner Tage nicht vergessen. Ich befand mich 50 Meter über dem Erdboden, an der Spitze des höchsten Baumes weit und breit in diesem Wald. Unterhalb von mir erstreckte sich in jede Richtung das gewellte Blätterdach der Baumkronen. Im Nordosten erblickte ich die Spitze eines Kirchturms. Im Süden, wo die Welt abrupt zu enden schien, konnte ich die Küstenlinie ausmachen. Dahinter lag unter dem schimmernden Blau des Himmels die Meerenge Solent. Auch die hohen weißen Klippen der Isle of Wight konnte ich erkennen, mit den kleinen aus dem Meer ragenden Kreideinseln, The Needles genannt.

Im Westen und 30 Meter unterhalb von mir erstreckte sich ein weiter Ozean aus Eichen, die in der Morgensonne golden und orange leuchteten. Dahinter lag in weiter Ferne – am äußersten Rand der Sicht – ein dünner Streifen aus violettem Dunst, der das offene Heideland jenseits des westlichen Waldrands sein musste. Goliaths mächtiger Schatten lag über den Wipfeln der umliegenden Bäume wie ein riesiger schwarzer Monolith, der alles unter sich begrub.

Der Ausblick war schöner und beeindruckender, als ich mir

ausgemalt hatte. Ich hatte es am Ende doch noch auf den Wipfel geschafft, und als ich von dieser Warte aus, hoch droben auf Goliaths Schulter, über die Bäume blickte, sah ich, dass es dort draußen, hinter den Grenzen dieses Waldes, eine ganze Welt von Baumkronen gab, die nur darauf warteten, von mir erkundet zu werden.

KAPITEL 2

Tumparak – Borneo

1998

Um mich herum lagen Tausende von winzig kleinen gelben Früchten auf dem Dschungelboden und faulten vor sich hin. Ein modrig-süßlicher Gärungsgeruch stieg von ihnen auf, und darüber schwebten in dichten Wolken winzige Fruchtfliegen, wirbelten wie Staub in den Lichtstreifen der Morgensonne.

Der Geruch nahm einem fast den Atem. Er erinnerte mich an meine glücklosen Versuche mit selbst gebrautem Bier, das damals zu Hause unter der Treppe in Fässern blubberte. Als ich mich bückte, um die Früchte näher zu betrachten, erkannte ich, dass es die wilden Feigen sein mussten, nach denen ich suchte. Manche von ihnen waren hart, besaßen ungefähr die Größe einer Murmel. Andere lagen offensichtlich schon länger da, waren aufgeplatzt und verfaulten. Eigentlich sahen sie nicht wie Feigen aus, fand ich, doch es handelte sich hier um eine wilde Art, die im tropischen Regenwald wuchs und wenig Ähnlichkeit mit irgendwelchen Früchten in unseren heimischen Supermärkten aufwies.

Sie wirkten auch nicht besonders genießbar auf mich, doch in Anbetracht der Mengen, die von Tieren auf Futtersuche aus der Baumkronenregion 60 Meter über mir heruntergeworfen worden waren, stand ich mit dieser Meinung wohl ziemlich allein da. Der Boden war vollkommen übersät davon. Ich holte mein Taschenmesser hervor und schnitt eine der Früchte auf. Die Schale war hart, doch das weiche Fleisch darunter gab unter der Klinge nach und war gefüllt mit Dutzenden von winzigen pulverigen Knospen. Das Innere war hohl und beherbergte ein paar sich windende Maden.

Gut, das waren also die Feigen, doch wo war der Baum, an dem sie gewachsen waren? Ich spähte durch die dichte Vegetation um mich herum.

* * *

Alles an diesem Regenwald auf Borneo wirkte aufregend, fremd und wild auf mich. Die ungeheure Vielfalt des Lebens dort war atemberaubend. Alles, was ich sah, verlangte nach einer näheren Untersuchung, und je genauer ich hinschaute, desto komplexer wurde es. Als blickte man zum ersten Mal durch ein Fernglas in den Nachthimmel, und reihenweise tauchten neue Sterne auf, wo bisher zwischen den bekannten Sternbildern nur Leere geherrscht hatte. Dies war eine Lebenswelt von unendlicher Tiefe und bezaubernder Schönheit. Wenn man sie betrat, wurde man in eine andere Zeit entrückt, man geriet in eine märchenhafte Urlandschaft, die vollkommen von Bäumen beherrscht wurde. Mehr als an jedem Ort, den ich bisher besucht hatte, standen hier die Bäume an der Spitze der Hierarchie. Um sie herum hatte sich ein ganzes Ökosystem ausgebildet.

In diesem Dschungel schien alles perfekt aufeinander abgestimmt zu sein, ein Gleichgewicht, unendlich subtil und komplex. Und doch strahlte er auch etwas Wildes und Gefährliches aus. Mir war vollkommen klar, dass das Schöne und Wunderbare im Falle eines Unfalls sehr rasch verblassen würde. Selbst ein verstauchter Fußknöchel konnte hier zu einem großen Problem werden, und von einer Schlange gebissen zu werden, daran war gar nicht zu denken. Ich musste also konzentriert bleiben und durfte mich nicht ablenken lassen. Aber das war gar nicht so leicht, denn ich war immer noch in absoluter Hochstimmung, allein durch den Umstand, hier zu sein.

Seit wenigen Tagen befand ich mich mit John, dem Kameramann, und Gen, der Produktionsassistentin, im Naturschutzgebiet des Danum-Tals. Wir waren ein kleines Team und sollten in den kommenden sechs Wochen für eine Produktionsfirma in Bristol in diesem 43 000 Hektar großen unberührten Regenwaldgebiet drehen. Ich fungierte als Kameraassistent von John, meine Aufgabe bestand aber auch darin, ihn sicher in die Baumkronenregion zu befördern, damit er Orang-Utans beim Fressen von Wildfrüchten filmen konnte. Momentan waren die beiden mit unserem einheimischen Dayak-Führer Dennis unterwegs, um einen anderen Teil des Waldes zu erkunden, was mir die Gelegenheit gab, auf eigene Faust den Dschungel zu durchstreifen, um fruchttragende Bäume ausfindig zu machen, die sich für die Filmaufnahmen eigneten. Ich fühlte mich wie im Paradies. Was nicht heißen soll, dass ich den Regenwald nicht als Herausforderung für meine Arbeit empfand. In den wenigen Tagen seit meiner Ankunft war die Lernkurve steil angestiegen.

Die erste Herausforderung bestand darin, sich an die unglaubliche Hitze und Feuchtigkeit anzupassen. Der Dschungel wurde von einem unaufhörlichen Zyklus aus Regen, Nebel und brütender Hitze beherrscht. Sobald der nächtliche Regen aufhörte, schoss die Luftfeuchtigkeit in die Höhe, die Bäume hauchten Dunst aus, und das Flusstal füllte sich mit dichtem Nebel. Dann stieg die Morgensonne über den nahen Bergkamm und setzte die gesamte Szene in Brand, worauf der Dunst in Wirbeln aufstieg und sich am Himmel auflöste. Am späten Nachmittag zogen sich die Wolken zusammen. Schwere Gewitterwolken bildeten sich, genährt von der aus dem Wald aufgesaugten Feuchtigkeit. Sie türmten sich bedrohlich Hunderte von Metern auf, bevor sie noch am selben Abend zusammenbrachen und sich als sintflutartiger Regen auf die Erde ergossen.

Es war, als betrete man ein Dampfbad, wenn man sich in den Dschungel begab. Innerhalb von wenigen Minuten war mein Hemd von Schweiß durchtränkt, der nirgendwo hinkonnte. Die Luft in der Umgebung war derart von Feuchtigkeit gesättigt, dass er nicht verdunsten konnte. Die Kleidung blieb tagelang feucht und muffig. Ich verstand, warum die indigene Bevölkerung im Dschungel auch heutzutage noch nur minimal bekleidet war. Europäische Kleidung wird zu einem schmuddeligen Nährboden für Bakterien und fällt rasch auseinander.

Dann gab es noch die Schwierigkeit, längere Distanzen durch den Wald zurückzulegen, ohne sich zu verirren. Die Bäume besaßen die unheimliche Fähigkeit, einen zum Narren zu halten und jeden angeborenen Orientierungssinn zu verwirren. Es war beinahe unmöglich, in gerader Linie zu laufen. Diese Welt war alles andere als linear, und das Netz von Trampelpfaden und Tierfährten schien sich fortwährend zu verändern. Der Regenwald machte seinem rätselhaften und geheimnisumwobenen Ruf alle Ehre.

Dies war die Welt, die hinter dem Horizont des New Forest

auf mich gewartet hatte. Was würde ich vorfinden, wenn ich in die Baumkronenregion hinaufkletterte? Wie würden die Tiere, denen ich dort begegnete, reagieren? Wie würde es sich anfühlen, auf einen dieser Baumgiganten zu klettern, so riesig, dass sein unterster Ast so groß wie eine ganze Eiche war und in einer Höhe über dem Boden wuchs, die der vollen Länge Goliaths entsprach? Ich konnte es kaum erwarten, das herauszufinden.

Ich ließ die Frucht aus der Hand fallen und sah mich um. Das üppige Blätterwerk wurde von den gewaltigen senkrechten Stämmen tropischer Laubbäume unterbrochen, jeder so dick wie die Pfeiler einer Kathedrale. Ihr Fuß war vollkommen von dichtem Bewuchs verdeckt, sodass sie körperlos im Raum zwischen Unterwuchs und Blätterkrone zu schweben schienen. Doch das waren nicht die Bäume, nach denen ich an diesem Morgen suchte – keiner von ihnen war der Ursprung dieser Unmenge von Früchten, die zu meinen Füßen vor sich hin gammelten. In vielerlei Hinsicht war der von mir gesuchte Baum die vollkommene Antithese zu allen anderen im Wald. Er war ein sozialer Außenseiter, ein Paria der Baumwelt, mit einem finsteren, geradezu üblen Ruf. Ich war sehr gespannt darauf, ihn zu treffen.

Wenn ich den Kopf in den Nacken legte, konnte ich die Zweige sehen, von denen die Früchte herabgefallen waren, doch es war unmöglich auszumachen, zu welchem Stamm sie gehörten. Daher folgte ich der Fährte der abgefallenen Früchte abseits vom Pfad bis zu einer kleinen Lichtung. Die Schicht der am Boden liegenden Früchte war hier sogar noch höher, und der penetrante Essiggeruch von gärendem Zucker mischte sich mit dem markanten Geruch von Schweinen, die sich hier in der Nacht aufgehalten hatten. Früchte, Erdboden und Laubabfälle waren hier zu einer einzigen Masse zerstampft.

In der Mitte dieser kleinen Lichtung erblickte ich ihn: eine

Würgefeige. Es war eine seltsame, verdrehte Kreatur. Das gequälte Skelett eines Baums, anders als alles, was ich je zuvor gesehen hatte.

Statt eines einzelnen Stammes besaß er mehrere umeinander gewundene Stämme, die sich in 15 Metern Höhe entfalteten, um in einem Dickicht von Stelzen wieder abwärtszuwandern. Außerdem hingen noch Dutzende von langen, dünnen Luftwurzeln bis zum Boden herab. Einige der größeren Stämme waren umwunden von einem Geflecht aus Sehnen. Faktisch schien der ganze Baum in einem von ihm selbst erzeugten Netz gefangen zu sein, als kämpfte er darum, sich von den klebrigen Schlingen zu befreien, die ihn zu ersticken drohten.

Als ich in den Zwischenraum zwischen den Stelzen trat und nach oben blickte, sah ich in drei Metern Höhe ein riesiges Stück toten Stamm, der in einem Wirrwarr von Wurzeln steckte. Es handelte sich um die verrotteten Reste des ursprünglichen Baumes – das Opfer des Würgers. Seine dunkelbraune Oberfläche war mit Pilzen überzogen und von Verfall gezeichnet. Große Löcher klafften darin wie bei einer Geistermaske. Er war schon lange tot, die Wurzeln der Feige hatten ihn überall durchlöchert. Einst war er voller Leben gewesen. Ein riesiger tropischer Laubbaum, jahrhundertealt und an die 75 Meter hoch.

Aus einem Samen gekeimt, der von einem Tier in der Baumkrone des Riesen hinterlassen worden war, hatte der kleine Feigenbaum seine Wurzeln nach unten geschickt und den gewaltigen Stamm des Wirtsbaumes umschlungen. Immer mehr Wurzeln zogen sich immer fester zusammen und wurden zu einem lebendigen Käfig, der den eingeschlossenen Baum umwucherte. Jahrzehnte später, als der Würger groß genug geworden war, um selbstständig zu stehen, hatte er schließlich den letzten Rest Leben aus dem gefangenen Riesen gepresst.

Der Anblick dieser toten Hülse des Wirtsbaumes hatte etwas Trostloses. Eingesponnen und leergesaugt wie die Beute einer riesigen Spinne. Schon bald würde er sich in Staub verwandeln und zusammenfallen, zurückbleiben würde nur eine von Wurzeln eingefasste Grabkammer.

Borneos Bäume gehören zu den höchsten dieser Erde, was auch bedeutet, dass die hiesigen Würgefeigen zu den höchsten ihrer Art gehören. Das mörderische Baumungeheuer, das ich vor mir hatte, besaß sicherlich seine dunklen Seiten, und doch war das Leben, das der Würger auf so brutale Weise genommen hatte, über seine Früchte geradewegs wieder in den Wald zurückgebracht worden. Und allgemein scheint für den Dschungel zu gelten, dass der Energiekreislauf in der Natur hier um ein Vielfaches schneller abzulaufen scheint.

Die Feigen waren fast reif, und die heruntergefallenen Früchte um mich herum bezeugten, dass für manche Tiere der Festschmaus schon begonnen hatte. Wie um dies zu bestätigen, ertönte von hoch oben das Rascheln von Blättern, gefolgt vom leisen Prasseln herunterfallender Feigen. Etwas bewegte sich dort oben und ließ es sich schmecken. Ich spähte durch den dichten Unterwuchs hinauf und meinte Zweige sich bewegen zu sehen, doch sicher war ich mir nicht.

Ich setzte meinen Rucksack ab und packte meine Klettergeräte aus. Ich hatte vor, auf den Feigenbaum zu klettern und diesen als Ausguck zu nutzen, um einen geeigneten Baum in seiner Nachbarschaft auszuwählen, in dem wir unser Podest zum Filmen aufbauen konnten. Von dieser Warte aus könnte Kameramann John dann aus diskreter Entfernung filmen, was in der Krone des Feigenbaums vor sich ging. Man kann ohne Übertreibung sagen, dass sämtliche Tiere des Dschungels, die sich von Früchten ernähren, versessen auf Feigen sind. Und diejenigen, die keine Früchte fressen, werden angelockt, um diejenigen zu jagen, die es tun. Die Aussichten, dass John außergewöhnliche Aufnahmen von Tieren gelangen, standen also gut – sofern ich mich beeilte und mein Plan aufging.

Ich wollte an einem der stelzenartigen Stämme hinaufklettern und das Gitter der sie umschlingenden Wurzeln als natürliche Leiter benutzen. Der Baum stellte ein geradezu ideales Klettergerüst dar, und obwohl für alle Fälle ein Kletterseil von der Rückseite meines Gurts herunterhing, schien es mir passender zu sein und mehr Spaß zu versprechen, es auf die altmodische Weise zu tun – so weit wie möglich frei hinaufzuklettern.

Nebenbei war dies der erste tropische Baum, den ich bestieg, und ich hatte das Gefühl, ich müsste meine ersten Erfahrungen auf möglichst zupackende Art sammeln.

Bevor ich an jenem Morgen in den Wald gegangen war, hatte mir Dennis erklärt, dass Feigenbäume – besonders Würgefeigen – in der Dayak-Kultur einen besonderen Status hätten. Sie seien von mächtigen Waldgeistern bewohnt, sowohl gut- als auch bösartigen. Diese müssten besänftigt und günstig gestimmt werden, indem man um die Erlaubnis bitte, auf den Baum klettern zu dürfen, bevor man ihr Reich betrete. Er hatte mir dabei so eindringlich in die Augen geblickt, dass ich nichts einwendete und versprach, seinem Rat zu folgen.

»Und noch etwas«, hatte er gesagt, als ich mich zum Gehen wandte: »Niemals in der Nähe eines Feigenbaums urinieren. Du wirst die Geister erzürnen und Unheil heraufbeschwören. Denke immer daran, dass der Wald ihnen gehört. Du solltest ihnen und dem Baum jederzeit Respekt entgegenbringen.«

Verschiedene Stämme der Dayak lebten seit Tausenden von Jahren in diesen Wäldern, man konnte also davon ausgehen, dass sie einiges darüber wussten, wie man sich in ihnen verhalten sollte. In jedem Fall wussten sie mehr darüber als ein Engländer, von daher fühlte ich mich nicht berechtigt, ihre Anweisungen infrage zu stellen. Außerdem war es das erste Mal, dass ich mich 20 Stockwerke hinauf in die tropische Baumkronenregion wagte. Daher hatte ich keinesfalls die Absicht, Dennis' Ratschläge in den Wind zu schlagen.

Ich beugte mich also pflichtschuldig vor und lehnte meine Stirn an den Würger. Wer weiß? Vielleicht würde irgendetwas im Innern des Feigenbaums durch meine Ehrbezeugung besänftigt und günstig gestimmt.

Dann begann ich, langsam eine der Stelzen hinaufzuklettern, mit Händen und Füßen Halt und Tritt unter den gewundenen Wurzeln suchend. Die Rinde fühlte sich glatt und doch rau an, wie ein feinkörniges Schleifpapier, und ich war überrascht, wie stabil selbst die dünnsten Stränge waren. Es war noch früh am Morgen und kühl, doch schon nach den ersten Metern war ich schweißgebadet. Als ich die Spitze des Stelzenstamms erreicht hatte, kletterte ich an dem darüber beginnenden Hauptstamm des Baumes weiter. Ich befand mich jetzt in etwa 15 Metern Höhe vom Boden, bis hierher reichte der Unterwuchs des Waldes hinauf. Ein Sturz aus dieser Höhe wäre schlimm, daher benutzte ich jetzt mein Seil zum Absichern, falls ich abrutschte. Dennoch war es schön, sich nicht vollständig auf das Seil verlassen zu müssen – es waren immer noch jede Menge Möglichkeiten für Handgriffe vorhanden, und ich kam rasch vorwärts.

Der Stamm war voller Löcher, manchmal tief genug, um meinen ganzen Arm darin zu versenken. Was mochte wohl alles in dieser feuchten und finsteren Höhle hausen? Spinnen, Tausendfüßler, Skorpione, vielleicht sogar Schlangen. Ich hatte meinen Spaß beim Klettern, ermahnte mich aber, nicht nachlässig zu werden.

Als ich etwa 40 Meter Höhe erreicht hatte, war ich von oben bis unten mit Schmutz bedeckt und gönnte mir eine Pause. Ich klinkte mich am Baum ein und lehnte mich in den Gurt zurück, um mich umzusehen.

Die von Früchten überladene Blätterkrone über mir wurde von dichten Vorhängen aus Kletterpflanzen verdeckt, doch die nächsten fünf Meter Stamm konnte ich einigermaßen übersehen, und sie sahen nicht sehr vielversprechend aus. Er war vollkommen glatt und bot keinerlei Griffmöglichkeiten. Die untersten großen Äste wuchsen direkt oberhalb dieses glatten Abschnitts. Wenn es mir gelang, mein Seil über einen von ihnen zu werfen, müsste ich hinaufklettern können, doch es war ein weiter Wurf aus einem ungünstigen Winkel.

Ich legte ein kurzes Stück Seil zu einem Bündel zusammen und schleuderte es mit aller Kraft nach oben. Fünf Mal fiel es zurück, ohne sein Ziel zu erreichen, landete auf meinem Kopf und meinen Schultern. Mein rechter Arm fühlte sich an, als hätte ich ihn aus seinem Gelenk gerissen. Er war voller Milchsäure und schwer. Doch ich gab nicht auf, bis ich das Bündel über den Ast gebracht hatte, danach ruckelte ich vorsichtig an dem Seil, bis das Ende wieder zu mir nach unten kam. Die Astgabel war jedoch viel weiter vom Stamm entfernt, als ich gedacht hatte, sodass das Seilende außer Reichweite in der Luft hing. Mit Hilfe meiner Reepschnüre gelang es mir, das Ende einzufangen. Dann klinkte ich mich am Seil ein, atmete langsam aus, ließ den Baum los und schwang hinaus in den leeren Raum.

Sich auf Gedeih und Verderb einem dünnen Nylonstrick zu überlassen ist etwas, an das ich mich nie habe gewöhnen können. Es ist eine Sache, an einem Seil hochzuklettern, zu spüren, wie seine Spannung einen beim Aufstieg fest in der Position hält und das Gewicht trägt. Etwas ganz anderes ist es, einen sicheren Griff loszulassen und darauf zu vertrauen, dass das Seil einen in 50 Metern Höhe über dem Erdboden auffangen wird. Zunächst gibt es einen Ruck nach unten, wenn sich das Nylon dehnt, dann rauscht die Luft an einem vorbei und der Magen zieht sich zusammen, während man in die Leere hinaus beschleunigt wird. Es folgt ein Sekundenbruchteil der Schwerelosigkeit am Ende des Bogens, bevor die Schwerkraft wieder übernimmt und einen zum Baum zurückbefördert.

Nach einer Weile schwang das Seil aus, und ich drehte mich nur noch langsam um seine Achse. Nach der anfänglichen Aufregung ließ die Spannung in meinen Muskeln nach, der Adrenalinpegel ging zurück, und ich war wieder ganz ruhig. Ich verfolgte die dünne Linie des Seils bis zu den Ästen über mir, wo eine Schar leuchtend grüner kleiner Vögel zwischen den Blättern umherflatterte. Als ich nach unten schaute, entdeckte ich einen Flugdrachen und verfolgte fasziniert, wie er mit flach ausgespannten Flughäuten und dem langen, dünnen Schwanz durch die Luft glitt. Vierzig Meter über dem Erdboden bedeuteten schon für mich eine beträchtliche Höhe, wie hoch musste das erst für ein so kleines Reptil sein? Dieser Wald steckte voller Überraschungen.

Einstweilen war ich vollauf zufrieden, eine Weile dort hängen zu bleiben, lehnte mich in den Klettergurt zurück und schloss die Augen, um das Gefühl zu genießen, am Seil zu schwingen. Da ich von dem, was ich sah, nicht mehr abgelenkt wurde, konnte ich mich auf das konzentrieren, was ich hörte.

Der Gesang des Regenwalds war unglaublich. Millionen von Tieren und Insekten; eine unsichtbare Stimme nach der anderen ließ sich in an- und abschwellenden Geräuschen hören. Der ferne Ruf eines Gibbons, das flatternde Rauschen der Schwingen eines Rhinozerosvogels. Das konstante Gezirp der singenden Insekten und das schrille Piepsen von Baumfröschen. Um mich herum erklang die Sinfonie der Natur – die schiere Vielfalt des Lebens hier war überwältigend. Als ich die Augen wieder öffnete, war mir, als sähe ich den Regenwald zum ersten Mal. Er stürmte von allen Seiten auf mich ein, als wäre ein Schleier gelüftet worden. Der Dschungel war so viel mehr als nur die Summe seiner Teile, und ich selbst war nur ein Atom, das in dieser überwältigenden Flut von Energie umhertrieb. Ich spürte eine tiefe Ehrfurcht in mir, gepaart mit einem Gefühl des Akzeptiertwerdens und der Zugehörigkeit – nicht nur zum Wald allein, sondern zur Natur selbst –, und von all diesen Gefühlen übermannt, brach ich in Freudentränen aus.

* * *

Vom Boden aus ist es schier unmöglich abzuschätzen, wie komplex ein Baum ist. Dafür muss man hinaufklettern. Aus 45 Metern Höhe konnte ich jetzt sehen, was man nur als die »Taille« der Würgefeige bezeichnen konnte, die Stelle, an der seine langen Einzelstämme zu einem einzigen kurzen, massiven Stamm zusammenwuchsen, der sich weiter oben wieder in Äste teilte. Noch ein paar Meter höher, und ich würde in seine Krone eintauchen, und die Sicht auf den umliegenden Wald wäre mir genommen. Daher schwang ich herum und versuchte mir ein Bild über die Filmmöglichkeiten zu verschaffen.

Was ich suchte, war ein hoher Baum in der Nähe, in dem ich das Podest für John einrichten konnte. Zahlreiche Möglichkeiten boten sich an. Überall im Umkreis ragten gewaltige Bäume auf. Manche waren von üppigen Kletterpflanzen überwuchert. Andere waren ganz frei davon, wuchsen nackt und wunderschön in den Himmel. Doch alle waren sie bei Weitem die höchsten und beeindruckendsten Bäume, die ich je gesehen hatte. Einige ragten mit ihren Kronen noch weit über den Feigenbaum hinaus, was bedeutete, dass sie an die 80 Meter hoch sein mussten.

Viele von ihnen gehörten zur Familie der Flügelfruchtgewächse, eine große Gruppe von tropischen Laubbäumen, die in ganz Südostasien verbreitet ist. Aber es war nicht nur die Größe dieser Bäume, die mich derart beeindruckte, es war auch ihre

Gestalt. Sie besaßen eine elegante Symmetrie, die ihre Massivität vergessen ließ: lange, senkrechte Stämme von drei Metern Durchmesser, die an die 50 Meter in die Höhe ragten, bevor sie ihre Hauptäste in alle Richtungen ausbreiteten, wie eine gigantische dreidimensionale Leiter. Viele der Äste wuchsen waagerecht – ein Hinweis auf ihr besonders hartes Holz. Die Hebelwirkung auf den Baum am Ansatz dieser gewaltigen Äste musste irrsinnig groß sein, und mir fiel auf, wie die Bäume diese Kräfte mit spielerischer Grazie über das Gerüst ihrer Kronen verteilt und ausbalanciert hatten. Jeder dieser Bäume war ein Meisterwerk der Baustatik, und ihre ausgedehnten, dichten Blätterkronen schienen wie Inseln über dem Wald zu schweben. Unerforschte Welten voller verlockender Geheimnisse.

Dem Feigenbaum direkt gegenüber stand ein Flügelfruchtbaum, der mir für unser Kamerapodest perfekt geeignet erschien. Er stand nahe genug, um John zu ermöglichen, Tiere, die den Feigenbaum aufsuchten, zu filmen, und weit genug entfernt, um sie nicht zu stören. Der Ort, den ich für unser Podest im Auge hatte, befand sich 15 Meter über dem niedrigsten Ast des Flügelfruchtbaums, ungefähr 60 Meter über dem Erdboden, schätzte ich. Obwohl der riesige Baum von hier aus unübersehbar zu sein schien, wusste ich, dass es nicht einfach sein würde, ihn wiederzufinden, wenn ich mich erst einmal wieder auf dem Boden des Dschungels befand. Daher peilte ich ihn mit meinem Kompass kurz an, bevor ich meine Aufmerksamkeit wieder der Würgefeige zuwandte.

Ich kletterte weiter am Seil hinauf und wurde bald von dichtem dunklen Laub eingehüllt. Die Blätter waren lang und glänzend, mit einer hellgrünen Mittelrippe. Das Ende jedes Triebs war von einem Fruchtstand aus leuchtend gelben Früchten gekrönt, die gegen den dunklen Hintergrund herausstachen, eine Einladung an alle Tiere und Vögel. Um mich herum boten sich

Hunderte Kilogramm Nahrung zum Pflücken an. Nachdem keine anderen Feigenbäume in der näheren Umgebung wuchsen, mussten sich aller Augen auf diesen einen richten, dessen restliche Früchte im Laufe der nächsten Woche allmählich heranreifen würden. Ein wahrer Festschmaus kündigte sich an, daher musste ich das Podest so schnell wie möglich auf den benachbarten Baum bringen.

* * *

Das schwache Zwielicht der Dämmerung sickerte durch die Ritzen meiner Hüttenwände, als ich am nächsten Morgen aufwachte. Es war halb sechs, ich lag im Bett und lauschte auf die fernen Rufe der Gibbons, die irgendwo da draußen tief im Dschungel auf ihren Bäumen saßen. Der Gedanke, dass sie dort in der Höhe auf den Ästen herumturnten, rüttelte mich wach. Voller Ungeduld und Erwartungen schlang ich mein Frühstück hinunter, packte meine Sachen zusammen und brach auf.

Die geisterhaften Schatten riesiger Bäume tauchten aus dem Nebel auf, als ich rasch den bewaldeten Hügel hinaufstieg. Vorbei an ungeheuren Pfeilern aus Holz, die wie schweigende Wachposten dastanden und mich beobachteten. Manche waren nicht mehr als verschwommene Kleckse und Schatten, andere, die näher am Pfad standen, schienen einen Schritt vorzutreten, um sich zu zeigen, nur um wieder in den Dämmer zu versinken und ganz zu verschwinden, sobald ich sie passiert hatte.

Bald drangen die ersten Sonnenstrahlen in schrägen goldenen Streifen durch den Nebel, wie bei einem Filmprojektor. Das Laub zersplitterte jeden Lichtkegel in ein Spektrum kleinerer Kegel, die sich sanft vereinigten und wieder teilten, während die Sonne höher stieg. Unter der zunehmenden Hitze der Sonne entließ der Wald allmählich seine Feuchtigkeit, und

Dampf wirbelte von der Oberfläche der Blätter auf. Von der Luft getragene Wassertröpfchen schwebten sanft durch die Kegel aus Sonnenlicht.

Ich brannte darauf, den Flügelfruchtbaum zu ersteigen, doch musste ich zuerst eine Pause einlegen und die vergängliche Schönheit um mich herum auf mich wirken lassen. Ich nahm den Rucksack ab, setzte mich auf den laubbedeckten Boden und genoss schweigend den wunderbaren Augenblick. Eine Zeit lang war die Luft von Schwingungen und Farben erfüllt, und ich war umgeben von einem schimmernden Regenbogen aus schwebender Feuchtigkeit.

Binnen weniger Minuten war der letzte Rest von Nebel durch das Blätterdach des Waldes verdunstet, und dahinter tauchte ein dünner Schleier blauen Himmels auf. Die morgendliche Kühle würde nicht mehr lange anhalten, es versprach ein sehr heißer Tag zu werden. Daher schaute ich auf meinen Kompass und machte mich auf den Weg weiter den Hügel hinauf, um den Baum zu finden, in dem ich das Podest einrichten wollte.

Es dauerte nicht lange, bis ich an seinem Fuß stand. Hohe Brettwurzeln stützten ihn in alle Richtungen, die übrigen Wurzeln schlängelten sich über weite Strecken über den Boden entlang, bevor sie sich durch das Laubwerk bohrten, auf der Suche nach jedem irgendwie erreichbaren Halt in der dünnen Humusschicht des Waldes. Der Stamm selbst maß drei Meter im Durchmesser und war über 16 Stockwerke hoch. Er hatte in etwa die Größe und Form der Nelson-Säule auf dem Londoner Trafalgar Square. Die sich darüber ausbreitende Krone war wie eine ungeheure lebendige Kuppel, die in den Himmel aufragte, ein lebendiges Blättergewölbe, getragen von gewaltigen Holzstützen. Der letzte Morgendunst hing noch in diesem fernen Laubdach, wodurch es entrückt und unerreichbar erschien. Dies war wahrlich ein großer Baum, und als ich nach oben zu den entfernten Umrissen seiner Äste blickte, spürte ich ein gewisses nervöses Kribbeln.

Dann senkte ich den Blick und strich mit der Hand über seine rissige Borke. Ich spürte die ungeheure Härte des Holzes, die unerschütterliche Standfestigkeit eines gesunden tropischen Laubbaums in den besten Jahren. Lange senkrechte Linien liefen den Stamm empor und vereinigten sich am Ende der Sicht. Seine Rinde zeigte ein geflecktes Muster aus Silber- und dunklen Brauntönen, ein wunderschöner Pfeiler aus lebendigem Holz – es würde eine wahre Freude sein, an ihm hinaufzuklettern.

Doch zuallererst stellte sich die Frage, wie ich ein Seil in diese Höhe befördern konnte. Davon hing alles andere ab. Ich hatte mein Katapult und die Angelschnur mit den Bleigewichten mitgebracht, doch ich hatte dieses selbst gebastelte System noch nie an einem so hohen Baum ausprobiert. Schnüre in eine englische Baumkrone zu schießen, darin hatte ich Übung, hier aber hatte ich es mit einem ganz anderen Kaliber zu tun. Ich hatte keine Ahnung, ob mein kleines Katapult überhaupt stark genug war, um so hoch zu gelangen.

Was würde ich tun, wenn Plan A misslang? Diesen Giganten konnte ich nicht im freien Klettern besteigen, wie ich das bei der Würgefeige getan hatte. Es gab nicht die geringste Greifmöglichkeit auf den ersten 50 Metern, und der Stamm hatte einen viel zu großen Umfang, als dass man die Arme oder Halteseile um ihn hätte schlingen können.

Alles hing von der Leistung des dünnen Gummibands an dem Katapult ab, das ich aus England mitgebracht hatte.

Ich packte meinen Rucksack aus, wählte ein kleines Bleigewicht von der Größe einer Mandel und knotete es an die dünne Angelschnur. Dann legte ich es sorgfältig in die Lasche der Schleuder, streckte den Arm, um zu zielen, und zog das Gummiband bis an mein Ohr zurück. Das gelbe Gummi dehnte sich so stark, dass es weiß wurde. Ich zielte ein paar Meter über den niedrigsten Ast, dann ließ ich los und verlor das kleine Gewicht sofort aus den Augen, als es in die Baumkrone hinaufschoss. Endlose Längen Angelschnur surrten leise hinterher, und eine Ameise, die sich auf eine der Windungen verirrt hatte, wurde mitgerissen und erlebte den Ritt ihres Lebens. Innerhalb weniger Sekunden waren über 100 Meter Schnur abgespult worden, und da sie nicht wieder in schlaffen Spiralen zurückfiel, nahm ich an, dass sie über irgendetwas dort oben hinübergeschossen war. Ob dieses Etwas der Ast war, den ich anvisiert hatte, war schwer zu sagen.

Indem ich sanft mit der Linken an der Schnur zupfte und gleichzeitig in der Rechten den Feldstecher hielt, konnte ich anhand des Zuckens im Blätterwerk das Gewicht orten. Gerade als ich die winzige baumelnde Silhouette in den Blick bekam, schoss ein kleiner Vogel zwischen den Blättern hervor und versetzte ihm einen Hieb mit dem Schnabel, bevor er wieder auf seinen Zweig zurückflatterte und zornig keifte.

Die Schnur war nicht da gelandet, wo ich sie haben wollte, doch wenigstens besaß das Katapult genug Kraft, um bis dort hinaufzugelangen. Vorsichtig zog ich die Schnur wieder nach unten und machte mich bereit für einen zweiten Versuch. Vier benötigte ich insgesamt, doch am Ende hatte ich sie an die richtige Stelle befördert: genau in die Gabel des niedrigsten Riesenastes.

Mein Seil war genau 100 Meter lang, und als ich es über den Ast und wieder nach unten gezogen hatte, blieb kein Rest übrig. Ich hatte annähernd richtig geschätzt, der Ast musste sich in 50 Metern Höhe befinden, exakt der Höhe von Goliath, fast auf den Zentimeter genau. Doch während Goliath eine kontinuierliche Leiter aus Ästen aufwies, auf denen man bis zum Wipfel aufsteigen konnte, gab es an diesem Monsterexemplar unterhalb der Hauptkrone keinen einzigen Ast.

Die Seilenden waren jetzt am Fuß eines benachbarten Baumes verankert, und ich machte mich zum Klettern bereit. Das Seil dehnte sich zunächst über eine entnervend lange Strecke, doch nach einigen Minuten hing ich schließlich drei Meter über dem Boden in meinem Klettergurt und führte die letzten Sicherheitschecks durch. Die Klettertechnik aus dem Bereich des Bergsports, die ich jetzt anwendete, war noch neu für mich. Erst wenige Tage vor meiner Abreise aus Großbritannien war ich darin geschult worden, daher musste ich mich noch voll auf den sich wiederholenden Rhythmus des Hinaufschiebens der Steigklemmen am Seil konzentrieren.

Den Ast hoch über mir immer im Auge, begann ich meinen Klettergang. Während die Würgefeige erst nach und nach, immer wenn ich einen neuen Abschnitt erreichte, ihre wahre Gestalt preisgegeben hatte, war dieser Baum vollkommen unverdeckt und offen nach allen Seiten. Ich konnte meine Füße gegen den Stamm stemmen, doch er bot kaum Sicherheit, da es keine Griffmöglichkeit gab. Bewusst verlangsamte ich meinen Rhythmus und versuchte Kräfte zu sparen und mich zu entspannen. Alles deutete darauf hin, dass es ein besonders heißer Tag werden würde, und der Schweiß rann mir bereits am ganzen Körper herunter.

Ich kletterte weiter und fiel in den federnden Rhythmus des Seils, das sich dehnte und wieder zusammenzog. Die Risse in der Borke wurden dünner, und in 20 Metern Höhe tauchte ich aus der schattigen Unterwelt auf und in den von der Sonne beschienenen Raum zwischen Unterwuchs und oberer Baumkrone ein.

Die Sonne brannte jetzt grell und schonungslos herab. Ich hatte länger gebraucht als erwartet, um die Seile anzubringen, und mittlerweile war es später Vormittag. Die Hitze war schier unglaublich. Ich trug keinen Helm und spürte die gesamte Glut der Sonne auf meiner Kopfhaut. Schweiß sickerte mir in die Augen, ich musste zwinkern und wischte mir das Gesicht an meinem durchnässten T-Shirt ab. Ich fühlte mich ausgetrocknet und war durstig und musste feststellen, dass ich meine Wasserflasche am Boden gelassen hatte. Um keine Zeit zu verlieren, widerstand ich der Versuchung, wieder abzusteigen, um sie zu holen, und kletterte weiter, doch schon nach wenigen Minuten wurde mir klar, dass dies ein großer Fehler gewesen war. Aus jeder Pore meines Körpers wurden mir Wasser und Salz entzogen, und auch mein reichliches Schwitzen konnte mir keine Kühlung mehr verschaffen. Meine Körpertemperatur begann unkontrolliert zu steigen.

Auf halber Höhe drehte ich mich um und hielt Ausschau nach dem Feigenbaum. Die Luft siedete unter dem gleißenden UV-Licht, ich musste meine Augen mit der Hand abschirmen, doch da stand er, direkt gegenüber, weniger als 60 Meter entfernt. Seine herabhängende Blätterkrone schwebte mit einer bedrohlichen, brütenden Intensität über dem Wald. Abgesehen von einem langen, schlanken Ast, der hinabtauchte und im Unterwuchs verschwand, war seine Krone vollkommen isoliert. Doch selbst von hier aus konnte ich die hellen Flecken der Fruchtstände erkennen, die sich gegen die dunklen Blätter abzeichneten. Dahinter erstreckten sich am Horizont die türkisfarbenen Umrisse einer Hügelkette. Ein breites Tal öffnete sich im Osten, doch eine bessere Aussicht würde sich erst bieten, wenn ich etwas höher kletterte.

Zwanzig Minuten später erreichte ich vor Schweiß triefend, von Schmutz bedeckt und nach Luft ringend den ersten Ast. Die Venen an meinen Schläfen standen kurz vor dem Platzen, und meine Augen brannten von dem Schweiß, der mir übers Gesicht rann. Ich hatte Mühe, einen klaren Gedanken zu fassen. Auf der Vorderseite meines T-Shirts hatten sich weiße Ringe von getrocknetem Salz gebildet. Die Luft fühlte sich drückend und schwül an, und ein fernes Donnergrollen ließ mich zum Himmel aufblicken. Auf der gegenüberliegenden Seite des Tals bauten sich bereits schwere graue Wolken auf. Im Schatten der Baumkrone war es vergleichsweise kühl, und ich hielt Ausschau nach einem Weg, um weiter nach oben zu kommen.

Ich befand mich jetzt am oberen Ende des Seils. Der dünne weiße Strang lief über den Ast, auf dem ich saß, und senkte sich wieder hinunter zu seiner Verankerung 16 Stockwerke tiefer. Die Stelle, wo ich das Podest einrichten wollte, lag noch 15 Meter höher, und ich konnte sie nicht erreichen, ohne ein weiteres Seil anzubringen. Was ich zunächst für eine klettergeeignete Leiter aus Ästen gehalten hatte, erwies sich als viel zu groß, um es im Freiklettern zu bewältigen. Nicht mal einen Arm würde ich um diese mächtigen Äste legen können. Ich hatte meine Halteseile mitgenommen, daher verband ich jetzt ein paar miteinander und warf sie über den höchsten Ast, den ich erreichen konnte.

Jeder Blick auf die Umgebung wurde jetzt wieder vom dichten Blätterwerk verhindert, doch die Äste wurden nach und nach dünner, je höher ich gelangte. Sie waren immer noch dick, doch wenigstens konnte ich jetzt einen Arm bequem einhängen, sodass sich meine Klettergeschwindigkeit erhöhte. Ich befand mich 60 Meter über dem Boden und kam gut voran, doch war ich vollkommen dehydriert und benötigte dringend Wasser. Meine Zunge fühlte sich pelzig an, meine Schläfen pochten. Ich musste bereits innehalten, um einen Krampf aus meinem linken Unterarm zu massieren, und nun fingen meine Wadenmuskeln an, es ihm gleichzutun. Es war nicht einer dieser unangenehmen Krämpfe, die von einer unbequemen Haltung herrühren, sondern ein tiefer, stechender Schmerz, der sich wie Feuer durch das Gewebe ausbreitete. Ich kletterte weiter, ohne die Warnsignale zu beachten.

Als ich auf der Höhe angelangt war, in der ich das Kamerapodest am Stamm befestigen wollte, sah ich mir die Stelle genauer an, um mich zu vergewissern, dass sie wirklich geeignet war. Der Durchmesser des Stamms war hier oben auf weniger als einen Meter geschrumpft, ich addierte die Längen der Seile und kam auf eine geschätzte Höhe von 63 Metern über dem Erdboden. Die Stelle gewährte eine erstklassige Sicht nach unten auf den Feigenbaum. Alles, was sich in den Ästen dort an den Früchten labte, würde von hier aus voll im Blick sein, die perfekte Kameraposition.

Die Aussicht auf die Landschaft hinter dem Feigenbaum war einfach überwältigend. Ein endloses Blätterdach, das sich bis zum Horizont ausdehnte, wo es in gut 30 Kilometer Entfernung mit den Hügeln am Ende des Tals verschmolz. Dieses wogende Meer aus Blätterwerk wurde von Tausenden von Riesenbäumen durchbrochen, deren Kronen sich stolz über alles andere erhoben. Ich konnte die unverwechselbaren Silhouetten von struppigen Riesenfarnen ausmachen, die zwischen den Astgabeln bis in die Kronen der Riesen hinaufwuchsen. An einigen waren Zeichen von Wetterschäden zu sehen: Stümpfe und Lücken im Laubwerk, wo gewaltige Äste von Stürmen weggerissen worden waren. Sein Haupt aus dem Schutz der Menge herauszustrecken war sichtlich eine riskante Angelegenheit für einen Baum, und es sah aus, als hätten viele entweder Äste fallen lassen, um die Last zu verringern, oder sie waren ihnen gewaltsam von einem Sturm entrissen worden.

Wie als Antwort auf meine Gedanken rollte ein weiteres Donnergrollen durch das Tal auf mich zu. Ein Kesselpauken-Crescendo, das in einem dumpfen, widerhallenden Schlag endete, den ich in meiner Brust spürte. Regenwolken lauerten in einem dunklen Streifen über den Baumwipfeln in ein paar Meilen Entfernung. Lange schwarze Schlieren verdunkelten den Horizont. Ein Sturm braute sich zusammen, doch der Himmel direkt über mir war immer noch klar. Und weil nur noch 15 Meter zu klettern waren, konnte ich nicht widerstehen und unternahm noch eine Spritztour zur Spitze des Baumes, bevor das Gewitter kam. Außerdem hatte ein bisschen Regen noch keinem geschadet, und zum ersten Mal in einem Baum auf über 70 Meter zu klettern war für mich ein wichtiges Ereignis.

Daher ergriff ich den nächsten Ast, stemmte einen Fuß gegen den Stamm und schwang mich mit der gesamten mir verbleibenden Kraft nach oben. Ich zog mich hoch, schwang mein Bein über den Ast und nutzte den Schwung aus, um so rasch wie möglich zum Wipfel weiterzuklettern. Bald befand ich mich vollständig über dem Blätterdach des umliegenden Waldes. Die Aussicht war jetzt schon atemberaubend und konnte nur noch besser werden.

Die dünneren Äste hatten jetzt den idealen Durchmesser, um sie mit den Händen zu greifen, und meine Schuhe fanden guten Halt an der Borke. Es war ein derart gutes Gefühl, nicht mehr am Seil, sondern am Baum selbst hochzuklettern, dass ich in einem fort lächeln musste. Ich war völlig ausgepumpt und gleichzeitig in aufgekratzter Stimmung. Erlebnisse wie dieses musste man sich verdienen, um sie uneingeschränkt genießen zu können. Meine Muskeln standen immer noch kurz vor einem Krampf, doch ich spürte die tiefere Kraft in meinen Knochen und wusste, dass ich noch eine ganze Menge mehr leisten konnte. Ich hatte bereits die Spitze des Hauptstamms hinter mir gelassen und befand mich jetzt auf einem fast senkrechten Ast, der geradewegs zum Wipfel der Krone führte. Dieser letzte Abschnitt des Baums ragte weit über alle anderen Bäume auf dem Hügelrücken hinaus. Die Würgefeige war schon seit Langem mit dem grünen Hintergrund des Dschungels weit unten verschmolzen, und ich stellte fest, dass ich durch pures Glück auf einen der höchsten Bäume des Waldes gestoßen war, der außerdem an einem der höchsten Punkte der Umgebung wuchs. Der Wald erstreckte sich in alle Richtungen bis zum Horizont. Ich konnte es kaum erwarten, die Spitze zu erreichen und mich an der einmaligen Aussicht zu weiden. Mit der ganzen mir noch verbleibenden Energie stürzte ich mich auf die letzten Meter.

Wenige Augenblicke später wurde ich von einem krachenden Kanonenschlag jäh gestoppt. Der Donner kam wie aus dem Nichts und riss den Himmel direkt über mir auf. Vollkommen überrascht schlang ich instinktiv die Arme um den Stamm und drückte mein Gesicht an die Borke. In meinen Ohren dröhnte es, die Außengeräusche drangen nur noch gedämpft zu mir, und in meinem Kopf drehte sich alles. Im selben Augenblick bekam ich erneut einen Krampf im linken Unterarm, doch diesmal wurde er von einem scharfen, stechenden Schmerz begleitet, der mich zusammenzucken und laut aufstöhnen ließ. Das Fehlen der Mineralien, die ich ausgeschwitzt hatte, führte zu einem Blockieren der Nerven in meinen Muskeln, und das anhaltende Ausbleiben von Flüssigkeit und Elektrolyten machte es zusehends schlimmer. Ich hatte die Auswirkungen von länger andauernder Dehydration total unterschätzt, ein paar Sekunden später passierte dasselbe mit meinem rechten Arm. Angst kroch in mir hoch, ich sah mit Entsetzen, wie sich meine Hände zu nutzlosen Klauen zusammenkrümmten, die Sehnen zum Zerreißen gespannt. Ich zwang mich, ruhig zu bleiben, und versuchte meine Hände wieder zu öffnen, indem ich sie gegen den Baum drückte, doch meine Finger blieben in einem schmerzhaften Krampf erstarrt. Ich verfluchte meinen Leichtsinn, die Warnsignale einfach in den Wind geschlagen zu haben, doch es war zu spät, der Schaden war geschehen. An ein Weiterklettern war nicht mehr zu denken, und als mir meine ganze Notlage bewusst wurde, brach mit brutaler Gewalt das Gewitter los.

Als Erstes kam der Wind, eine sich schnell vorwärtsbewegende Mauer aus stabiler Luft, die als Vorhut des Regens auf den Wald einschlug. Der oberste Abschnitt meines Baumes beugte sich unter den heftigen Böen, einzelne Blätter und Triebe wurden losgerissen und wirbelten davon. Ich schlang meine nutzlosen Arme um einen Ast und kauerte mich zusammen, um den Sturm durchzustehen, doch der Wind nahm an Heftigkeit zu, und schon bald wogte die gesamte Krone um den Hauptstamm hin und her. Die gewaltigen Äste zerrten den Baum von einer Seite auf die andere, und ich wurde in eine torkelnde Bewegung mitgerissen, dass sich mir der Magen umdrehte. Ich klammerte mich noch fester an den Ast, drückte mein Gesicht an die Borke und biss die Zähne zusammen.

Der Himmel verfinsterte sich, und der Baum schwankte wie ein im Sturm ankerndes Schiff. Der Wind heulte gespenstisch durch seine Äste, und ein bedrohliches, dumpfes Knarren und Krachen tönte aus der Tiefe des Holzes. Die gewaltigen Äste stießen aneinander, und ich erwartete jeden Moment, das schreckenerregende Geräusch splitternden Holzes zu hören. Wieder und wieder wurde der Baum beim Zurückfedern von neuen Böen getroffen, die gesamte Baumkrone kam bebend zum Stillstand, die Bewegung Hunderter Tonnen Holz wurde gestoppt und wieder in die entgegengesetzte Richtung gezwungen.

Ich war immer noch an meinem Seil gesichert, doch das wäre nur ein schwacher Trost, falls der gesamte Wipfel des Baumes abgerissen würde. Der Gedanke, an einen fünf Tonnen schweren Holzklumpen gefesselt zu sein, der aus 75 Metern Höhe zu Boden stürzte, ließ mich die Augen zusammenpressen und mit den Zähnen knirschen, während der Sturm fortfuhr, den Baum zu schütteln und hin und her zu schleudern wie eine Ratte im Maul eines Terriers.

Gerade als ich dachte, es könnte nicht mehr schlimmer kommen, bemerkte ich unterhalb der auf mich zu jagenden schwarzen Wolken das Aufflackern von Wetterleuchten. Dann schlug ein greller Blitz mit einem ohrenbetäubenden Krachen in einer halben Meile Entfernung in den Wald ein. Der Wipfel eines aus dem Blätterdach aufragenden Baumes, der dazu noch auf einer Erhebung stand, war kein Ort, an dem man sich in einem Blitzgewitter aufhalten sollte, und ich glaubte, dass meine Adrenalindrüsen jeden Moment platzen würden, als ein gezackter Blitzstrahl nach dem anderen auf langen Beinen auf mich zugestelzt kam.

Dort zu bleiben, wo ich war, kam fast einem Selbstmord gleich, doch solange meine Arme zu nichts mehr zu gebrauchen waren, hatte ich eigentlich keine andere Wahl. Mein dehydriertes Hirn schwankte unentschlossen, und die Blitze kamen immer näher. Schließlich ergab ich mich in mein Schicksal, atmete tief durch, lockerte meinen Griff an der Borke, lehnte mich in den Klettergurt zurück und stemmte die Füße gegen den Stamm, um den Sturm wie ein Seemann abzureiten. Der Donner war jetzt wie eine kontinuierlich abgefeuerte Breitseite, die mich schwindlig machte. Noch nie im Leben hatte ich mich so hilflos gefühlt, doch ich konnte mich nirgendwohin verkriechen. War ich wirklich bis ans andere Ende der Welt gereist, nur um im Wipfel eines Baumes vom Blitz getroffen zu werden? Doch gerade als ich kurz davor war, die Sache zu wagen und abzusteigen, so gut ich konnte, gab es einen letzten Knall, und die Sturmfront wälzte sich über den Hügelrücken, um in das nächste Tal hinabzustürzen wie ein Tsunami.

Die Böen schliefen so plötzlich wieder ein, wie sie aufgetaucht waren. Der Luftdruck fiel ab wie ein Stein, und aus dem Osten peitschten stahlgraue Regenwände heran. Wasser rann an den Rissen der Borke entlang. Ich leckte es direkt am Baum auf, verzweifelt darum bemüht, meine verkrampften Muskeln so schnell wie möglich mit Flüssigkeit zu versorgen. Recht bald sammelten sich Fingerhutmengen von Wasser in den trichterförmigen Blättern einer Pflanze, die auf einem Ast in der Nähe wuchs, daher führte ich sie mit gekrümmten Händen zum

Mund. Wasser, Ameisen und Staub gingen allesamt mit durch die Kehle. Sobald sich das Blatt gefüllt hatte, leerte ich es abermals aus, bis ich spürte, dass die schmerzhafte Spannung in meinen Armen nachzulassen begann.

Innerhalb von wenigen Minuten war ich in der Lage, meine Finger zu bewegen und meine Hände zu öffnen. Es dauerte nicht lange, und das qualvolle Feuer in meinen Muskeln ließ nach. Ich streckte den geöffneten Mund zum Himmel, um mehr zu trinken. Es war das frischeste, belebendste Wasser, das ich je geschmeckt hatte, und auch mein Hirn entspannte sich allmählich, nachdem das Blut wieder ungehindert durch seine Haargefäße fließen konnte.

Trotz des Regens begann der Wald schon wieder zu dampfen. Über dem Nachbartal war noch Wetterleuchten zu sehen, doch um mich herum hatte sich nach dem Ende des Sturms eine gespenstische Stille ausgebreitet.

Ich wollte jetzt nur noch so rasch wie möglich absteigen, daher ließ ich mein Seil durch die Äste nach unten gleiten, klinkte mich ein und begann mit dem Abseilen. Das Seil reichte von hier aus nicht bis zum Boden, doch ich musste ja zunächst nur bis zu dem unteren großen Ast und zu dem ersten Seil gelangen, das ich für den Aufstieg zu diesem Ast benutzt hatte. Ein paar Minuten später hing ich neben ihm und hängte mich an dem langen Seil ein, bereit für den letzten Abstieg zum Boden 50 Meter unter mir. Als ich wieder auf das andere Seil blickte, das ich soeben zurückgelassen hatte, bemerkte ich, dass sein Ende in der Luft baumelte, keinen halben Meter tiefer als der Punkt, an dem ich mit dem Abseilen aufgehört hatte. Es war kein Knoten darin. Ungläubig starrte ich hin. Es gab nichts, das mich davor bewahrt hätte, einfach über sein Ende hinauszurutschen. Durch pures Glück hatte ich rechtzeitig angehalten, einen halben Meter von einem Sturz aus einer Höhe von 16 Stockwerken entfernt. Ein neuerlicher Adrenalinstoß ging durch meinen Körper, und meine Hände fingen an zu zittern. Den Knoten am Ende des Seils zu vergessen war der zweite grundlegende Fehler an jenem Tag, der mich um ein Haar das Leben gekostet hätte.

Fürs Erste hatte ich genug Beinahe-Unfälle gebaut, und mit einem Gefühl extremer Erleichterung machte ich, dass ich nach unten kam.

* * *

Dennis kehrte von seiner Erkundungstour ins Lager zurück. Es war später Nachmittag, die Dämmerung hatte eingesetzt. Er war bei dem Feigenbaum gewesen, um die Lage zu erkunden.

»Es gibt jede Menge reifer Feigen auf dem Boden, und eine Bande von Makaken ist den ganzen Tag oben gewesen, um zu fressen.« Dies war ein sehr gutes Zeichen. Der Festschmaus hatte begonnen.

»Aber das ist noch nicht alles. Ein großer männlicher Orang-Utan hat sich in der Nähe häuslich niedergelassen. Sieht so aus, als sei er auf dem Weg zu den Feigen. Gut möglich, dass er morgen in aller Frühe oben sein wird.«

Es war jetzt eine Woche her, dass ich von dem Unwetter überrascht worden war. Als ich Dennis die Geschichte erzählte, hatte er gelächelt und den Baum »Tumparak« genannt. Donner. Es war ein guter Name, und er passte.

Ich war inzwischen ein weiteres Mal in Tumparaks Krone geklettert, um das Podest für die Kamera einzurichten, ohne dass es Probleme gegeben hätte. Seitdem hatten wir die Feigen jeden Tag überprüft und warteten darauf, dass sie endgültig reif würden. Dennis' Nachricht klang verheißungsvoll. Wir konnten davon ausgehen, dass der Festschmaus eine Woche oder länger andauern würde. Falls der Orang-Utan von dem Feigenbaum in die Gegend gelockt worden war, dann gab es dort mehr als genug Früchte, um ihn für mehrere Tage dort zu halten. Daher stand ich am nächsten Morgen um halb drei auf und machte mich in der Dunkelheit auf den Weg, um Tumparak zu erklettern, bevor es hell wurde. Falls der Orang-Utan auftauchte, würde John am Tag darauf mitkommen und mit den Dreharbeiten beginnen.

Es herrschte eine gespenstische Stimmung im Wald. Der Nebel war dichter, als ich ihn je erlebt hatte, und die Sicht betrug kaum drei Meter in alle Richtungen. Tumparaks Stamm ragte gewaltiger denn je in der Dunkelheit empor, und ab sechs Metern Höhe wurde er vollständig vom Nebel verschluckt. Nachdem ich mich am Seil eingeklinkt hatte, schaltete ich die Stirnlampe aus, damit sich meine Augen an die Dunkelheit gewöhnen konnten, bevor ich aufstieg. Der Schweiß an meinem Körper kühlte in der feuchten Luft rasch ab, als ich mich Stück für Stück in die Krone hinaufarbeitete. Ich konnte kaum eine Hand vor Augen sehen, doch ich dachte mir, dass ich immer nur weiterklettern müsste, bis ich den Ankerpunkt des Seils erreichte. Dann würde ich die Lampe einschalten, um auf das zweite (jetzt sicher geknotete) Seil zu wechseln, das mich dann weiter bis zum Podest führen würde.

Um halb vier Uhr morgens saß ich in 60 Metern Höhe mit dem Rücken zum Stamm. Leuchtkäfer schwebten als verschwommene neongrüne Flecken durch die Blätterkrone, und die Luft war angefüllt mit den Rufen von Baumfröschen und Insekten. Die Dämmerung würde nicht vor einer Stunde einsetzen, daher schloss ich die Augen und döste entspannt vor mich hin. Gegen fünf Uhr hörte ich den ersten Ruf eines Gibbons. Ein absteigendes Arpeggio, ständig wiederholt, gefolgt von einem langsamen Crescendo, das in einer Serie von sehr hohen Trillern gipfelte. Die Kadenzen wurden immer schneller, bis der Gesang in ein fröhliches Tremolo überging, als er sich von Ast zu Ast schwang. Nicht lange, und er wurde von einem Weibchen im Duett begleitet, und der dunkelorangene Himmel war von ihrem herzerfrischenden Gesang erfüllt. Orange wandelte sich zu Golden, und mit einem Mal vernahm ich das verräterische Rascheln eines großen Tieres, das sich durch den Unterwuchs tief unter mir bewegte. Sicherlich ein Primat, doch das Geräusch glich nicht dem unterbrochenen Blätterrascheln, das Affen beim Springen von Ast zu Ast verursachen. Es war ein kontinuierliches Zischen von Blätterwerk, als würden Zweige systematisch einer nach dem anderen zurückgebogen.

Das dunkelrote Fell des Orang-Utans verschmolz erstaunlich gut mit dem grünen Blätterwerk, doch immer wieder tauchte kurz ein breites, intelligentes Gesicht auf, das zu dem Feigenbaum aufschaute, um dann weiter zielgerichtet darauf zuzuklettern.

Soweit ich sehen konnte, verlief für ein so großes Tier die einzig mögliche Route nach oben über den Stamm der Würgefeige. Ich nahm an, dass der Orang-Utan diesen Weg wählen würde, um in die Baumkrone zu gelangen, genau wie ich es getan hatte. Doch er bewegte sich zielsicher auf den einzelnen schlanken Ast zu, der aus der Baumkrone herabhing und bis an den Unterwuchs heranreichte. Dort angekommen, streckte er seinen langen Arm aus und ergriff das über ihm hängende Ende des langen, dünnen Astes. Seine starken Finger umklammerten ihn und zupften ein paar Mal. Das Blätterwerk hoch oben in der Baumkrone sackte unter seinem Gewicht langsam nach unten. Der Ast war an seinem dicken Ende nicht mehr als zehn Zentimeter breit, und ich erwartete, dass er abreißen würde. Doch er hielt. Nachdem der Orang-Utan seine Festigkeit geprüft hatte, setzte er einen Fuß über die Hand am Ast und brachte den anderen Arm nach oben, um sich vollständig aus dem Gebüsch des Unterwuchses emporzuschwingen. Seine langen roten Haare hingen wie Matten aus Dreadlocks herab, als er für ein paar Minuten tief in Gedanken versunken auf dem Ende des schwankenden Astes hocken blieb.

Dann entfaltete er sehr langsam seine langen Arme und begann den Aufstieg. Gleichmäßig setzte er Fuß auf Fuß und Hand auf Hand und achtete sorgfältig darauf, den dünnen Ast nicht plötzlich zu belasten. Er bewegte sich mit graziöser Eleganz und kletterte die 20 Meter bis zur Baumkrone in einer einzigen flüssigen Bewegung.

Ein Meister in seiner Disziplin war hier zu beobachten, und ich musste seine bemerkenswerte Kletterleistung neidlos anerkennen. Nachdem er den ganzen Baum für sich allein zur Verfügung hatte, machte er es sich auf einem mit Früchten beladenen Ast bequem und begann mit unendlicher Sorgfalt die reifsten Feigen auszusuchen, um sie genüsslich zu verspeisen.

Die Sonne war inzwischen aufgegangen und überflutete das Tal mit ihrem Licht. Goldener Dunst stieg aus den Bäumen auf, die Luft war erfüllt vom Gesang der Vögel. Das Unwetter war nur noch eine ferne Erinnerung. Ich nahm einen Schluck aus meiner Wasserflasche, dann lehnte ich mich zurück und sah dem Orang-Utan zu, der mir gezeigt hatte, was es bedeutete, *wirklich* zu klettern.

* * *

Unser restlicher Aufenthalt in Danum verlief erfolgreich. John konnte die Filmaufnahmen von Orang-Utans machen, die er benötigte, außerdem großartige Aufnahmen von Gibbons, die hoch droben in den höchsten Bäumen im Geäst herumtollten. Sie pflegten einen fröhlichen und dynamischen Kletterstil, zu dem weite Sätze und akrobatische Schwünge gehörten. Ich war gerade in die Baumkrone geklettert, als ich sie zum ersten Mal entdeckte – eine Familie von drei Gibbons, die sich mit einer mörderischen Geschwindigkeit von bis zu 60 Stundenkilometern in den Bäumen fortbewegte. Gleichgewichtsgefühl, Schnelligkeit und Unvorhersehbarkeit der Bewegungen waren einfach unglaublich, und es war offenkundig, dass die drei sich gegenseitig jagten. Es war ein Spiel, bei dem sie demonstrieren konnten, dass sie so ziemlich alles vollführen konnten, wonach ihnen der Sinn stand, in jede Richtung und in beliebiger Geschwindigkeit. Den Anblick, wie ein Gibbon auf einem Ast landet, vier Schritte Anlauf nimmt, sich dann mit Schwung in den leeren Raum wirft und 20 Meter in die Tiefe stürzt, bevor er eine Liane ergreift und sich zum nächsten Baum schwingt – *und sich dann umdreht, um das Ganze noch einmal zu vollführen, einfach nur aus Spaß* –, kann man nur als eines der atemberaubendsten Spektakel in der Welt der Natur bezeichnen.

Aus der Sicht eines Baumkletterers konnte es sicherlich nicht mehr besser kommen. Für mich fasste dieses Erlebnis meinen ganzen Aufenthalt auf Borneo zusammen. Ich konnte mir nicht vorstellen, noch etwas Aufregenderes zu erleben. Doch war dies erst der erste Besuch, den ich einem Dschungel abstattete, und damals hatte ich keine Ahnung, was alles noch an Wundern in anderen Regenwäldern auf dieser Erde auf mich wartete.

KAPITEL 3

Apollo – Kongo

1999

Die Anzeigen im Cockpit schienen verrückt zu spielen und ein Eigenleben zu führen, als wir durch die Turbulenz rumpelten. Der Lärm des einzigen Propellers machte eine Unterhaltung in dem kleinen Flugzeug beschwerlich, daher störte ich den Piloten neben mir nicht in seiner Konzentration und starrte aus dem Fenster auf die Wolken, die sich über uns auftürmten. Wir waren von Libreville in Gabun aus gestartet und eine Stunde nach Osten geflogen, bevor wir die Grenze zur Republik Kongo überquerten. Eine Linie aus felsigen Abbrüchen zeigte den Rand des Kongobeckens an, und aus 3000 Metern Höhe erstreckte sich der Wald in jede Richtung ohne Unterbrechung bis zum flachen Horizont. Das Blätterdach tief unter uns präsentierte sich als subtiles Muster aus tausend verschiedenen Grüntönen. Endlose Flüsse durchzogen den Wald wie Adern in einem Blatt, und abgesehen von gelegentlichen Dörfern an deren Ufern hatte ich kein Anzeichen menschlicher Besiedlung gesehen. Wir hatten ein Grenzgebiet überquert, um einen Ort jenseits der modernen Welt zu betreten. Dort unten, so schien es, lagen endlose Geheimnisse, die nur darauf warteten, entdeckt zu werden.

Eine Woche später befand ich mich tief im Innern des Waldes, in einer von unberührtem Urwald bedeckten Gegend, Goualougo-Dreieck genannt, die erst in jüngster Zeit wegen ihrer großen Schimpansen-Population die Aufmerksamkeit der Wissenschaft auf sich gezogen hatte. Schätzungen zufolge lebten dort Hunderte, isoliert und geschützt vor der Außenwelt durch die ausgedehnte Wildnis, die sie umgab. Doch das wirklich Besondere an den Schimpansen von Goualougo war, dass sie, im Unterschied zu allen anderen Populationen, keinen Kontakt zu Menschen hatten und daher auch keine Angst vor ihnen zeigten. Wenn überhaupt, dann schienen sie sich im gleichen Maße für uns zu interessieren wie wir uns für sie, denn ihre natürliche Neugier trieb sie dazu, die Menschen, die sich ihnen näherten, genauer in Augenschein zu nehmen. Solche Begegnungen konnten mehrere Stunden andauern und erlaubten es Dave, dem ortsansässigen Primatologen, neue ursprüngliche Verhaltensweisen zu dokumentieren. Wenn wir von Dutzenden von Schimpansen umgeben waren, die nur wenige Meter von uns entfernt hockten und uns aufmerksam anstarrten, drängte sich mir oft die Frage auf, wer hier eigentlich wen beobachtete.

* * *

Die Zeitschrift *National Geographic* plante eine Serie von Artikeln über die Region, und einer ihrer Mitarbeiter, der Fotograf Nick, war erpicht darauf, in die Baumkronenregion zu gelangen, um die Schimpansen in ihrer eigenen Lebenswelt abzulichten. Ich hatte Nick vor einiger Zeit bei der Arbeit an einem anderen Projekt kennengelernt. Er war eines Nachmittags unangemeldet im Lager aufgetaucht und hatte sich in seinem weichen Alabama-Tonfall vorgestellt. Wir sprachen eine Stunde oder mehr über die Arbeit in der Baumkronenregion, und am Ende bot er mir einen Job als Kameraassistent an, die Einzelheiten sollte ich mit dem Büro des *National Geographic* in Washington klären. Danach schlenderte er ebenso unvermittelt wieder in den Wald zurück, sodass ich mich später fragte, ob die Begegnung tatsächlich stattgefunden oder ob ich das Ganze nur geträumt hatte. Es war ein merkwürdiges Zusammentreffen gewesen und zugleich eine glückliche Fügung, und ich war hellauf begeistert über die Aussicht, mit einem so renommierten Fotografen zusammenzuarbeiten.

Nick hatte mich nach Goualougo mit dem Auftrag vorausgeschickt, ein Kamerapodest in der Baumkronenregion gegenüber einem geeigneten fruchttragenden Baum zu installieren. Es hatte Dave und mich fast eine Woche gekostet, einen solchen Baum zu finden, doch in dem Moment, als wir den riesigen Feigenbaum zum ersten Mal erblickten, wussten wir, dass er etwas Besonderes war. Seine gewaltigen Äste durchdrangen die ihn umgebenden Baumkronen wie Tentakel. Anders als bei den alleinstehenden Riesenbäumen auf Borneo bestand die hiesige Baumkronenregion aus einem kontinuierlichen Gewirr von ineinander verhedderten Ästen, und es war oft unmöglich zu sagen, wo ein Baum endete und der nächste begann. Äste und Zweige verflochten sich mit denen ihrer Nachbarn und bildeten so ein ausgedehntes, zusammenhängendes Gewebe. Dieser afrikanische Feigenbaum schien sich 20, 30 Meter weit in jede Richtung durch die umliegende Baumkrone auszubreiten, seine gewaltigen Äste drehten und wanden sich durch das Geäst der Nachbarbäume, bis sie am Ende mit ihnen verschmolzen.

Mit 40 Metern war er nicht annähernd so hoch wie die gewaltigen Würgefeigen auf Borneo, doch was ihm an Höhe fehlte, machte er durch seine bloße Ausstrahlung und Präsenz mehr als wett. Mit seiner knorrigen Erscheinung schien er das geheimnisvolle, grüblerische Wesen dieses dunklen Waldes in idealtypischer Weise zu verkörpern.

Er trug bei Weitem die größte Menge an Früchten, die ich je an einem Baum gesehen hatte, und sämtliche Feigen waren vollrund und groß wie Mandarinen. Jede hing an einem eigenen kurzen Stiel, der direkt an der Rinde des Baumes wuchs. In meiner Vorstellung wuchsen Früchte immer an den dünnen Spitzen von Zweigen, doch hier waren der mächtige Stamm und die dicken Äste vollkommen überwuchert von einem wahllosen Durcheinander von Früchten.

Vermutlich brachte der Baum jedes Jahr eine solche Ernte hervor, was an sich schon unglaublich erschien angesichts der Menge an Energie, die dafür notwendig war. Wie konnten so viele Früchte gefressen werden, bevor sie verfaulten und auf den Boden fielen? Jedes Tier, das sich auf den Ästen bewegte, löste dabei sicher ebenso viele Früchte ab und vergeudete sie, wie es fressen konnte. Aber natürlich war genau das der Punkt. Der Baum hatte einige große Mägen zu füllen, sowohl in der Krone als auch auf dem Boden. Der Durchzug einer Truppe von 30 Schimpansen würde der Überfülle, die an diesen Ästen hing, kaum etwas anhaben können, ebenso wenig wie der Besuch einer Gorillafamilie. Und dann waren da noch die kleineren Primaten, ganz zu schweigen von den Flughunden und den Vögeln. Und ganz unten würde sich das Bodenpersonal um den heruntergefallenen Rest kümmern. Elefanten, Buschschweine, Büffel, Antilopen … die Liste war endlos. Alle würden sie aus weiter Entfernung anrücken, um den Baum aufzusuchen. Langlebige, intelligente Tiere mit ausgezeichnetem Gedächtnis hatten von ihren Eltern gelernt, wo dieser Baum stand und in welcher Jahreszeit er Früchte trug. Er war ein wichtiger Orientierungspunkt, die uralten Wildpfade, die sich an seinem Fuß kreuzten, zeugte davon.

Ich verschwendete keine Zeit und richtete so rasch wie möglich ein Podest im Baumkronenbereich ein. Ich hatte in einem kleineren benachbarten Baum bereits einen Ort mit guter Aussicht auf die mit Früchten überladenen Äste gefunden, und nachdem das Podest fest verankert war, brachte ich noch ein Tarnzelt an, in dem man sitzen konnte. Da Nick erst in einer Woche zu uns stoßen konnte, beschloss ich, bis zu seiner Ankunft einige Zeit dort oben zu verbringen. In den ersten beiden Tagen passierte überhaupt nichts. Gegen Mittag des dritten Tages wollte ich schon aufgeben, als ich plötzlich bemerkte, dass ein hoher, schlanker Baum in meiner Nähe zu zittern und zu schwanken begann.

Etwas Großes war dabei, vom 20 Meter tiefer gelegenen Boden heraufzuklettern. Was es auch war, es kletterte schnell und mit großer Kraft, hielt dann und wann inne, vermutlich, um durch das Blattlaub nach oben zu spähen. Es musste mein Podest vom Boden aus entdeckt haben, und kam herauf, um es näher in Augenschein zu nehmen.

Durch das schmale Fenster an meinem Tarnzelt war mein Blickfeld stark eingeschränkt. Ich blieb also geduldig sitzen und wartete darauf, dass sich mein Besucher zeigte. Honigbienen summten laut um meine Ohren. Dutzende krabbelten über mein schweißgetränktes Hemd, um das Salz zu lecken. Ich trug ein Kopfnetz, das mein Gesicht bedeckte, doch immer wieder gelang es einer Biene, durch die kleine Lücke am Kragen zu schlüpfen und mich in Backe oder Ohr zu stechen. Hätte ich das Netz geöffnet und sie hinausgelassen, wäre das wie eine Einladung für die übrigen hundert gewesen. Daher blieb ich so stoisch wie möglich sitzen und wartete darauf, was die nächsten Minuten bringen würden.

Der dünne Baum hörte lang genug auf zu schwanken, um mich glauben zu machen, dass der geheimnisvolle Kletterer wieder abgestiegen sei. Doch nur wenige Minuten später durchbrach ein ohrenbetäubender Schrei das Summen der Bienen, und mir wurde klar, dass ich durchschaut worden war. Die Neugier hatte einen Schimpansen in die Baumkrone getrieben, und was er dort antraf, gefiel ihm ganz und gar nicht. Ich bereute, das Zelt nicht besser getarnt zu haben. Andererseits – wie hätte ich mich effektiv vor einem Affen verstecken können, der in diesem Wald aufgewachsen war und jeden Baum kannte wie seine Westentasche? Keine Frage, ich wurde als Eindringling betrachtet, den man nicht dulden konnte, und ich fürchtete, dass das Ende für unser Projekt bedeuten könnte.

Doch fünf Minuten später war immer noch nichts weiter zu hören gewesen, und mir wurde klar, dass der Schimpanse wohl immer noch in dem Baum hockte und zu mir hochblickte. Ich duckte mich in meinem Zelt, versuchte, mich nicht zu bewegen oder zu zucken, obwohl ich weiterhin gestochen wurde, hielt den Atem an und wartete ab, was mein Beobachter als Nächstes tun würde. Schließlich begann der dünne Baum erneut zu schwanken, und ein erwachsenes Weibchen kam in Sicht, etwa sechs Meter entfernt. Muskulös, mit einem breiten, dunklen Gesicht und angegrautem Fell, konnte sie mich jetzt deutlich durch die offene Oberseite des Tarnzelts sehen. Ohne den Blick von mir zu wenden, kletterte sie auf einen Ast und setzte sich, um mich von dort aus unverwandt anzustarren.

Mein Herz klopfte, und ich bemühte mich, keinen Mucks zu tun, während ich ihren Blick erwiderte. Sie schien keine Angst zu haben. Im Gegenteil, einen Ellbogen auf ein Knie gestützt, wirkte sie erstaunlich gelassen, während sie sich langsam mit dem Handrücken übers Kinn fuhr. Eine große Intelligenz lag in diesen schönen braunen Augen. Gut möglich, dass dies das erste Mal war, dass sie einem Menschen begegnete, und es bestand kaum ein Zweifel daran, dass ich der erste war, den sie in der Baumkronenregion antraf.

Etwa eine Minute später gesellte sich ein zweiter, viel kleinerer Schimpanse zu ihr – ihr Sohn, vielleicht drei Jahre alt, mit einem blassen Gesicht und riesigen Ohren. Eine wundervolle Anmutung von Lausbubenhaftigkeit ging von ihm aus. Mit staksigen Ellbogen und Knien kletterte er über seine Mama hinweg, hängte sich mit einem Arm an den Ast und starrte hin- und herschaukelnd zu mir herüber. Nachdem sie ihm ein paar leise beschwichtigende Laute zugerufen hatte, lehnte das Weibchen sich wieder an den Baum und schloss die Augen. Ein paar Sekunden später öffneten sie sich abermals, wie um sicherzustellen, dass ich mich nicht bewegt hatte, dann schlossen sie sich wieder, und sie schlief ein. Ihr Sohn verlor bald das Interesse an mir und nutzte die gewonnene Zeit zum Spielen voll aus, indem er wie irre auf den Ästen herumsprang und kletterte. Ich musste lachen, als ich sah, wie er mit einer Leichtigkeit in dem Baum herumtollte, von der ich nur träumen konnte. Schließlich wurde die Mama davon wach, streckte die Hand aus und packte ihn am Fußgelenk, doch er riss sich wieder los, also gab sie auf und döste wieder ein. Eine Stunde später war er des Herumtobens müde, kletterte auf den Bauch seiner Mutter und fiel in ihren Armen in Schlaf.

Ich wischte die Bienen von meinem Feldstecher und stellte durch mein Kopfnetz scharf, um die beiden genauer zu betrachten, während sie schliefen. Das Gesicht des Kleinen war verdeckt, doch das seiner Mutter konnte ich deutlich erkennen: ihre weiche schwarze Haut, durchkreuzt von feinen Linien und Falten. Weiße Haarbüschel wuchsen an ihrem Kinn, und unterhalb ihrer Nase war eine kleine Narbe zu sehen. Wulstige Brauen beschirmten ihre Augen, und auf ihren Lidern konnte ich bleiche Hautflecken entdecken. Doch am meisten fiel mir auf, wie es in diesen Augenlidern zuckte. Ihre Augäpfel darunter bewegten sich von einer Seite zur anderen, und mit einem Mal begriff ich, dass sie offenbar träumte. Ich betrachtete gebannt das Geschehen und fragte mich, wohin der Schlaf sie wohl entführt hatte. Welche Bilder mochten in diesem Moment vor ihrem inneren Auge auftauchen? Schwang sie sich durch die vertraute Baumkronenregion ihres Urwalds, oder war sie in eine andere Welt hinübergeglitten, eine Traumwelt, die meine Vorstellungskraft weit überstieg?

So verstrich der Nachmittag, während ich ihnen beim Schlafen zusah. Gelegentlich rührte sich einer der beiden, öffnete die Augen und schaute zu mir herüber, doch die meiste Zeit über wurde ich ignoriert. Gegen fünf Uhr wurden die Schatten länger, ganz offensichtlich beabsichtigten die beiden Schimpansen, die Nacht dort zu verbringen. Ich wollte sie nicht stören, kletterte so leise wie möglich an der Rückseite aus dem Tarnzelt und hängte mich an mein Seil, bereit, mich abzuseilen. Die Schimpansen schliefen weiter, und es war ein gutes Gefühl, hier draußen in der offenen Baumkrone mit ihnen zusammen zu sein. Von den Bienen war nichts mehr zu sehen, sie waren für die Nacht in ihren Stock zurückgekehrt. Am Morgen würden sie wieder hier sein, doch vorerst konnte ich das erstickend heiße Kopfnetz abnehmen und die kühle, würzige Luft tief in meine Lungen einsaugen. Es war herrlich, den ekligen Geruch des Bienengifts und das unaufhörliche Summen endlich los zu sein. Es tat auch gut, den Wald zum ersten Mal seit zwölf Stunden nicht mehr durch ein dunkles Nylonnetz, sondern wieder klar vor sich zu sehen.

Ich blieb noch eine Weile dort hängen und betrachtete die Mutter und ihr Kind in ihrem Schlaf, wenige Meter entfernt.

Der Boden unter uns war mittlerweile in Dunkelheit gehüllt, doch die Baumkronen badeten noch im sanften aprikosenfarbenen Licht eines afrikanischen Sonnenuntergangs. Die Schimpansin regte sich, sie musste gespürt haben, dass sie beobachtet wurde. Sie setzte sich auf, schaute kurz zu mir und bog dann mehrere Zweige gegen den Stamm zurück, um sich ein Nest für die Nacht zu bauen. Dann legte sie sich auf die Seite, das Gesicht mir zugewandt. Ihr Sohn war ebenfalls aufgewacht, er lag neben ihr auf dem Rücken und spielte mit seinen Füßen. Hin und wieder schaute er mich mit treuherzigen Augen an, die im Abendlicht glänzten. Warum hatten sie ausgerechnet diesen Baum direkt in meiner Nähe ausgewählt, um die Nacht darin zu verbringen? Ich werde es nie herausfinden, doch es war eine Szene von tiefer Schönheit. Eine flüchtige Ahnung davon, wie es vor Jahrmillionen zugegangen sein muss, bevor die Tiere lernten, uns zu fürchten. Wie ein Blick in den Garten Eden.

Ich hätte noch stundenlang dort verweilen und den beiden einfach nur beim Schlafen zusehen können. Ich wünschte mir, ich könnte den Wald nachts so erleben, wie sie ihn erlebten – sanft in den Schlaf gewiegt im Wipfel ihres Baumes. Doch das war nicht möglich. Es begann dunkel zu werden, und für mich wurde es Zeit aufzubrechen. Ich lehnte mich in meinen Klettergurt zurück und zwängte mich am Stamm abwärts, bis ich mich unterhalb des Unterwuchses auf den letzten 15 Metern bis zum Waldboden frei abseilen konnte. Ich verstaute meinen Klettergurt am Fuß des Baumes und blieb noch eine Weile stehen, um meine Augen an die Dunkelheit zu gewöhnen. Es ist nicht sehr ratsam, sich nach Einbruch der Nacht als Mensch in den Wäldern des Kongo aufzuhalten. Große Tiere schleichen in der Finsternis herum, und im Dunkeln auf einen Elefanten zu stoßen könnte fatal sein.

Es war ein Marsch von 40 Minuten bis zum Lager. Ich schaltete meine Taschenlampe ein und folgte wachsam und leise dem Pfad. Ein riesiges, kompliziertes Netz von Elefantenpfaden windet sich durch diese Wälder. Diese endlosen Korridore bieten vielen Tieren eine bequeme Möglichkeit, sich fortzubewegen. Doch allergrößte Vorsicht ist geboten. Trotz ihrer enormen Körpergröße können Elefanten überraschend leise sein, besonders wenn sie sich auf diesen weichen, sandigen Pfaden bewegen. In nächster Nähe mit einem ausgewachsenen Exemplar zusammenzutreffen kann ein sehr unangenehmes Erlebnis sein, besonders dann, wenn der Elefant zum Angriff übergeht. Wenn die Feigen erst zur vollen Reife gelangten, würde in diesem gesamten Gebiet mehr los sein, und ich könnte nicht mehr allein herumlaufen, ohne mich größeren Gefahren auszusetzen.

Daher bat Dave am folgenden Morgen Djokin, einen Bayaka-Pygmäen, der als Fährtensucher für ihn arbeitete, mich sicherheitshalber auf dem Weg zu dem Baum zu begleiten. Ich hatte Djokin mittlerweile als außergewöhnlichen Menschen schätzen gelernt. Ein schweigsamer, schüchterner Mann mit traurigen, wissenden Augen und einem fast übernatürlichen Gespür für den Wald. Ich bin nie wieder einem Menschen begegnet, der so in Einklang mit seiner Umwelt lebte wie er. Sein intuitives Verständnis für den Dschungel war frappierend, und seine Fähigkeit, Tiere aus großer Entfernung auszumachen, bevor sie zu sehen oder zu hören waren, hatte uns in der Vergangenheit schon vor manchen gefährlichen Begegnungen bewahrt. Leute aus seinem Dorf hatten mir von Djokins angeblicher Fähigkeit, sich zu verwandeln, erzählt. Er könne sich im Wald in Gestalt eines Tieres bewegen und auf diese Weise Wissen für den Stamm sammeln. Der Kongo ist ein Land mit vielen Geheimnissen, und daher tat ich das nicht ohne Weiteres als Legende ab.

Djokin und ich machten uns im ersten Morgenlicht auf den

Weg. Ich hatte mir vorgenommen, so früh wie möglich wieder oben auf dem Podest zu sein. Ich war neugierig, ob das Muttertier und ihr Junges schon von den Früchten angelockt wurden, obwohl sie für mich noch grün und ungenießbar ausgesehen hatten. Nick sollte in drei Tagen zu uns stoßen, und ich wollte ihm berichten, wie lange er voraussichtlich noch warten musste, bis er die Tiere beim Fressen im Baum fotografieren konnte. Wir liefen schweigend durch das grüne Zwielicht. Djokin ging voraus, mit seiner Machete in der Armbeuge, ich folgte ein paar Schritte dahinter.

Nach einer Weile blieb er abrupt stehen und hielt mich mit der flachen Seite der Machete zurück. Er stand vollkommen regungslos und starrte mit weit geöffneten Augen auf den Pfad vor uns. »Nzoku«, flüsterte er und reckte sein Kinn mit geschürzten Lippen in die Richtung eines sich nähernden Elefanten. Ich spähte in die Dämmerung, doch es war nichts zu sehen.

Eine Zeit lang herrschte absolute Stille, und es gab keinerlei Anzeichen von Bewegung. Dann, gerade als ich anfing zu glauben, dass er sich geirrt hatte, vernahm ich das leise Zischen von trockenen Blättern auf einer ledernen Haut, und ein mächtiger Elefantenbulle trat aus dem dichten Buschwerk hervor, weniger als 20 Meter von uns entfernt. Djokin griff mich fest am Arm, wie um mir zu sagen: »Keine Bewegung.« Der Bulle war ein Koloss, mochte um die fünf Tonnen wiegen und war fast drei Meter groß. Ein dünner schwarzer Streifen Sekret lief aus einer Drüse hinter dem Auge herunter und zeigte an, dass er in der Musth war, einer Art Brunftzeit mit erhöhtem Testosteronspiegel, die Elefantenbullen ungewöhnlich aggressiv und unberechenbar macht. Er hielt seinen riesigen Kopf aufrecht und seine langen, geraden Stoßzähne berührten fast den Boden. Das Elfenbein hatte sich durch die Tannine des Waldes ocker verfärbt. Eine Randlinie aus orangenem Schlamm zeigte an, worin er sich gesuhlt hatte, und das Haarbüschel am Ende seines Schwanzes war von Lehm verklebt.

Es war ein unglaublich beeindruckendes und furchterregendes Tier. Doch am meisten verblüffte mich, auf welch mühelose, beinahe grazile Art es sich bewegte. Mit wenigen Schritten hatte es den Pfad gekreuzt und verschwand wieder im dichten Buschwerk auf der anderen Seite. Wenige Sekunden später war nichts mehr von ihm zu sehen – der Wald hatte es vollständig verschluckt, nur ein schwacher moschusartiger Geruch haftete noch in der Luft, und in der trockenen Erde blieben ein paar Fußabdrücke von der Größe eines Lenkrads zurück.

Djokins Gesicht entspannte sich zu einem leichten Lächeln, und ich wusste, dass die Gefahr vorüber war. Ich merkte, dass ich die ganze Zeit den Atem angehalten hatte, und jetzt strömte das Blut wieder durch meine Adern, und ich atmete vor Erleichterung tief durch. Doch wie war es möglich, dass Djokin ihn schon so lange, bevor er sich bemerkbar machte, wahrgenommen hatte? Ich fragte ihn danach, doch er zuckte nur die Achseln und wandte den Blick ab. Wir warteten noch einige Minuten, bis der Bulle in sicherer Entfernung war, dann setzten wir unseren Weg fort und machten uns so schnell und so leise wie möglich aus dem Staub.

Ich war schon einmal von einem Waldelefanten angegriffen worden und werde den heillosen Schrecken, den mir dieses Erlebnis einjagte, nie vergessen – die hilflose Panik, wenn man nirgendwohin entfliehen kann, die Angst, sich in den Schlingpflanzen zu verheddern, und die ohrenbetäubenden Schreie des wütenden Tieres, das wie ein Panzer hinter mir her durch den Wald pflügte. Ich hatte großes Glück damals. Der Elefant rannte im allgemeinen Chaos an mir vorbei, und es gelang mir, kehrtzumachen und ihm zu entkommen. Aber es war mir eine wichtige Lehre gewesen. Diese großartigen Wildtiere sind die Architekten des Waldes, sie schlagen die Schneisen und unterhalten seine veränderlichen Pfade und Lichtungen, und man hatte jederzeit einen großen Bogen um sie zu machen.

Als wir am Fuß des Feigenbaums eintrafen, war die Sonne aufgegangen, und die schlafenden Schimpansen waren verschwunden. Ich kletterte an ihrem leeren Nest vorbei, öffnete die Rückseite des Tarnzeltes, untersuchte es nach Schlangen und zwängte mich dann hinein, um meine zwölfstündige Wache zu beginnen. In der ersten Stunde kehrten die Honigbienen zurück, diesmal begleitet von Schwärmen einer kleineren stachellosen Art, sogenannten Furchenbienen. Diese kleinen schwarzen Insekten erheben die Belästigung zu einer Kunstform und werden sehr schnell unerträglich, da sie auf der Suche nach Salz in Augen, Ohren und Nase krabbeln. Insektenschutzmittel nützen gar nichts, daher streifte ich wieder mein Kopfnetz über.

Die beiden folgenden Tage verschwammen in einem Gemisch aus schlapp machender Hitze und Klaustrophobie. Niemand kletterte auf den Baum, um von den Früchten zu kosten, und ich hockte da und briet und schwitzte in meiner Einzelhaftzelle. Der Wald simmerte wie ein Dampfkochtopf, und abgesehen vom zermürbenden Summen der Bienen und dem lethargischen, monotonen Gesang der Zikaden zeigte nichts das Verstreichen der Zeit an. Zuweilen, wenn die Hitze zu arg und die Luft zu drückend wurde, überfiel mich Benommenheit und ich nickte kurz ein, nur um wenige Minuten später mit einem Ruck aufzuwachen und in Panik mit beiden Händen nach dem Sicherungsseil zu greifen, aus Angst hinunterzustürzen.

Doch dann, einen Tag bevor Nick eintraf, kehrten die Schimpansen zurück. Als Erstes vernahm ich leise, quiekende Rufe aus den Ästen direkt hinter meinem Tarnzelt. Ich spähte durch einen kleinen Riss in der Rückwand und sah in zehn Metern

Entfernung die Mutter mit ihrem Jungen. Aus dem Blätterwerk eines benachbarten Baumes schauten sie in meine Richtung. Sie wussten, dass ich da war, und waren zurückgekommen, um nach mir zu sehen. Gerade fragte ich mich, ob sie sich wieder hier niederlassen und ihr Nest bauen würden, als ich von einem lauten Schrei überrascht wurde, der von einem dritten Schimpansen kam, der irgendwo oberhalb von mir in den Baumkronen stecken musste. Das Muttertier schaute ängstlich nach oben, dann ergriff sie ihr Junges und kletterte rasch mit dem Kleinen auf dem Rücken davon.

Einen Moment danach wackelte mein Baum, als der unsichtbare Schimpanse sich auf ihn hinüberschwang. Trockene Zweige und Blätter fielen auf das Dach des Tarnzeltes, und ich erkannte an dem unverkennbaren Erzittern, dass der Affe sich in den Ästen über mir bewegte. Ich hörte einen tiefen Atemzug, und gleich darauf war die Luft von Lärm erfüllt, als der Schimpanse aus Leibeskräften schrie, bevor er den ganzen Baum in Bewegung brachte, indem er an seinen Ästen rüttelte. Es war unverkennbar ein Drohverhalten, dieser Schimpanse musste demnach ein Männchen sein – vermutlich ein hochrangiges erwachsenes Tier aus demselben Clan wie das Weibchen. Sie kannte ihn wohl gut und hatte ganz offensichtlich seine Körpersprache gedeutet und sich aus dem Staub gemacht. Er legte jetzt richtig los, der ganze Baum wackelte und schwankte, während er zwischen den Ästen hin und her sprang. Ich konnte ihn immer noch nicht sehen, aber in meinen Ohren dröhnte es, und ich erwartete jeden Augenblick, dass er durch das Dach des Tarnzelts herunterstürzte. Doch nach einer letzten Steigerung vernahm ich nur noch das dumpfe Geräusch zweier gegeneinanderschlagender Äste. Offenbar hatte er von mir abgelassen und war in den Feigenbaum geklettert.

Ich lehnte mich vor und spähte aus meinem Versteck hervor, und da sah ich ihn auf einem der riesigen, von Früchten bedeckten Äste herumspazieren – ein großes, erwachsenes Männchen in den besten Jahren, leicht ergraut, aber ungeheuer kräftig und muskulös. Seine Haare waren immer noch gesträubt von seiner Imponiervorstellung, als er stehen blieb und sich vorbeugte, um an einer der Feigen zu riechen. Zu meinem Erstaunen drückte er danach die Frucht sanft mit den Fingern, ohne sie zu pflücken. Er prüfte ihren Reifegrad und schien zu wissen, dass er sich um einen künftigen Leckerbissen bringen würde, wenn er die Feige vorzeitig abriss. So wanderte er noch ein Stück auf allen vieren den Ast entlang, blieb hier und da stehen, um an anderen Feigen zu riechen und sie zu befühlen, und fand sich schließlich damit ab, dass alle Früchte noch unreif waren. Dann hockte er sich, während es leicht zu regnen begann, auf eine Astgabel, streckte ein Bein aus und widmete sich der Pflege seines Fells.

Nun hatte ich ihn also, den untrüglichen Beweis, dass der Baum noch nicht bereit war, seine Gäste zu empfangen. Der Regen strömte jetzt in Perlschnüren von den Blättern, und der Schimpanse hockte regungslos mit hochgezogenen Schultern und miesepetriger Miene auf seinem mächtigen Ast, gegen den er nun ganz klein erschien. Auf seinem stellenweise angegrauten Fell glitzerten Wassertropfen. Der Regen wusch die Farben aus dem Bild, und die dunkle muskulöse Silhouette des Tiers verschmolz immer mehr mit dem Hintergrund aus matten Grün- und Grautönen. Diese Szene hat sich mir als Sinnbild für den Kongo eingeprägt.

* * *

Drei Monate waren vergangen, und ich befand mich inzwischen in einer anderen Region der Republik Kongo – dem Nationalpark Odzala. Er umfasst 13 600 km^2 Urwald, unerforschte Flüsse und unzugänglichen Sumpf. Abgesehen von einzelnen Wilderern und Wissenschaftlern wagte sich kaum jemand in dieses Gebiet, und so blieb es größtenteils sich selbst überlassen. Die dichten, schier undurchdringlichen Wälder beherbergten eine der höchsten Populationsdichten an Elefanten und Gorillas in Zentralafrika. Ich arbeitete wieder mit Nick zusammen für *National Geographic*.

Meine erste Aufgabe bestand darin, einen geeigneten Baum für ihn zu finden, von dem aus man eine der sumpfigen Lichtungen des Waldes überblicken konnte. In dessen Krone sollte ich ein Podest einrichten, sodass er Tiere, die aus dem Wald traten, um auf der offenen Fläche zu äsen, von oben fotografieren konnte. Es gab viele solcher Lichtungen, »Bais« genannt, sie verteilten sich über den ganzen Wald, und manche von ihnen zogen mehr Tiere an als andere. Daher hatte ich die letzten Tage damit verbracht, die diversen Möglichkeiten auszukundschaften.

Bisher war alles gut verlaufen, doch heute hatte sich das Blatt gewendet, wir hatten uns verirrt und liefen seit mehr als sieben Stunden orientierungslos durch den Dschungel.

Jacques, unser örtlicher Führer, hockte am Fuß eines Baumes und hielt Ausschau nach Elefanten, während ich versuchte, mir einen Plan zurechtzulegen, wie wir den Weg zurück ins Camp finden könnten. Ich mochte Jacques sehr, doch ich konnte kaum fassen, in was für einen Schlamassel wir geraten waren. Wir hatten das Lager um sechs Uhr in der Frühe verlassen und wollten zu einem Bai, das dafür bekannt war, von Gorillas aufgesucht zu werden. Jacques ging voraus, doch am späten Morgen waren wir immer noch nicht angekommen, und es war klar, dass etwas nicht stimmte. Seine besorgte Miene und die verstohlenen Blicke, die er immer wieder schweifen ließ, verrieten es. Als ich schließlich fragte, ob wir immer noch in die richtige Richtung liefen, schlug er die

Hände vors Gesicht und murmelte: »Ich weiß nicht.« Ich starrte ihn ungläubig an, während mir dämmerte, dass er genauso wenig Bescheid wusste wie ich und wir uns vollkommen verlaufen hatten. Wir waren Stunden gelaufen, und jede Möglichkeit, denselben Weg so lange zurückzugehen, bis wir auf den richtigen Pfad stoßen würden, hatte sich seit Langem erübrigt. Weiter ziellos im Dschungel herumzulaufen hieße ein Unheil heraufzubeschwören. Der Nationalpark hatte die Größe Nordirlands und war letztlich nur eine kleine Ecke eines riesigen Waldes, der sich fast ununterbrochen über den gesamten afrikanischen Kontinent erstreckte. Die Chance, hier ohne Machete, Nahrung, Erste-Hilfe-Kasten und Taschenlampe mehr als ein paar Nächte zu überleben, war ziemlich gering. Wir hatten nicht mal einen Kompass dabei. Sich in einer städtischen Umgebung zu verirren ist eine vorübergehende Unannehmlichkeit. Sich im zweitgrößten Regenwald der Erde zu verirren gibt Anlass zu ernsthafter Sorge. Wir standen am Rande einer gefährlichen Situation, und ich versuchte, ruhig zu bleiben und eine Lösung zu finden, doch es sah nicht gut aus, und es wurde immer schwerer, die aufkommende Angst zu unterdrücken. Hier draußen die Nacht verbringen zu müssen war ein Abenteuer, auf das wir beide gerne verzichten würden. Der Wald wimmelte von Elefanten und Büffeln. An den meisten Bäumen um uns herum waren Spuren von dunkelgrauem Schlamm zu sehen, dort, wo Tiere sich an ihnen gerieben hatten. Es war offensichtlich, dass wir uns in einem Gebiet mit äußerst intensiver tierischer Aktivität befanden.

Ich betrachtete die Bäume um uns herum und suchte vergebens nach irgendwelchen Merkmalen, die uns bei der Orientierung helfen würden, der Dschungel war einfach zu dicht. Wir hatten uns in einem Labyrinth verirrt. Aus reiner Verzweiflung beschloss ich daher, ohne Seil und Gurt in die Kronenregion zu klettern, in der Hoffnung, irgendwie die Orientierung wiederzufinden. Die Chancen, das Lager selbst zu erblicken, waren gleich null, doch vielleicht hatte ich Glück, und irgendwo war eine Rauchsäule in der Ferne zu sehen oder sogar ein Fluss. Irgendein Orientierungspunkt, wie schwach auch immer, wäre in unserer jetzigen Lage eine riesige Hilfe. Ich musste hinaufgelangen, und ich musste mich beeilen.

Der Moabi-Baum, den ich vor mir hatte, war der höchste in der ganzen Gegend, ein Monolith, eine senkrechte Säule aus dunkelbraunem Holz von drei Metern Durchmesser, die kerzengerade aufragte, um sich in 40 Metern Höhe zu einer weiten Krone zu verzweigen. Als ich in das Licht hinaufblinzelte, konnte ich erkennen, dass die Krone weit über den umliegenden Wald herausragte. Der Blick musste einzigartig sein, wenn ich nur hinaufgelangen könnte, doch ohne Seil und Klettergurt sah ich zunächst keine Möglichkeit. Der unterste Ast entsprang in unerreichbarer Höhe, und der gewaltige Stamm war eine lebendige Wand aus Holz ohne irgendwelche Griffmöglichkeiten.

Allerdings war da eine dicke verholzte Kletterpflanze, eine Liane, die von den Ästen hoch droben bis ganz nach unten zum Boden reichte. Sie war kein Teil des Baumes, eröffnete jedoch unter Umständen eine Möglichkeit, nach oben zu gelangen. Ich sah sie mir näher an. Sie wurzelte in der Erde, verlief zunächst flach auf dem trockenen Laub wie eine angeschwollene Python und stieg dann in die Baumkrone des Moabi hinauf, wo sie sich schließlich in einer riesigen Schlinge um einen der Äste hoch über uns wand. Sie war kräftig – so dick wie mein Oberschenkel –, aber instabil, und schwankte wie ein ungeheurer Tentakel, als ich daran rüttelte. Es wäre sicherlich nicht ganz leicht, an ihr hinaufzuklettern, doch es könnte klappen.

Ich zog meine schwerfälligen nassen Stiefel aus und setzte

einen nackten Fuß auf die Liane. Die Oberfläche war zu einer Spirale verdreht wie ein riesiges Schiffstau, Moos wuchs zwischen den einzelnen Holzsträngen. Meine Zehen fanden leicht Halt zwischen den rauen Wulsten, doch meine Haut war weich von zu vielen Jahren in Schuhen, und ich würde nur langsam vorwärtskommen. Ich schaute hinauf und verspürte ein mulmiges Gefühl in der Magengegend. War es nicht purer Leichtsinn, so etwas überhaupt zu versuchen? Vermutlich schon, doch ich war mir sicher, es schaffen zu können, wenn ich es nur langsam anginge und jede Bewegung konzentriert ausführte. Als ich mich umschaute, sah ich Jacques, der in der Nähe mit dem Rücken an einen Baum gelehnt dasaß und immer noch Wache hielt.

Die ersten 15 Meter waren richtig schwer. Die Liane hing schwankend im leeren Raum, weit weg vom Stamm, wie ein Seil in einer Schulturnhalle. Kein Problem, wenn man zwölf Jahre alt ist, doch mein Kraft-Gewicht-Verhältnis war nicht mehr das, was es mal gewesen war, und ich war zu sehr daran gewöhnt, mit Seil und Steigklemmen zu klettern, als dass ich ohne Schwierigkeit eine frei hängende Liane hätte hinaufklettern können. Ein Schimpanse wäre in null Komma nichts oben gewesen, doch ich war schon etwas müde, und eine innere Stimme warnte mich davor, nachlässig zu werden. Es gab kein Sicherungsseil, und ich musste noch ein ganzes Stück höher gelangen, um über das Blätterdach hinwegschauen zu können.

Trotz des Risikos machte mir das freie Klettern ohne Ausrüstung großen Spaß. Es war ein tolles Gefühl, sich wieder auf das Wesentliche zu verlassen, die Muskelkraft in jede Bewegung zu lenken und mich ganz auf den Augenblick zu konzentrieren. Wenn ich meine Beine um die Liane schlang, konnte ich mit den Füßen genug Halt finden, um mit den Händen weiter hinaufzugleiten und Höhe zu gewinnen. Dann zog ich mich mit den Armen nach oben und umklammerte die Liane erneut mit den Beinen. Es war mühsam, doch es schien zu funktionieren. Die Liane war in ständiger Bewegung, sie reagierte auf meine Gewichtsverlagerungen, schwankte und verbog sich. Ich musste alle Kraft und Konzentration aufwenden, um nicht abzustürzen. Doch die raue Oberfläche der Schlingpflanze war gut zu greifen, und die große Festigkeit, die ich in ihren verdrehten Strängen spürte, gab mir die Zuversicht, zügig weiterzuklettern.

Fünfzehn Meter über dem Boden erreichte die Liane den Stamm des Moabi, worauf sie sich teilte. Ein Strang schwang sich bedenklich in den leeren Raum hinaus, während der andere weiter neben dem glatten Stamm senkrecht nach oben verlief. Ich wählte die letztere Route und stemmte jetzt meine Füße gegen den Moabi, während ich mich weiter hinaufzog. Die Liane wackelte und schlug heftig gegen den Stamm, ständig regneten Staub und Laubreste auf mich herab. Überall krabbelten Ameisen auf meiner Haut, doch ich wagte es nicht, eine Hand zu lösen, um sie wegzuwischen. Eine von ihnen biss mich in mein linkes unteres Augenlid und blieb dort hängen, die winzigen Beinchen bewegten sich vor meinem Augapfel, bis ich sie mit dem Oberarm wegwischte. Ihr Körper wurde weggerissen, der Kopf blieb jedoch zurück, sodass ich bei jedem Blinzeln die scharfen Kiefer spürte.

Schließlich erreichte ich, mit Schmutz bedeckt und vor Anstrengung zitternd, den mächtigen Ast, von dem die Liane herunterhing. Nun kam ein heikler Teil, und ich musste meine ganze Kraft und all mein Gleichgewichtsgefühl aufwenden, um mein Bein über den Ast zu bringen und mich hinaufzuschwingen. Ich war frei auf etwa 35 Meter Höhe geklettert und so weit nach oben gelangt, wie möglich war. Die Liane senkte sich auf der anderen Seite des Astes in einem riesigen Bogen wieder nach unten. Der nächste Ast befand sich in unerreichbarer Höhe in der Krone über mir. Dies war das Ende der Fahnenstange, doch war ich auch hoch genug gelangt, um etwas entdecken zu können? Zu meiner großen Enttäuschung musste ich feststellen, dass dies nicht der Fall war. Nach all diesen Anstrengungen und Gefahren befand ich mich immer noch im dichten Baumkronenbereich des Waldes. Die Außenwelt existierte nur als schwacher Durchblick durch einen Wust von Kletterpflanzen, der in etwa zehn Metern Entfernung herabhing.

Das Adrenalin wich aus meinen Knochen, und ich fühlte mich matt. Es war großartig, hier oben zu sein, abgehoben von der beengten Klaustrophobie des Dschungelbodens, doch es hatte keinen Sinn, länger hier zu verweilen. Irgendwie mussten wir den Weg zurück zum Camp finden. Solange ich noch die Kraft dazu hatte, schwang ich also mein Bein wieder über den Ast, auf dem ich saß, und verdrehte meinen Körper, um mich auf die Liane hinabgleiten zu lassen.

Genau in diesem Augenblick hörte ich aus der Ferne ein Flattern von Flügeln, wie wenn ein Schwarm von Wasservögeln an der Meeresküste plötzlich auffliegt. Ich drehte den Kopf und sah durch eine der schmalen Lücken im Blätterwerk etwas Rotes aufblitzen. Ein großer Schwarm afrikanischer Graupapageien flog in etwa einer Meile Entfernung über die Bäume hinweg. Ich hatte bisher nur Paare im Flug beobachtet, wenn sie am Abend brabbelnd und pfeifend auf dem Weg zu ihrem Schlafplatz waren. Daher war es ein erhebendes Schauspiel, nun Hunderte dieser Vögel zusammen davonschwirren zu sehen. Ich fasste es als Zeichen auf, dass alles gut ausgehen würde, und als der Schwarm wieder unter die Grenze der Baumwipfel abtauchte, keimte plötzlich ein Hoffnungsschimmer auf, denn ich folgerte daraus, dass sich dort eine offene Fläche befinden musste. Bisher hatte ich immer nur beobachtet, dass die Vögel sich in solchen Scharen an Bais sammelten, wo sie auf der Erde landeten, um

Mineralien aus dem Lehm aufzunehmen. Das war er: der rettende Hinweis, auf den ich gehofft hatte. Die Papageien hatten mir gezeigt, in welche Richtung wir gehen mussten.

Ich rief aufgeregt zu Jacques hinunter und zeigte ihm die Richtung an, damit er sie sich einprägte. Dann schlang ich meine Beine um die Liane und kletterte so rasch ich konnte an der Gabelung vorbei und zum Boden hinunter. Ich war völlig erschöpft. Meine Muskeln zitterten wie Wackelpeter, und ich war von oben bis unten mit Schmutz bedeckt, doch unsere Sache stand jetzt besser. Selbst wenn es sich nicht um das Bai handeln sollte, das zu finden wir am Morgen aufgebrochen waren, würde Jacques es vielleicht wiedererkennen, und es könnte uns einen weiteren Hinweis liefern. In jedem Fall mussten wir es versuchen.

Wir gingen sofort los, mitten in den Wald hinein, knickten dabei Zweige von jungen Bäumen ab, um unseren Weg zu markieren. Mir wurde schnell klar, dass wir eine Stunde brauchen würden, um die Meile zurückzulegen, jede Menge Zeit, um sich ein weiteres Mal zu verirren. Wir blieben daher regelmäßig stehen, um auf unsere Markierung aus gebrochenen Zweigen zurückzublicken und uns zu vergewissern, dass wir in gerader Linie weiterliefen.

Schließlich standen wir am Waldrand im Schatten der letzten Bäume und blickten hinaus auf eine große, sonnenüberflutete Lichtung. Die Luft flimmerte, Wolken von gelben Schmetterlingen tanzten in der Hitze des Nachmittags. Von den Papageien war nichts zu sehen, doch eine kleine Elefantenherde graste auf der gegenüberliegenden Seite der Lichtung. Ein sehr junges Kalb drückte sich zwischen die Vorderbeine seiner Mutter, um an den Zitzen zu saugen. Wenn es nicht trank, wirbelte es seinen kleinen Rüssel herum wie einen Propeller. Es war kaum einen Monat alt und schien fasziniert von dem beweglichen Ding, das an seinem Gesicht befestigt war.

Doch es war eine größere Gruppe von Gorillas im Zentrum der Lichtung, die uns wirklich interessierte. Es waren 16 Tiere, die sich langsam durch das Gras in unsere Richtung bewegten. Sie waren über eine größere Fläche verteilt und ganz damit beschäftigt, Wurzeln zu fressen, die sie aus dem Boden gezogen hatten. Einige von ihnen standen bis zur Brust im Sumpf, und ich beobachtete, wie ein Junges auf eine trockene Grasstelle kletterte und sich aus reinem Vergnügen um die eigene Achse drehte, bis ihm schwindlig wurde und es umfiel. Zwei erwachsene Weibchen waren offensichtlich schwanger, und ich entdeckte die massige Gestalt des Silberrückens, der sich abseits der anderen aufhielt. Es war eine idyllische Szene, doch wir mussten weiter, wenn wir das Camp noch vor Einbruch der Dunkelheit finden wollten.

Das Wasser sammelte sich in einer Reihe von sumpfigen Teichen und Nasswiesen am anderen Ende des Bai, wir umrundeten es daher durch den Wald, bis wir auf den Bach stießen, in den sie abflossen. Von dort aus liefen wir stromabwärts, in der Hoffnung, auf den Mambili-Fluss zu stoßen, einen größeren Wasserlauf, den wir zur Anreise in den Nationalpark genutzt hatten. Selbst wenn wir sein Ufer meilenweit flussabwärts vom Lager erreichten, würde er uns am Ende sicher zurückführen. Doch wir hatten Glück. Gerade als es zu dämmern anfing, stießen wir auf einen Pfad. Es hätte einer von Tausenden namenloser Wildpfade sein können, die sich durch den Wald schlängelten, doch an einer Schlingpflanze hing ein frisch geangelter Elektrischer Wels. Sein bleicher Körper war in Kopfhöhe festgebunden, und ich wäre glatt in ihn hineingelaufen, wenn er nicht mit einem hörbaren elektrischen Impuls gezuckt hätte, als wir uns näherten. Ein Mitglied unseres Teams musste ihn im nahe gelegenen Fluss geangelt und hier zurückgelassen haben, um ihn später mitzunehmen. Zu unserem Glück hatte er ihn vergessen. Jetzt waren wir endlich sicher, uns auf dem richtigen Weg zu befinden. Erleichtert lösten wir den Fisch von dem Zweig und nahmen ihn zum Abendessen mit.

* * *

Der Kongo ist ein Ort voller Schönheit und Wunder, er kann aber auch extrem hart sein. Ein Ort der extremen Höhen und schrecklichen Tiefen, und nun – mehrere Wochen später – machte mich ein übler Hautausschlag fertig, der sich seit Kurzem überall an meinem Körper zeigte.

Nick war am Mambili-Fluss weiter hinaufgewandert, um einen neuen Ort zum Fotografieren auszukundschaften, und ich war zurückgeblieben und sollte sehen, wie ich allein zurechtkam. Es hatte seit zwei Tagen geregnet, ich war eingeschlossen in meinem Zelt und wurde allmählich verrückt, als der Ausschlag zu Quaddeln wurde, die wiederum zu entzündeten roten Beulen heranwuchsen. Sie waren fast überall, 90 an der Zahl: an meinen Beinen, im Schritt und am Rumpf. Es gab sogar welche an meinem Kopf. Sie fühlten sich sehr weich an und wurden stetig größer.

Mein nasser Klettergurt hing an der Zeltstange über mir und fing in der im Zelt herrschenden muffigen Feuchtigkeit an zu schimmeln. Ich hatte vorgehabt, vor meiner Abreise in der kommenden Woche noch ein weiteres Baumkronen-Podest für Nick einzurichten, doch jetzt konnte ich kaum noch gehen, ganz zu schweigen davon, auf einen Baum zu klettern. Bald schon konnte ich wegen der Schmerzen auch keine Kleidung mehr tragen, daher verbrachte ich den ganzen Tag in Unterhosen, krabbelte ins Freie und lag auf dem Rücken im Regen, wenn mir das Zelt zu eng und schweißig wurde. Mit mir ging es immer weiter bergab, und mir war vollkommen klar, dass ich eigentlich flussabwärts medizinische Hilfe suchen musste. Doch ohne Boot und Paddel steckte ich sozusagen in der Scheiße. Einfach nur herumzuliegen und sich in Selbstmitleid zu ergehen änderte jedoch auch nichts an der Situation, daher beschloss ich am dritten Tag, das herauszubefördern, was sich unter diesen rätselhaften Beulen verbarg.

Ich wählte eine besonders große Beule am Oberschenkel aus, nahm eine sterile Spritze und stach die lange Injektionsnadel langsam in die Haut. Der Schmerz war unbeschreiblich, aber ich war entschlossen herauszufinden, was sich in dieser entzündeten Beule tat. Ich drückte die Nadel tiefer hinein. Ich erwartete, dass die Beule irgendwann aufplatzen würde, da ich annahm, es handle sich um irgendeine Infektion, die gründlich gereinigt und mit antiseptischen Mitteln behandelt werden könnte. Doch es schien gar nichts in der Beule zu sein. Ich war der Ursache keinen Schritt näher gekommen, und nach ein paar Stunden war die ganze Partie rund um die Beule rot entzündet. Ich hatte die Sache nur schlimmer gemacht. Daher nahm ich eine noch höhere Dosis starker Antibiotika und beschloss, zu warten, bis die Beulen reif genug waren, um sie richtig auszudrücken. Irgendetwas musste aus ihnen herauskommen, und sei es auch nur Eiter.

Der Regen hörte nicht auf, ich lag im Zelt und lauschte, wie er auf die Plane fiel, bis es dunkel wurde. Wenige Stunden später wurde ich wach, weil sich etwas unter der Haut auf meinem Schädel bewegte. Ich glaubte zunächst, ich hätte geträumt. Doch eine Weile später spürte ich es erneut: ein ganz sanftes Kratzen auf dem Schädelknochen. Irgendetwas kroch dort drinnen herum. Bei Tagesanbruch spürte ich, wie sich Dutzende weiterer Biester – worum auch immer es sich handeln mochte – in den anderen Beulen bewegten, und der Schmerz wurde allmählich unerträglich. Ich musste etwas tun, um meine verzweifelte Lage zu ändern, doch just in diesem Moment musste ich mich mit einem noch dringenderen Problem auseinandersetzen. Ich hatte gerade zwei große, mit winzigen Stacheln besetzte Maden aus meinem linken Hoden gedrückt. Das war es also: Dasselfliegen. Doch diese zwei Maden waren nur die Spitze des Eisbergs. Es gab mindestens 90 weitere von diesen kleinen Mistviechern unter meiner Haut, die von Stunde zu Stunde größer wurden. Äußerst unschön, das Ganze.

Als ich an die letzten Tage zurückdachte, dämmerte mir allmählich, was passiert sein musste.

Nick und ich hatten die vergangene Woche damit zugebracht, Gorillas auf einer Lichtung zu fotografieren. Wir hatten unsere Zelte ganz in der Nähe aufgeschlagen, was bedeutete, dass wir kein Feuer machen konnten, aus Sorge, die Tiere zu verscheuchen. Der Unterwuchs des Waldes war dunkel und feucht, und mangels eines Lagerfeuers, an dem man die Sachen hätte trocknen können, blieb alles nass, was nass geworden war. Ich war in ein Gewitter geraten, als ich gerade auf einen Baum kletterte, und blieb drei Tage lang durchnässt und von Schlamm bedeckt. Ein Schwarm von großen schwarzen Fliegen mit roten Augen hatte mich in den Baumkronen heimgesucht, sie umschwirrten mich aggressiv, sodass ich mich auf das Podest setzte und versuchte, sie totzuschlagen. Ich begriff jetzt, dass sie es gar nicht darauf abgesehen hatten, mich zu stechen. Sie hatten ihre Eier auf meinen warmen, nassen Kleidern abgelegt, aus denen dann später winzige Maden geschlüpft waren, die unbemerkt in meine Haut krochen. Und die Larven entwickelten sich auch jetzt noch in meinem Körper weiter, wurden fett von meinem Fleisch. Leben ist das Verfahren der Natur, um Fleisch frisch zu halten, und wie jedes andere Tier war ich nichts weiter als ein willkommener Sack voller Proteine, bereitgestellt zum Verzehr für jeden, der in der Lage war, sich durch meine Haut zu bohren.

Daher nahm ich nach einer weiteren Dosis Antibiotika einen großen Schluck Whisky und öffnete den Erste-Hilfe-Kasten. Ich hatte genug von den unaufhörlichen Schmerzen, die mir die Viecher zufügten, indem sie sich munter weiter durch mein Fleisch bohrten, und da ich nunmehr wusste, was da am Werk war, wollte ich nicht länger dulden, dass sie sich an meinem Körper gütlich taten. Ich war entschlossen, der Sache ein Ende zu bereiten, und sie eine nach der anderen hervorzuholen.

Ein paar Stunden später lagen vierzig Stück, in Whisky eingelegt, neben mir. Ich hatte die Nadel mit einer Pinzette vertauscht, die ich vorher über der Flamme einer Kerze sterilisiert hatte. Einige Maden konnte ich einfach herausdrücken, andere musste ich Stück für Stück herausziehen, während ich vor Schmerzen stöhnte und die Zähne zusammenbiss. Es gab immer noch Dutzende an meinem Rücken und Gesäß, an die ich nicht herankam. Da ich allein war, würde ich wohl warten müssen, bis sie sich von selbst wieder herausarbeiteten. Die Schmerzen, die ihre Bewegungen verursachten, waren mittlerweile so stark, dass ich nicht mehr schlafen konnte. Der letzte Rest Whisky war ausgetrunken – was wohl das Beste für mich war –, und mir blieb nichts anderes übrig als im Regen zu sitzen und auf den Fluss zu starren, in der Hoffnung, dass in nächster Zeit jemand vorbeipaddeln würde.

An jenem Nachmittag hörte ich einen Außenbordmotor, der sich flussaufwärts näherte. Ein Kanu, in dem vier Typen mit Kalaschnikows saßen, tauchte hinter der Flussbiegung auf, und ich duckte mich ins Gras, bis ich sicher war, dass es Parkaufseher waren und keine Wilderer. Unter lautem Schreien führte ich vom Ufer aus ein Gespräch mit ihnen. Sie hielten nicht an, und wer sollte es ihnen verdenken? Ich muss einen ziemlich wüsten Anblick geboten haben: ein nackter Weißer, mit Wunden übersät, der im Regen stand und ihnen in lausigem Französisch etwas zubrüllte. Sie blickten verständlicherweise etwas konsterniert drein, doch ich war erleichtert, als einer mir zurief, sie würden Hilfe schicken.

Als ich am nächsten Morgen nach einer weiteren schlaflosen Nacht in elender Stimmung am Flussufer saß, trat ein Bayaka-Pygmäe aus dem Wald und kam auf mich zu. Er trug gelbe Badeshorts und grüne Plastikschuhe. Zuerst glaubte ich, ich sei endgültig durchgedreht und halluziniere. Doch er lächelte, ohne ein Wort zu sagen, und bedeutete mir mit Gesten aufzustehen, während er einen kleinen Plastikbehälter mit Palmöl öffnete. Dann tupfte er die orangene Flüssigkeit auf jede der restlichen Beulen. An einigen von ihnen konnte man jetzt winzige Luftlöcher erkennen, und ich begriff, dass er diese abdeckte, um die Maden im Innern zu ersticken. Als er fertig war, bedeutete er mir, eine Weile zu warten. Wir saßen eine halbe Ewigkeit im Schneidersitz nebeneinander und schwiegen, bevor er sich anschickte, die restlichen Beulen auf meinem Rücken auszudrücken. Ich hörte jedes Mal das befreiende Plopp, wenn eine Made nach der anderen herauskam, doch die Schmerzen waren zu groß, als dass ich mich hätte freuen können. Sterne tanzten mir vor den Augen, während ich immer wieder zusammenzuckte. Nach etwa einer Stunde war er fertig, und abgesehen von einigen wenigen, die noch in meinem Hintern saßen, war ich so gut wie madenfrei.

Die Erleichterung war unbeschreiblich. Ich war immer noch extrem empfindlich, und jede Bewegung tat weh, doch das Schlimmste war vorüber, und in der Annahme, dass er von den Parkaufsehern geschickt worden war, dankte ich dem Pygmäen überschwänglich. Er setzte ein breites Lächeln auf, dann überreichte er mir den Ölbehälter und wandte sich ohne ein Wort zum Gehen. Innerhalb von fünf Sekunden wurde er vollständig vom Dschungel verschluckt. Ich habe ihn nie wiedergesehen, doch ich werde ihm ewig dankbar sein für seine Hilfe.

Zehn Tage später war ich wieder in England und lag mit einer zerebralen Malaria im Royal-Infirmary-Krankenhaus in

Bristol. Wie es schien, hatte sich der Kongo das Beste für zuletzt aufgehoben. Mein Gehirn kochte unter einem Fieber von 42 Grad, ich lag halluzinierend unter den gestärkten weißen Laken. Für mich war der Fall damit erledigt: Nichts und niemand würde mich je wieder nach Zentralafrika bringen. So glaubte ich jedenfalls.

* * *

Mittlerweile war es Oktober. Sechs Monate waren vergangen, seit ich von der Malaria genesen war und mir geschworen hatte, nie wieder in den Kongo zu reisen. Doch der Lockruf des Dschungels ist mächtig, und unter keinen Umständen wollte ich die Gelegenheit auslassen, Gorillas in der Baumkronenregion zu filmen. Scorer, ein Unternehmen in Bristol, das einen Dokumentarfilm für die BBC produzierte, hatte mir angeboten, in ihrem kleinen Team mitzuarbeiten. Außer mir stießen noch der Produzent Brian, Kameramann Gavin und Ralph, mein Kollege als Kameraassistent, dazu. Eine großartige Truppe. Ich war wieder zurück im Regenwald und genoss jede Minute.

Die Leuchtziffern meiner Uhr zeigten an, dass es kurz nach drei Uhr morgens war. Ich gab mir alle Mühe, eine Schale Müsli in mich hineinzustopfen. In der vorangegangenen Woche war uns das Milchpulver ausgegangen, daher goss ich Wasser über die Getreideflocken, rührte um und haute rein. Es war viel zu früh am Morgen, mein Magen war noch nicht aufnahmebereit, doch ich brauchte die Kalorien, wenn ich vor Tagesanbruch oben in der Baumkronenregion sein wollte. Bis zum Baum ging man eine Stunde durch dichten Wald, und mein Kamerapodest befand sich in 20 Metern Höhe auf einem seiner Äste. Ich hatte es gegenüber einem mächtigen fruchttragenden Baum eingerichtet, von dem wir hofften, er würde die Gruppe von Gorillas anlocken, die wir in den letzten Tagen gefilmt hatten. Neunzehn von ihnen hatten am Vorabend ihr Nachtlager unter dem Baum eingerichtet, es bestand also eine gute Chance, sie an diesem Morgen anzutreffen. Ich musste spätestens um fünf Uhr morgens mit der Kamera oben in der Baumkrone sein, bevor es hell wurde.

Meine Stirnlampe warf einen schwachen Lichtschein auf den aus rohen Holzbrettern gezimmerten Tisch vor mir. Der Schatten meiner Hand hob und senkte sich mechanisch, während ich so schnell wie möglich die geschmacksfreien Flocken in mich hineinschaufelte. Um die Batterien zu schonen, schaltete ich die Lampe aus und blickte hinaus in die Nacht. Das Camp war in sanftes Mondlicht getaucht. Die Bäume warfen lange, gestochen scharfe Schatten auf den silbernen Boden, der Dschungel war erfüllt von den sanften Geräuschen der Insekten. Ein leises Schnarchen tönte aus einer Hütte in der Nähe, tiefer Friede schien in der Welt zu herrschen. Die Stunden vor der Dämmerung sind mir immer schon die liebsten gewesen, und ich saß eine Weile still da und genoss die Ruhe.

Dann nahm ich meinen Rucksack auf den Rücken und trat ins Mondlicht hinaus. Gerade wollte ich die Lichtung überqueren, um den Wald zu betreten, als ich das heisere Brüllen eines Leoparden vernahm und jäh stehen blieb. Ich wirbelte herum, um das Geräusch zu orten, und stellte fest, dass das Tier in den Bäumen auf der anderen Seite des Camps versteckt sein musste, nicht mehr als 60 Meter entfernt. Das tiefe Brüllen hallte durch den Wald, es klang, als würde Holz in schnellem Rhythmus gesägt. Ich fühlte mich ausgeliefert und verwundbar im Mondlicht und wich instinktiv in den Schatten eines Baumes zurück. Der Leopard musste mich bemerkt haben, er musste mich gehört haben, als ich durchs Lager lief, und den Schein meiner Lampe gesehen haben, als ich mich im

Mondlicht auf die dunkle Wand der Bäume zubewegte. Zwar war ich mir ziemlich sicher, dass ich nichts zu befürchten hatte, doch besaß ich seit jeher eine lebhafte Fantasie. Ich hatte genug Geschichten über menschenfressende Großkatzen gelesen, um genau zu wissen, wozu Leoparden fähig waren. Sie rissen regelmäßig ausgewachsene Schimpansen, und ein 150 Kilogramm schweres Gorilla-Männchen war vor nicht allzu langer Zeit in dieser Gegend von einem Leoparden getötet und gefressen worden. Fährtensucher hatten seinen ausgeweideten Kadaver inmitten einer blutbesudelten Fläche niedergetrampelter Pflanzen gefunden.

Ein letztes Brüllen tönte über die Lichtung, dann war wieder alles still, bis auf das leise Zirpen der Insekten. Ich blieb stehen, versuchte meine Fantasie im Zaum zu halten und überlegte, was ich tun sollte. War es leichtsinnig, in den Wald zu gehen, während ein Leopard in der Nähe umherschlich, oder war ich einfach nur überängstlich?

Wenn die meisten vernunftbegabten Primaten hoch oben in den Bäumen schliefen, dann geschah es hauptsächlich wegen der Leoparden. Der Leopard ist extrem gut ausgerüstet, um im Schutz der nächtlichen Dunkelheit zu jagen. Als Primat war ich ebenso wie ein Schimpanse oder Gorilla darauf programmiert, die Dunkelheit zu fürchten, und ich verspürte das dringende Bedürfnis, so schnell wie möglich in den sicheren Bereich der Bäume hinaufzuklettern.

Es war der erste Leopard, den ich je gehört hatte, gesehen hatte ich noch keinen. Doch das bedeutete keineswegs, dass sie nicht die ganze Zeit in der Nähe sein konnten und zwischen den Bäumen umherschlichen wie Gespenster. In den Wäldern dieser Gegend herrschte eine der höchsten Populationsdichten an Leoparden in ganz Afrika, und ich hatte in der Vergangenheit jede Menge von Beinahe-Begegnungen. Hatte ihren Kot gesehen und den beißenden Geruch ihres Urins gerochen.

Ihren Speichel gefunden, der noch auf dem halb verdauten Gras schäumte, das sie erst Sekunden zuvor auf dem Pfad ausgespuckt hatten. Doch all diese Vorfälle hatten sich tagsüber ereignet, nie nachts. Kein Wunder, dass die Schimpansin, die ich vor einigen Monaten in Goualougo beobachtet hatte, einen hohen schlanken Baum ausgewählt hatte, um mit ihrem Jungen dort die Nacht zu verbringen. Wieder hörte ich den Leoparden brüllen, doch diesmal aus größerer Entfernung und aus der meinem Ziel entgegengesetzten Richtung. Er schien sich davonzumachen, doch ich wäre sehr viel entspannter, wenn ich erst oben in der Baumkronenregion sein würde.

Die Finsternis unter den Bäumen war vollkommen. Dichter Bewuchs drängte von beiden Seiten heran und überwölbte den Pfad, jede Spur von Mondlicht war verschwunden. Ich schaltete meine Stirnlampe ein und folgte ihrem Lichtkegel durch den schwarzen Tunnel. In diesem Wald wucherte der dichteste, undurchdringlichste Unterwuchs, der mir je untergekommen war. Darüber ragten riesige Bäume auf, doch hier unten herrschte eine dichte Monokultur aus großblättrigen Pfeilwurzgewächsen. Gorillas lieben das Zeug (sie fressen die Triebe), aber es ist ein Albtraum, sich da durcharbeiten zu müssen. Bei einer Sicht von weniger als drei Metern könnte es außerdem nur allzu leicht passieren, dass man mitten in eine Großfamilie hineinstolperte. Solche Begegnungen auf kürzeste Distanz können sehr unangenehm werden, besonders wenn sie einen Angriff durch den Silberrücken der Gruppe nach sich ziehen. Doch keiner der Gorillas schlief in jener Nacht so nahe beim Lager, daher wusste ich, dass ich unbesorgt weitereilen konnte – ich musste vor Tagesanbruch auf dem Baum sein.

Das verschlungene Blätterwerk schien sich in den Schatten seitlich des Pfades zu drehen und zu winden, während ich hinter meinem Lichtkegel her immer weiter durch den Tunnel lief. Es drängte mich, sicher auf den Baum zu gelangen, daher wollte ich den Weg dahin so schnell wie möglich hinter mich bringen. Zum Glück war der Pfad in gutem Zustand, und es bestand keine große Gefahr, sich zu verirren, dennoch zwang ich mich, bei jeder Kreuzung stehen zu bleiben und genau zu prüfen, ob ich mich noch auf dem richtigen Weg befand.

Und gerade, als ich an einer solchen Gabelung stand, hörte ich den Leoparden erneut. Diesmal kam das Brüllen von vorne, aus weniger als 20 Metern Entfernung. Ich erstarrte und spähte angestrengt in die schwarze Finsternis hinter dem Lichtkegel. Von dort, wo ich den Leoparden zum letzten Mal gehört hatte, war ich etwa eine halbe Stunde in die entgegengesetzte Richtung gelaufen und jetzt mehr als eine Meile vom Camp entfernt. War es derselbe Leopard? Unmöglich, das festzustellen, doch in jedem Fall lauerte irgendwo in der Nähe, dort auf dem Pfad vor mir, eine große Raubkatze, und mir war klar, dass sie mich sehen konnte, wie ich da im Lichtkegel meiner Lampe stand. Mir sträubten sich die Nackenhaare, und mein Herz pochte laut in der Stille der Sekunden, die folgten.

Ich blickte auf die Uhr: vier Uhr. Mir blieb eine Stunde, um noch vor Tagesanbruch auf den Baum zu klettern und die Kamera bereit zu machen. Mein Gefühl riet mir, die Lampe auszuschalten und mich im dunklen Gebüsch zu verstecken. Doch was würde mir das nützen? Leoparden können noch in der größten Finsternis sehen. In dem verzweifelten Versuch, Verteidigungsbereitschaft zu signalisieren, holte ich mein Taschenmesser hervor und klappte es auf, doch es ist nicht die Art des Leoparden, einen offenen Frontalangriff zu unternehmen. Es würde keine Vorwarnung geben. Ich musste an die Schimpansin denken, die mit ihrem Jungen hoch oben in der Baumkrone in Sicherheit schlief.

Nach einigen Minuten, die in höchster Anspannung vergingen, hörte ich den Leoparden abermals brüllen, diesmal aus dem dichten Gebüsch zu meiner Rechten. Er schien einen Bogen um mich zu machen – oder aber es handelte sich um zwei Tiere, und ich war zwischen beide geraten. Ich wischte den Gedanken beiseite, nahm meinen ganzen Mut zusammen und bewegte mich vorsichtig vorwärts.

Eine Viertelstunde verging, und vor mir tauchte der Baum mit dem Podest auf. Ich nahm die Stirnlampe ab und schirmte ihren Schein mit der hohlen Hand ab. Neunzehn Gorillas schliefen irgendwo in der Nähe in ihren Nestern, und ich wollte sie nicht aufwecken. Ich hatte aber auch keine Lust, im Dunkeln auf Apollo zu treffen, dem an die 200 Kilogramm schweren Silberrücken der Gruppe. Daher ließ ich nur einen schwachen Lichtstreifen durch meine Finger entweichen und tastete mich die letzten 30 Meter vorsichtig an den Baum heran. Die Luft war erfüllt von dem süßlichen Moschusgeruch der Gorillas – sie mussten in der Nähe sein, ich bewegte mich nur noch ganz langsam und achtete darauf, nicht auf Zweige zu treten.

Beim Baum angekommen, griff ich nach dem weißen Seil, das von oben herabhing. Plötzlich stellten sich die Haare in meinem Nacken auf, und ich bekam eine Gänsehaut. Ich wirbelte herum und sah gerade noch, wie ein niedriger schwarzer Schatten aus meinem Blickfeld schlich. Meine Muskeln spannten sich, und ich spähte angestrengt in die Dunkelheit, um zu sehen, was sich da bewegt hatte. Doch es war verschwunden, hatte sich vollkommen in der tiefen Dunkelheit aufgelöst. Mir schlug das Herz bis zum Hals, und meine Nerven waren aufs Äußerste angespannt. Hatte ich ihn wirklich soeben gesehen? War mir der Leopard tatsächlich bis hierher gefolgt?

Mein Impuls, mich vor der Raubkatze in Sicherheit zu bringen, war jetzt stärker als der Wunsch, mich vor den Gorillas zu verstecken. Ich nahm daher jetzt die Hand von der Stirnlampe und leuchtete den Pfad hinunter, mit dem Rücken zum Baum, während ich hastig in meinen Klettergurt stieg. In meiner Angst fummelte ich ungeschickt herum, sodass sich mein Fuß in den Beinschlaufen verhedderte und ich um ein Haar zu Boden gestürzt wäre. Die Karabiner rasselten laut, als ich den Gurt bis an die Taille hochzog. Mein Herz pochte wie wild, und meine Fantasie ließ sich nicht mehr zügeln. Widerstrebend drehte ich mich um und wandte mein Gesicht dem Baumstamm zu, dann klinkte ich mich am Seil ein und kletterte los, so schnell ich konnte.

Mit dem Rücken zur dunklen Umgebung gewandt, fühlte ich mich vollkommen ungeschützt, doch sobald ich die ersten Meter geklettert war, kehrte das Gefühl der Sicherheit zurück. Als ich über sechs Meter Höhe erreicht hatte, begann ich mich allmählich zu entspannen. Ich lehnte mich in meinen Klettergurt zurück, schaltete die Stirnlampe aus und atmete tief durch.

Von hier oben aus gesehen, zeigte sich der Wald im morgendlichen Dunst in verblüffender Schönheit, ein Schattenland aus blassen Blau- und Grüntönen. Der fast volle Mond stand tief im Westen, und die Umgebung erschien wie gesprenkelt von seinem silbrigen Licht, das durch die Baumkronen drang. Ich schaute hinunter in die Dunkelheit, wo sich der Stamm in den Schatten des dichten Unterwuchses verlor. Ich war erleichtert, dem gruseligen, beengten Gefühl am Boden entkommen und außer Gefahr zu sein. Ich war mir jetzt ziemlich sicher, dass der Leopard mir nur aus Neugier gefolgt war. Ich kann mir nicht vorstellen, dass er jemals zuvor einen Menschen gesehen hatte, der nachts im Wald herumlief, und ich glaube nicht, dass er je die Absicht gehabt hatte, mich anzugreifen. Doch der in Millionen Jahren erworbene Instinkt lässt sich schwer unterdrücken. Jeder von uns heute Lebenden ist nur auf der Welt, weil einer seiner fernen Vorfahren seinem

Instinkt folgte, als es darauf ankam. Die Evolution hat uns diesen nicht greifbaren sechsten Sinn aus gutem Grund eingeprägt.

Als ich am Stamm hinaufschaute, konnte ich die quadratische Silhouette des Podests hoch über mir erkennen. Es war jetzt fast fünf Uhr, und der Mond ging unter. Nachdem ich das Podest erreicht hatte, zwängte ich mich in das Tarnzelt und zog den an einem Seil befestigten Rucksack mit der Kamera hinauf.

Gegen Viertel nach fünf hatte ich mich eingerichtet und blickte durch das Fenster meines Tarnzelts auf den fruchttragenden Baum. Sein mächtiger Stamm lag in dichtem Schatten, darüber die weit ausgreifende Krone. Ein paar Minuten später hörte ich ein schwaches Knacken von Zweigen und sah, wie der dichte Unterwuchs unterhalb von mir schwankte, ohne dass ich erkennen konnte, was sich dort bewegte. Das leise Quieken eines Jungen, gefolgt vom tiefen Grunzen eines Erwachsenen sagten mir, dass die Gorillas gekommen waren. Ich sah jedoch nichts als Wellenbewegungen im Blätterwerk, die sich auf den fruchttragenden Baum zubewegten.

Der Dunst stieg allmählich durch die Baumkronen auf, die ersten Strahlen der Sonne brachten Farbe in die landschaftliche Szenerie. Als Erstes tauchte ein Weibchen aus dem Gebüsch des Unterwuchses auf. Sie kletterte an einer Liane zu der Stelle hinauf, wo sich der Baum am oberen Ende des Stammes in drei Teile gabelte. Von dort kletterte sie weiter in die Baumkrone, unmittelbar gefolgt von zwei weiteren Gorillas, die genau denselben Weg nahmen. Auf diese folgte ein weiteres Weibchen mit ihrem kleinen Neugeborenen auf dem Kopf. Und dann kam Apollo, der Silberrücken.

Er war mindestens doppelt so groß wie die Weibchen, und sein breiter Rücken glänzte im frühen Morgenlicht der Sonne. Er umklammerte die Pflanzenschlinge mit gewaltigen Händen und Füßen und kletterte langsam und mit großer Entschlossenheit. Seine Rückenmuskulatur wölbte sich wie Wellblech, während er sich mit seinen riesigen schwarzen Armen mit spielerischer Leichtigkeit nach oben hangelte. Er brachte sicherlich mehr als das Doppelte auf die Waage als ein ausgewachsenes Orang-Utan-Männchen. Ein Tier von dieser Größe und Masse mit solcher Gewandtheit klettern zu sehen war einfach überwältigend.

Inzwischen waren die Weibchen schon viel höher in die neblige Krone hinaufgeklettert, hockten sich in die waagerechten Sonnenstrahlen, um sich aufzuwärmen, und ernteten die ersten Früchte. Auf Apollo folgten ein paar Jungtiere, die mehr Interesse am Spielen auf den Kletterpflanzen als am Fressen zeigten. Etwa die Hälfte der Gruppe war jetzt auf dem Baum, und mir fiel auf, wie respektvoll sie während des Kletterns miteinander umgingen. Jedem einzelnen wurde Platz gemacht, damit er dort hingehen konnte, wohin er wollte, die Weibchen wichen ständig aus, um andere sicher an sich vorbeizulassen. Verglichen mit der Massenhysterie, die von Schimpansen auszugehen pflegt, schienen die Gorillas bei der Nahrungssuche unglaublich höflich und organisiert vorzugehen.

Apollo war zu groß und zu schwer, um die äußeren Bereiche der Baumkrone zu betreten, daher hielt er sich die ganze Zeit in ihrem Zentrum auf und riss einfach Zweige ab, um die Früchte bequem in seine Reichweite zu bringen. Er legte sich den Zweig auf seinen mächtigen Bauch und pickte sich die reifsten Früchte heraus, danach warf er den Zweig hinunter und suchte sich einen neuen. Der Baum war voller Gorillas, die friedlich nach Früchten suchten und sich zum Frühstück den Bauch vollschlugen. Nur ein einziges Mal war Lärm zu hören, als eines der Weibchen kurz aufschrie, worauf Apollo sich zu seiner vollen Größe erhob und durch Gesten seine Verärgerung zeigte. Doch nach wenigen Augenblicken setzte er sich wieder, um sein Frühstück fortzusetzen, und alles war wieder still, abgesehen von leisen Rülpsern und dem ständigen Schmatzen von Lippen.

Nach etwa einer halben Stunde schickte sich Apollo an, wieder hinunterzuklettern. Erneut war ich erstaunt, wie zivilisiert alle miteinander umgingen, als der Rest der Gruppe ihm von den höheren Ästen aus in ruhiger Ordnung nachfolgte. Zahnräder ratterten leise an meinem rechten Ohr, indes der Film beständig durch den Kameraverschluss lief. Just in dem Moment, als die beiden Jungtiere wieder im Unterwuchs verschwanden, war die Filmkassette leer. Es waren immer noch jede Menge Früchte im Baum übrig, doch fürs Erste waren die Gorillas weitergezogen, um nach anderer Nahrung Ausschau zu halten. Sie bevorzugten ganz offensichtlich eine ausgewogene Ernährung. Ich blieb den ganzen Tag über auf dem Podest, doch ich sah sie nicht wieder.

* * *

Apollos Gruppe war durch Magdalena Bermejo, eine spanische Primatologin und weltweite Autorität auf dem Gebiet der westlichen Flachland-Gorillas, an die Anwesenheit von Menschen gewöhnt worden. Niemandem war es zuvor gelungen, Flachland-Gorillas an Menschen zu habituieren. Zwei Jahre später traf dann eine Ebola-Epidemie die Region mitten ins Herz. Dabei fielen in nur vier Monaten 130 der 143 bekannten Gorillas dem Virus zum Opfer. Apollo und seine gesamte Familie – darunter ein neugeborenes Baby namens James – gingen daran zugrunde, und ich erinnere mich stets mit großer Zuneigung an die besonderen Momente, die ich in ihrer Nähe in den Baumkronen verbringen durfte. Es hatte Magdalena und ihren Ehemann sieben Jahre Engelsgeduld und harte Arbeit gekostet, um die Gorillas näher kennenzulernen, und ich wage kaum, mir vorzustellen, was sie in diesen vier furchtbaren Monaten durchgemacht haben müssen.

Mit dem Auftreten des Virus ist der Welt etwas Wunderbares und Einmaliges für immer abhandengekommen. Ich habe keine Ahnung, was das für ein riesiger schöner Baum war, in dem ich sie bei ihrem Frühstück beobachtet hatte. Doch es scheint mir passend, ihm in diesem Buch den Namen Apollo zu geben.

KAPITEL 4

Baum des Lebens – Costa Rica

2001

Die Baumkronenregion um mich herum war eine riesige, struppige Ansammlung von Farnen, Bromelien und Orchideen, die alle über- und untereinander wuchsen, wie ein Korallenriff in den Baumwipfeln. Die Äste trieften förmlich vor Leben – ein riesiger hängender Garten, der in Etagen aufragte wie ein lebendes Mietshaus. Jeder Quadratzentimeter war besetzt: Insekten, Spinnen, Eidechsen, Schlangen und Millionen anderer Lebewesen, die ihr Leben 15 Stockwerke über dem Boden verbrachten. Und trotz des unaufhörlichen Regens war ich glücklich über jede Sekunde, die ich hier verbringen durfte.

Bis auf die Knochen durchnässt, mit Schlamm bedeckt, von Ameisen gebissen und von Wespen gestochen zu werden – diesen Preis ist man gerne bereit zu zahlen, wenn man dafür

40 Meter über dem Boden an einem Seil hängt, umgeben von Dutzenden schillernder Kolibris, die Nektar aus den Blüten saugen und nur Zentimeter vor dem eigenen Gesicht in der Luft stehen bleiben, um einem in die Augen zu schauen. Die ganze Baumkronenwelt im dunkel glänzenden Auge eines irisierenden daumengroßen Vögelchens gespiegelt zu sehen war das schönste Geschenk zu meinem 26. Geburtstag, das ich mir hätte wünschen können.

* * *

Es war Mitte April im karibischen Tieflandregenwald von Costa Rica, und in der letzten Woche hatte es heftig geregnet, ein unablässiger sintflutartiger Regen, der nur gegen Mitternacht für ein paar Stunden aufhörte, um bei Tagesanbruch wieder einzusetzen. Der Dschungel war vollkommen gesättigt, der Boden triefte wie ein Schwamm, als sprudelten verborgene Quellen unter der dicken Laubschicht. Schwere Ströme von silbernen Perlen schlugen mit solcher Gewalt auf die Blätter ein, dass sie zerstäubten und die Baumkronenregion mit einem beständigen grauen Dunst erfüllten.

Es war das erste Mal, dass ich mich in einem mittelamerikanischen Urwald befand, und eine so saftig grün und üppig wuchernde Baumkronenregion hatte ich noch nirgendwo auf der Welt erlebt. Es war auch das erste Mal, dass ich mit Sir David Attenborough zusammenarbeitete – im Rahmen seiner BBC-Serie *Das Leben der Säugetiere* –, und die Aussicht, ihn sicher in die Kronenregion hinaufzubringen, machte mich ziemlich nervös.

Drei aus unserem Team waren zur La Selva Biological Station vorausgereist, um zehn Tage lang Bäume mit Seilen und Podesten zu versehen, bevor das Hauptteam eintraf. Phil richtete in einer halben Meile Entfernung einen weiteren Baum ein, und Sean, der Produktionsassistent, half ihm, die Kabel und Podeste hinaufzubefördern.

Phil war mir bei meinem Einstieg in die Branche behilflich gewesen. Nach meinem Jahr in London hatte ich in Derby weiterstudiert, wo ich, um meine Kletterdosis zu bekommen, wieder auf die städtischen Baumkronen angewiesen war. Dabei lernte ich viel über die Struktur und Festigkeit zahlreicher verschiedener Baumarten: wertvolle Klettererfahrung, die mich lehrte, die Körpersprache eines Baums mit einem einzigen Blick zu erfassen. Aber irgendwann war ich es leid, von den Baumwipfeln aus nichts als viktorianische Reihenhäuser zu sehen und von städtischen Beamten in Warnwesten angebrüllt zu werden. Ich hatte es satt, meine Seile von Hundescheiße befreien zu müssen, und ich hatte es satt, über Plastikbeutel voller Klebstoff steigen zu müssen, die von Schnüfflern in unserem örtlichen Park am Fuß der Bäume zurückgelassen wurden. Gewiss hatte es einzelne schöne Momente gegeben, doch sie waren selten gewesen. Mir fehlten die wilden Bäume des New Forest. Am meisten fehlte mir das einmalige Gefühl, in einem Wald auf einen Baum zu klettern. Nichts zu riechen außer der Erde und nichts zu hören außer den Vögeln, dem leisen Knarren von Holz und dem Wind in den Blättern. Nichts zu sehen außer den anderen Bäumen ringsumher und das Gefühl zu haben vollkommen in ihre Welt einzutauchen.

Einige Monate, bevor ich Derby endgültig verließ, besuchte ich als Zuhörer eine Gesprächsrunde über die Dreharbeiten von David Attenboroughs *Das geheime Leben der Pflanzen* in der naturwissenschaftlichen Abteilung der BBC in Bristol. Es wurde auch ein kurzer Film gezeigt, in dem Attenborough beim Klettern auf Borneo zu sehen war, das blaue Hemd von Schweiß durchnässt, an einem Seil 60 Meter über dem Dschungelboden baumelnd. Hinterher wurde ich Phil vorgestellt, dem zum BBC-Produzenten mutierten Baumkletterer, der damals die Seile für die Dreharbeiten eingerichtet hatte.

Phil schlug vor, zusammen in der BBC-Kantine essen zu gehen. Es war ein Riesending, dort zu sein, mitten unter den Tierfilm-Profis der BBC, und mit ihm über seine Abenteuer im Dschungel zu reden. Leute wie Phil sind rar. Sein Wissen über das Leben der Wildtiere in den Tropen und die Baumkronenregion des Regenwalds ist einzigartig. Er war von einer tiefen Liebe zu diesem Teil der Natur erfüllt und hatte bereits öfter mit David zusammengearbeitet. All das machte gewaltigen Eindruck auf mich, und gerade als ich dachte, der Tag könne nicht mehr besser werden, hörte ich eine bekannte Stimme Phils Namen rufen, und bevor ich noch wusste, wie mir geschah, hatte sich Attenborough höchstpersönlich zu uns an den Tisch gesetzt. Ich staunte nicht schlecht, als ich sah, dass er sich schon mittags ein Bierchen genehmigte, und es dauerte nicht lange, da waren er und Phil zwischen zwei Happen Cheese-and-Pickle-Sandwich in ein ernsthaftes Gespräch über die Verhaltensmerkmale der Neukaledonienkrähe verwickelt. Mir schwirrte der Kopf, ich saß nur da und hörte in stiller Bewunderung zu.

Phil und ich blieben in Kontakt, und ein paar Jahre später rief er mich aus heiterem Himmel an:

»Würde es dir Spaß machen, sechs Wochen auf Borneo zu sein und einem Filmteam zu helfen, in die Baumkronen zu klettern?«, fragte er.

Als ich meine Sprache wiedergefunden hatte, dankte ich ihm überschwänglich.

»Ist schon gut, Mann. Du bist mir eben für den Rest deines Lebens etwas schuldig«, war seine lachende Antwort. Und damit hatte er wahrlich recht. Dieser Anruf änderte für mich alles und machte alles möglich.

Ich traf mich mit Phil in seiner Wohnung in Bristol, um über den Auftrag zu reden. Bogen und Pfeile aus Neuguinea hingen über dem offenen Kamin, und die Wände waren mit schönen Bildern von tropischen Vögeln bedeckt.

»Es ist unmöglich, mit der normalen Seiltechnik auf diese Dschungelriesen zu klettern«, sagte er. »Die meisten Bäume, die du sehen wirst, sind 75 Meter hoch, und bei vielen beginnen die untersten Äste erst in einer Höhe von 45 Metern. Du kannst da nicht einfach ein Seil drüberwerfen und dich dann mit den Händen raufhangeln, wie du es bisher gemacht hast – das wäre glatter Selbstmord. Du musst vorher schon richtig trainieren, denn du wirst dich mit diesen Dingern anfreunden müssen«, sagte er und überreichte mir eine Hochleistungsarmbrust.

Er zog einen roten Rucksack unter der Treppe hervor und kippte ihn aus, worauf ein Durcheinander von Steigklemmen und Karabinern auf den Boden rasselte. Alles sah anders aus, als ich es gewohnt war, es sah verdächtig nach Ausrüstung zum Felsenklettern aus. Selbst der Klettergurt sah komisch aus, und es war das erste Mal, dass ich einen Kletterhelm zu Gesicht bekam. Es gab vieles, an das ich mich erst gewöhnen müsste – ein großer Schritt in völliges Neuland stand mir bevor. Doch Phil war zur Stelle, um mir dabei zu helfen, und über die Jahre wurde er zu einem guten Freund und Mentor.

Seit jener Zeit hatte ich drei Jahre Klettern im Regenwald hinter mir, aber ich hatte immer noch eine Menge zu lernen, und es war ein großartiges Gefühl, jetzt in Costa Rica an der Seite von Phil zu arbeiten. Es war auch beruhigend zu wissen, dass die Verantwortung für Davids Sicherheit nicht allein auf meinen Schultern ruhte.

Bisher war es jedoch nicht so gut gelaufen. Dies war der achte Baum, den ich in den letzten sieben Tagen im strömenden Regen erklommen hatte, und allmählich verlor ich die Hoffnung, noch einen geeigneten Baum zu finden, in dem wir David filmen konnten. In den ersten Tagen hatten Phil und ich eher geglaubt, wir hätten die Qual der Wahl. Jeder hohe Baum schien vom Boden aus gesehen perfekt zu sein, und wir nahmen an, dass wir auf Anhieb den richtigen finden würden und die Einrichtung ein Kinderspiel wäre. Doch nachdem der Regen eingesetzt hatte und wir einen Baum nach dem anderen hinauf- und hinunterkletterten, sahen wir unsere Möglichkeiten eine nach der anderen schwinden. Ein geeigneter Baum war einfach nicht zu finden, oder besser gesagt, *vier* geeignete Bäume, da jeder von uns in zwei benachbarten Bäumen in Baumkronenhöhe waagerechte Querverbindungen spannen musste.

Phil hatte die Aufgabe, die Seile zu spannen, an denen entlang David sich bewegen sollte, während er über die Tiere und Pflanzen sprach, die er in der Baumkronenregion antraf. Ich sollte zwischen den Kronen zweier aufragender Bäume eine lange Verbindung für die Seilkamera legen, mit welcher David aufgenommen werden sollte, während er auf einem Ast saß.

Es handelte sich in beiden Fällen um größere, komplizierte Seilkonstruktionen – weshalb wir auch zu zweit waren, um sie anzubringen. Der arme Sean war die meiste Zeit auf dem Boden hin und her gelaufen, hatte Seile von Baum zu Baum getragen und versucht zu verstehen, was wir über das Regengeräusch hinweg nach unten riefen. Ohne ihn wären wir aufgeschmissen gewesen, doch wenn wir dann mittags zu dritt zur Kantine der Forschungsstation gingen, musste er sich jedes Mal eine Menge übellauniger Bemerkungen von Phil und mir anhören. Es wurde langsam zu einem echten Problem, die Sache unter Dach und Fach zu bringen, bevor das Team, David eingeschlossen, eintraf, und mir war klar, dass der Regen nicht als Entschuldigung herhalten konnte, wenn wir es nicht schafften. Vermutlich würde der Regen sogar völlig aufhören, sobald das Team eintraf, und niemand würde sich vorstellen können, welche Anstrengungen wir in diesen zehn Tagen hatten auf uns nehmen müssen.

Der neueste Kandidat – mein neunter Baum – wuchs am Ufer eines schmalen, schnell fließenden Flusses. Der Regen prasselte gnadenlos auf das trübe Wasser, und bei diesen Mengen würde es nicht mehr lange dauern, bis der Fluss über die Ufer trat und die ganze Gegend unter Wasser setzte. Wenn ich das Kletterseil mit meinem Gewicht belastete, wurde das Wasser herausgewrungen, das mir dann jedes Mal, wenn ich meine Steigklemmen nach oben schob, als schlammiges Rinnsal den Ärmel hinunterlief. Es war nicht möglich, nach oben zu schauen, während ich mich durch den Unterwuchs in die Baumkrone hinaufarbeitete, es war, als wolle man durch einen Wasserfall hinaufspähen, und es gelang mir nicht, lange genug nicht zu blinzeln, um irgendetwas klar zu erkennen. Eine Schwimmbrille wäre nützlich gewesen, doch daran hatte ich komischerweise nicht als Erstes gedacht, als ich meine Sachen für einen Monat im Dschungel packte.

Das glänzende Laubwerk tanzte und hüpfte beständig unter dem Ansturm der Wassermassen, und die von Blüte zu Blüte schwirrenden Kolibris hüpften hierhin und dorthin, um dem Schlimmsten auszuweichen. Ein kontinuierlicher Wasserstrahl lief von den Spitzen langer Blätter, und ich musste nur den Mund geöffnet darunter halten, um mich satt zu trinken. Etwas Ähnliches hatte ich noch nicht erlebt, nicht einmal auf Borneo. Doch dieser Regen war nicht die Folge eines selten auftretenden Unwetters; er war für hiesige Verhältnisse ganz normal, Alltag in den Tieflandregenwäldern der mittelamerikanischen Küste. Man hatte mir gesagt, dass in dieser Region unglaubliche 3,9 Meter Regen pro Jahr gemessen würden, doch ich hatte geglaubt, dass das meiste davon während einer bestimmten nassen Jahreszeit fiele. Im Nachhinein fiel mir jetzt ein, dass der Reiseführer die Jahreszeiten als zwischen »regnerisch« und »äußerst regnerisch« wechselnd beschrieben hatte. Angenehm für Frösche – kompliziert für Kletterer. Wie auch immer, wir waren jetzt hier, und es war nichts daran zu ändern. Ich beschäftigte mich allmählich so obsessiv mit dem

Wetter, wie es nur ein Engländer tun kann, daher versuchte ich an etwas anderes zu denken und einfach weiterzumachen. Wenigstens war der Regen angenehm kühl – und ich würde nicht so schnell dehydrieren.

Trotz ihres Namens sind Regenwälder normalerweise nicht fortwährend nass. In einigen herrschen längere nasse Jahreszeiten, gefolgt von intensiven Trockenperioden. Andere haben kürzere Jahreszeiten, die sich regelmäßig abwechseln. Manche Wälder trocknen zwischen den Regenfällen vollständig aus, während andere über Monate hinweg versuchen, ihren Kopf über Wasser zu halten. Manche haben gelegentlich Mühe, genug abzubekommen, andere können den Überschuss kaum loswerden. Der Wald, in dem ich mich befand, gehörte ohne Frage zur zweiten Gruppe. Das machte zwar das Klettern mühselig, doch das Übermaß an Wasser führte eben auch zu dieser Fülle und zu diesem Reichtum des Lebens. Bromelien wuchsen hier in Hülle und Fülle. Diese trompetenähnlichen Pflanzen sammeln Regen in ihrem trichterförmigen Zentrum, kleinen Wassertanks, die oft einer wahren Suppe aus Larven und Insekten als Heimat dienen – manchmal sogar Kaulquappen und Fröschen.

Außerdem war es die farbenprächtigste Baumkronenregion, in die ich je geklettert war. Gesprenkeltes Grün in einer unendlichen Vielfalt von Tönen, verziert mit gelegentlich aufleuchtenden Klecksen aus tropischem Rot und Gelb. Selbst die Tiere und Vögel schienen lebhaftere Farben zu haben. Die Hornvögel Afrikas und Asiens wurden hier durch die großen Hellroten Aras ersetzt, die in Paaren den Himmel abflogen, und soeben hatte ich meinen ersten Morpho entdeckt, einen großen, blau schimmernden Schmetterling, der majestätisch durch das Gebüsch unterhalb von mir segelte. Seine grellblauen Flügel blitzten auf wie Morsezeichen, wenn er sie gemächlich auf- und zuklappte.

Ich konzentrierte mich wieder auf mein Seil und kletterte weiter auf den großen, von Pflanzen bewachsenen Ast zu, an dem ich hing. Bei diesem Baum hatte ich ein gutes Gefühl und glaubte, endlich das gefunden zu haben, was wir für die Seilkamera brauchten. Ich befand mich jetzt in 40 Metern Höhe, die Kronenregion begann sich zu lichten und gab ringsherum den Blick frei auf eine spektakuläre Aussicht. Doch was noch wichtiger war – es gab einen zweiten Riesenbaum, der gegenüber von mir über das Dach der Baumkronenregion hinausragte. Ein zweistämmiger Koloss in etwa 90 Metern Entfernung, der gut 50 Meter hoch sein musste. Auf seinen gewaltigen Ästen wuchsen zahlreiche Bromelien, doch insgesamt war er weniger überwuchert als der Baum, den ich momentan erkletterte, und bot mehrere gute Plätze, auf denen David sitzen konnte, während die Kamera an ihrem Seil auf ihn zufuhr.

Gerade hatte ich angefangen, mich zu freuen, als ich durch ein lautes Getöse direkt hinter meinem Rücken aufgeschreckt wurde. Ich wirbelte an meinem Seil herum und sah mich zwei männlichen Brüllaffen gegenüber, nicht mehr als drei Meter entfernt. Sie waren pechschwarz und hatten ungefähr die Größe eines Highland-Terriers. Beide lehnten sich vor, um mir ins Gesicht zu brüllen. Sie mussten mich aus der Entfernung gesehen und sich leise angeschlichen haben, um mich genauer in Augenschein zu nehmen, während ich von der Aussicht abgelenkt war. Ihre offenen roten Mundhöhlen standen in starkem Kontrast zu ihren pechschwarzen Gesichtern. Während ich mich noch von meinem Schreck erholte, kletterten drei weitere auf den Ast, um in das Gebrüll einzustimmen. Ich hatte jetzt fünf extrem wütende Affen vor mir, die mich anschrien, ich möge gefälligst aus ihrem Baum verschwinden.

Der Lärm war ohrenbetäubend. Brüllaffen sind über mehrere Meilen hinweg zu hören, wenn sie ihre Chöre anstimmen, um ihr Territorium zu reklamieren. Es sind die lautesten Landtiere des Planeten, und mir wurde ganz schwummerig. Es war, als stünde man bei einem Heavy-Metal-Konzert direkt vor einer Lautsprecherbox, und ich spürte nur noch ein verzerrtes Brausen in den Ohren. Ich rutschte schnell von dem Ast, baumelte wieder an meinem Seil und machte mich bereit, mich schleunigst aus dem Staub zu machen. Noch während ich dies tat, rückten sie geschlossen näher, um das verlorene Terrain wiederzubesetzen, und schon bald hockten sie zu acht Seite an Seite auf einem weniger als zwei Meter entfernten Ast und ließen ihr ohrenbetäubendes Wutgeheul auf mich los.

Das letzte Bild, das ich vor Augen hatte, als ich mich in den Unterwuchs abseilte, waren schimpfende schwarze Gesichter und, merkwürdigerweise, acht weiße Hodenpaare, die vor Wut zitterten, wenn die Affen sich vorbeugten, um mir ihre Schmähungen und Beschimpfungen an den Kopf zu werfen. Pechschwarz mit einem hellweißen Hodensack, das ist schon ein beeindruckender Anblick. Ich machte mich vom Acker, bevor sie auf die Idee kommen würden, auf mich zu pinkeln.

Nachdem ich in das Wasser am Fuß des Baumes geplatscht war, schaute ich noch einmal hinauf und erhaschte einen letzten Blick auf die Affen, die hoch oben triumphierend auf dem Ast herumstolzierten.

Von den aufgebrachten Affen einmal abgesehen, war ich jedoch froh, den richtigen Ort in der Baumkronenregion gefunden zu haben, und ich freute mich schon darauf, nach dem Mittagessen dorthin zurückzukehren und die verschiedenen Seile für die Seilkamera zu spannen. Vorausgesetzt natürlich, dass der örtliche Männerchor inzwischen weitergezogen war.

* * *

Der von Farnen überwucherte Baum der Brüllaffen und der andere Riese, den ich von seiner Krone aus entdeckt hatte, standen etwa 90 Meter voneinander entfernt, wie zwei gewaltige Buchstützen. Sie standen sich stolz gegenüber, doch zwischen ihnen lag eine dichte Baumkronenregion aus kleineren Bäumen und üppigem Bewuchs – ein ununterbrochenes Blätterdach, über das ich ein sechs Millimeter dickes Stahlseil spannen musste, an dem entlang sich die Kamera bewegen würde. Das Seil vom Boden aus durch den Unterwuchs nach oben zu ziehen war ein Ding der Unmöglichkeit, daher hatte ich mir etwas anderes überlegt.

Als ich am Nachmittag wieder hinaufkletterte, baumelte die Armbrust an ihrem Riemen an der Rückseite meines Klettergurts. Es war ein leistungsstarkes Gerät – und das musste es auch sein, um einen beschwerten Bolzen mit einer mindestens 120 Meter langen Angelschnur abzuschießen. Ich bin kein großer Freund von Armbrüsten, doch sind sie ideal für diesen Zweck, denn es ist fast ein Ding der Unmöglichkeit, einen normalen Bogen oder auch nur ein Katapult zu benutzen, wenn man an einem Seil in der Luft baumelt.

Als ich die obere Baumkronenregion erreichte, war ich erleichtert, dass die Affen das Feld geräumt hatten, und ich machte mich bereit, um den ersten Bolzen abzuschießen. Ich befand mich an derselben Stelle wie zuvor, ungefähr 40 Meter über dem Boden, doch diesmal fiel mir etwas Seltsames auf. Der Stamm war an dieser Stelle frei, und seine harte, glatte Borke war tief gefurcht von langen Klauenabdrücken, die mir vorher nicht aufgefallen waren. Sie mussten vor Kurzem erst von einem großen Tier hinterlassen worden sein, das in die Baumkrone hinaufgeklettert war, aber ich hatte keine Ahnung, um was für eine Art von Wesen es sich handeln mochte. Affen haben nicht solche Krallen, und sie klettern im Allgemeinen über benachbarte Bäume in eine Baumkrone. Ein Nasenbär würde nicht genug Halt an einer solch glatten Oberfläche finden, und er klettert eher an Schlingpflanzen als an riesigen Baumstämmen in die

Höhe. In Costa Rica gibt es keine Bären, und eine Katzenart kam für mich auch nicht infrage. Es gibt zwar kletternde Katzen in Costa Rica – die Langschwanzkatze verbringt die meiste Zeit in der Baumkronenregion, wo sie Jagd auf Beute macht, aber sie passte ebenfalls nicht ins Bild. Es war ein echtes Rätsel, aber da ich keine Zeit für eine nähere Untersuchung des Falls hatte, wandte ich mich wieder meiner eigentlichen Aufgabe zu.

Ich machte die Armbrust los und sah mir den Baumriesen gegenüber genauer an – den Baum, in dem ich David platzieren wollte. Ein wirklich schöner Baum. Vor einem üppig grünen Hintergrund frei stehend, gabelte sich sein langer, schlanker, grauer Stamm in etwa 25 Metern Höhe. Die beiden Stämme wuchsen darüber noch einmal etwa 30 Meter in die Höhe, wie symmetrische Spiegelbilder, und sandten dabei nach beiden Seiten große waagerechte Äste aus. Diese waren mit Pflanzen und langen Ranken von großblättrigen Kletterpflanzen besetzt, die von der oberen Baumkrone bis zum Unterwuchs in der Tiefe herabreichten. Es war ein herrlicher Baum, der sicherlich auch als eigene Persönlichkeit zur Geltung käme, wenn David auf einem der großen Äste unterhalb des Stahlseils säße, um seinen Text in die Kamera zu sprechen.

Nachdem ich einen geeigneten Ast als Ziel gewählt hatte, setzte ich die Armbrust auf mein Bein und spannte die Sehne. Die dünne Angelschnur war bereits an den Bolzen geknotet, den ich jetzt in die Führung einlegte. Ich achtete darauf, mit den Fingern der unter dem Vordergriff montierten Angelrolle nicht zu nahe zu kommen, dann setzte ich die Armbrust an die Schulter, entsicherte sie und wartete, bis ich mich an meinem Seil langsam in die richtige Richtung drehte, bevor ich den Abzug betätigte. Der Schaft schlug beim Rückstoß gegen meine Schulter, und ich hielt die Armbrust in Position, während der Bolzen über das Baumkronendach flog, die dünne blaue Schnur hinter sich herziehend. Am Ende seiner Flugbahn baumelte der Bolzen knapp unterhalb des dritten Astes an der rechten Hälfte von Davids Baum. Es war ein guter Schuss, vielleicht hatte ich auch nur Glück, jedenfalls hatte ich die Schnur exakt an die Stelle gebracht, an der ich sie haben wollte. Ich löste den Sperrhebel an der Rolle und ließ den Bolzen an seiner Schnur hinunter bis zum Fuß des Baumes, der sich, für mich unsichtbar, 15 Stockwerke tiefer befand. Irgendwo dort unten hielt sich Sean auf, und nach wenigen Minuten spürte ich den Zug an der Schnur, als er nach dem Bolzen griff. Weitere Minuten vergingen, dann signalisierte mir ein dreifacher Ruck an der Schnur, dass er das dickere Seil daran festgeknotet hatte. Mit der Kurbel holte ich anschließend die Angelschnur wieder ein, dann beschwerte ich das Ende des dickeren Seils mit einem Karabiner und ließ es an meinem Baum durch das Blätterwerk zum Boden hinunter. Die Baumkronen der beiden benachbarten Baumriesen waren jetzt mittels eines in großer Höhe quer gespannten Seils miteinander verbunden. Die Sache nahm nun endlich Gestalt an, und während der Regen nach einer allzu kurzen Pause wieder einsetzte, seilte ich mich langsam zum Boden ab. Der Tag war prächtig verlaufen, und alles andere konnte bis morgen warten. Es war ein angenehmes Gefühl, die Arbeit zur Abwechslung mal erfolgreich abgeschlossen zu haben.

Ungefähr auf halbem Wege sah ich flüchtig aus dem Augenwinkel, wie etwas unter das herabhängende Blatt einer Schlingpflanze hüpfte. Neugierig geworden, riss ich ein anderes Blatt ab, rollte es wie eine Zeitung zusammen und hob damit den Blätterschutz vorsichtig an. Hinter den triefenden Blättern entdeckte ich auf der Wurzel einer Orchidee den kleinsten und schönsten Frosch, den ich je gesehen hatte. Sein Leib schillerte in einem hellen, fast metallischen Minzgrün, unterbrochen von großen schwarzen Flecken. Ich hatte zwar noch nie einen Pfeilgiftfrosch gesehen, aber es war unverkennbar einer, einfach herrlich anzusehen, wie ein kleines lebendiges Juwel, ich war wie verzaubert. Es goss mittlerweile in Strömen, der Nachmittag ging allmählich in den Abend über, und im Wald dämmerte es schon, doch ich konnte meine Augen nicht von dem winzigen Tierchen abwenden, das langsam in die Baumkrone hinaufkroch – was für eine unendlich lange Reise für so ein kleines Wesen. Ich wusste damals nicht, dass ich bei näherem Hinsehen mit etwas Glück vielleicht eine winzige Kaulquappe auf seinem Rücken hätte entdecken können. Pfeilgiftfrösche tragen oft ihre Kaulquappen auf dem Rücken mit in die Baumkronenregion, um sie in wassergefüllten Bromelientrichtern abzusetzen, in denen sie dann ihre Entwicklung vollenden. Mal hüpfte er, mal kletterte er, doch er schien nicht aufzuhalten zu sein, wie ein winziger Roboter, der darauf programmiert war, sich immer nur aufwärtszubewegen, welche Hindernisse auch immer sich ihm in den Weg stellten.

Am Fuß des Baumes angekommen, stopfte ich meinen Klettergurt in den Rucksack und blickte ein letztes Mal zu den über mir hängenden üppigen Gärten hinauf. Dabei kamen mir die Worte von Don Perry in den Sinn, dem Vater der modernen Baumkronenforschung, der seine bahnbrechenden Forschungen in demselben Wald von La Selva durchgeführt hatte. Es hatte zwar schon früher im 20. Jahrhundert Versuche gegeben, mit Seilen in die tropische Baumkronenregion zu gelangen, doch Perry war der Erste gewesen, bei dem es wirklich funktioniert hatte. In den späten 1970er-Jahren entwarf und baute er, was er sein »Baumkronennetz« nannte, ein System von untereinander verbundenen Seilen, die quer durch die Baumkronenregion verliefen, mit deren Hilfe er auch die äußeren Astenden und den leeren Raum zwischen zwei Baumkronen erreichen konnte. Er erschloss ein dynamisches Reich neuer Möglichkeiten, indem er bewies, dass man mit seilbasierten Klettertechniken sicheren Zugang zu den noch völlig unerforschten oberen Bereichen der Baumkronenregion erlangen konnte.

Perry bezeichnete die tropische Baumkronenregion als »das botanisch vielfältigste Ökosystem unseres Planeten«. Er nannte sie »das schwebende Königreich des Lebens«, und in jener Nacht legte ich mich schlafen mit dem Traum von einer Existenz, bei der ich nie aus den Bäumen absteigen müsste.

* * *

Am folgenden Morgen waren wir kurz nach Tagesanbruch wieder im Wald. Es war ein gedämpfter, trüber Tag mit besonders heftigem Regen und schlechter Sicht. Der Dschungel schien unter der Last des Wetters gebückt zu gehen, als habe er jede Hoffnung aufgegeben, jemals wieder Sonnenschein zu erleben. Phil und Sean wollten letzte Hand an das zweite Seilsystem im anderen Teil des Waldes anlegen, daher trennten wir uns an einer Abzweigung, und ich machte mich zu meinen beiden Bäumen auf. Abgesehen von dem hohen Pfeifen der Baumfrösche, die sich über die Nässe freuten, gab es keinerlei Anzeichen von tierischem Leben. Keine Vögel in der Luft, keine huschenden Eidechsen, keine Insekten – nichts als Regen, Schlamm und triefende Blätter.

Das einzige Lebewesen, das ich auf meinem Weg durch den Wald sah, war ein Aguti, ein mittelgroßes braunes Nagetier, ein bisschen wie ein langbeiniges Meerschweinchen. Es hatte unter einem großen Blatt Obdach gefunden, wo es unter einem Schwarm großer Stechmücken zitterte. Hunderte saßen auf der Haut des armen Tieres. Auf seinen Augenlidern, in seinen Ohren – überall, sie bedeckten seinen gesamten Körper, wie ein makabrer schimmernder Mantel. Das Aguti schien unfähig, sich zu bewegen, wie durch einen Schock gelähmt, ließ es die Mücken gewähren.

Dann hoppelte es in den Regen hinaus unter einen etwas weiter entfernten Busch, von wo es mich mit großen, verängstigten Augen ansah, als ich mich näherte. Ich machte einen Versuch, es zu fangen, um die Plagegeister zu verscheuchen. Doch es wich mir aus und flüchtete sich wieder in seinen ersten Unterstand. Es hätte mir nie gestattet, mich ihm so weit zu nähern, dass ich ihm hätte helfen können, daher gab ich widerstrebend auf und überließ es seinem Schicksal. Es war ein deprimierender, mitleiderregender Anblick, und er erinnerte mich an meine Zeit im Kongo, als ich das Gefühl hatte, mein Körper würde nur noch als willkommene Proteinquelle genutzt. Leben: ein Verfahren der Natur, um Fleisch frisch zu halten. Da ich nichts mehr für das zitternde Tier tun konnte, stapfte ich weiter durch den Schlamm zu Davids Baum.

Ich fand das Stahlseil, aufgewickelt auf seine Rolle, wo Sean es am Tag zuvor hingelegt hatte. Ich befestigte das Ende an dem aus der Baumkrone herabhängenden Seil, dann schnitt ich mit Hilfe meiner Machete eine grobe Achse für die Rolle zurecht, sodass sie sich frei drehen konnte, wenn man das Seil abwickelte. Nachdem ich alles vorbereitet hatte, ging ich hinüber zum Baum der Brüllaffen.

Ich entfernte den Regenschutz von meinem Rucksack, den ich zwischen den Brettwurzeln verstaut hatte, und öffnete die Klappe. Dann fuhr ich mit der Hand hinein und holte meinen Helm hervor, nur um ihn entsetzt sofort wieder fallen zu lassen. Eine Schlange lag aufgerollt darin. In der Nacht war es einer Stülpnasen-Lanzenotter irgendwie gelungen, durch die schmale Öffnung in den Rucksack zu kriechen. Offenbar war ich nicht der einzige, der die Nase voll hatte vom ständigen Regen. Zum Glück war sie noch träge und lethargisch, sonst wäre ich sofort gebissen worden. Meine Hand war nur Millimeter von ihrem Maul entfernt gewesen. Mein roter Helm lag auf dem Boden, wo ich ihn hatte fallen lassen, die Schlange hatte sich fest um den Kinnriemen gewickelt. Sie hatte wohl nicht die Absicht, ihr trockenes Plätzchen zu räumen, daher nahm ich einen Stock und trieb sie damit sanft hinaus. Sobald sie auf dem Laubboden war, wurde sie augenblicklich lebendig und unternahm einen blitzartigen Ausfall gegen meinen Stiefel, bevor sie rasch davonkroch und unter einem großen verrottenden Ast in der Dunkelheit verschwand.

Nasses Wetter treibt die Frösche ins Freie, und wo es Frösche gibt, sind Schlangen nicht weit. Ich habe viele hinderliche Ängste, aber die Angst vor Schlangen gehört nicht dazu. Doch genauso wenig verspüre ich Todessehnsüchte, daher nahm ich mir vor, meinen Rucksack das nächste Mal vorsichtiger zu öffnen und den Ast, unter dem die Schlange verschwunden war, nicht als Sitzgelegenheit zu nutzen!

Die gerade noch mal gut gegangene Begegnung mit der Lanzenotter war eine deutliche Warnung, nicht in Leichtsinn zu verfallen. Ich war total erschöpft und bis auf die Haut durchnässt, und im Dschungel ist das genau der Zeitpunkt, an dem Unfälle passieren und die Dinge einen schlechten Verlauf nehmen können. Daher verwendete ich jetzt besondere Sorgfalt darauf, meine Seile vor dem Klettern noch einmal durchzugehen und besonders den Teil genau zu prüfen, der am oberen Ankerpunkt über dem Ast lag – ein meterlanger Abschnitt Nylonseil, der im Normalfall vom Boden aus unsichtbar ist. Bei früheren Klettertouren war es schon vorgekommen, dass dieser Abschnitt nachts von Tieren durchgebissen worden war, daher zog ich die Seile in einer großen Schlinge einmal ganz herum und ging jeden Zentimeter durch. Dies nahm geraume Zeit in Anspruch, doch die dadurch gewonnene Sicherheit war jede Minute wert.

Dann holte ich vorsichtig meinen Klettergurt aus dem Rucksack, stieg hinein, klinkte mich am Seil ein und zog das lose Ende durch. Ich setzte einen Fuß auf den Stamm und begann mit dem Aufstieg in die Baumkrone. Mein Plan war, das Stahlseil von dort oben herauf- und herüberzuziehen, damit ich es leichter durch die verworrenen Vorhänge der Kletterpflanzen bugsieren konnte. Alles erschien so, wie ich es am Vortag zurückgelassen hatte, doch als ich mich dem ersten Ast in 30 Metern Höhe näherte, fiel mir wieder eine geheimnisvolle Reihe tiefer Klauenabdrücke an einem freien Abschnitt des Stammes auf. Sie wirkten frisch, genau wie diejenigen, die ich weiter oben gesehen hatte, und wieder hatte ich keine Ahnung, was für ein Tier sie hinterlassen haben könnte. Ich kletterte weiter.

Das schwere Stahlseil ohne fremde Hilfe hinaufzuziehen war ein schweres Stück Arbeit, und als ich sein Ende schließlich an meinem Ast wieder zum Boden hinunterlassen konnte, war ich erschöpft und mit Schmutz bedeckt. Doch ich war erleichtert, das Schlimmste hinter mir zu haben, von jetzt ab sollte der Rest ziemlich glattgehen. Meine Kletterseile behinderten jetzt jedoch den Verlauf des Stahlseils, daher kletterte ich ein Stück höher in die Baumkrone hinauf, um einen neuen Ankerpunkt zu legen.

Ich war bisher noch nicht so hoch hinaufgeklettert, und in etwa 50 Metern Höhe bemerkte ich eine schwache Bewegung auf einem Ast, hinter einem dichten Vorhang aus hängenden Ranken. Ich schob sie zur Seite und zuckte zusammen. Dahinter tauchte der größte Leguan auf, den ich je gesehen hatte. Ein gewaltiges Männchen, wohl fast zwei Meter lang, in voller Länge auf einem üppigen Bett aus Bromelien und Orchideen ausgestreckt. Was in aller Welt er hier oben verloren hatte, 17 Stockwerke über dem Erdboden, war einigermaßen rätselhaft, und er schien genauso überrascht, mich hier anzutreffen. Wir starrten uns eine gefühlte Ewigkeit lang an. Es war ein Mordsbrocken, eine Art auf den Bäumen lebender Drache, der sich direkt vor mir in strahlender Grandezza auf dem Ast fläzte. Die Klauenabdrücke am Baumstamm waren kein Rätsel mehr – ich hatte den Verursacher vor mir. Ein Blick auf seine langen, gekrümmten Klauen und die starken sehnigen Beine erklärte alles.

Sein smaragdgrüner Körper war mit Schuppen bedeckt, die wie Edelsteine aussahen, und ein Kamm aus langen Stacheln lief über seinen Rücken bis zum Ansatz seines langen gestreiften Schwanzes. Nach etwa einer Minute verengte sich sein dunkelgelbes Auge, er hob langsam den Kopf und entfaltete einen gewaltigen Kehlsack unterhalb seines Unterkiefers. Er ruckte zweimal mit dem Kopf, dann nahm er mit hochgerecktem Kopf und fächerförmig ausgebreitetem Kehlsack eine Imponierhaltung ein und starrte mich herausfordernd an, während die Regentropfen über seine Schuppen perlten. Er war strahlend schön, einfach herrlich anzuschauen. Ich hatte erwartet, auf Primaten und Vögel so weit oben in der Baumkronenregion zu stoßen, niemals aber auf einen fast zwei Meter langen Leguan. Vorsichtig schloss ich den Vorhang aus Schlingpflanzen wieder und setzte meinen Weg in bester Stimmung fort, nachdem ich einem der prächtigsten Besucher der Baumkronenregion begegnet war.

Auf dem nächsthöheren Ast lag ein zweiter Leguan, genauso groß und beeindruckend. Er verharrte regungslos, nur sein gelbes Auge drehte sich, um mich zu verfolgen, als ich an ihm vorbeikletterte. Es war erstaunlich, diese Tiere in so großer Höhe auf ihren Ästen hingestreckt in einer Haltung anzutreffen, als sei dies ihre gewohnte Umgebung. Sie schienen sich in ihren Penthouse-Suiten vollkommen zu Hause zu fühlen, und ich konnte nur staunen über den unglaublichen Reichtum und die Vielfalt des Lebens in diesem großartigen Baum.

Aber allzu lange konnte ich nicht verweilen und sie still betrachten. Mir blieb noch ein Tag, um die Montage der Seile zu vollenden, und es gab noch eine Menge zu tun.

* * *

Drei Tage später lag ich in unserer Hütte in meinem Bett und versuchte wieder einzuschlafen, nachdem ich um zwei Uhr morgens von einer Kakerlake rüde geweckt worden war. Ich hatte ihre langen Fühler an meinem Gesicht gespürt, als sie sich vorgebeugt hatte, um Speichel aus meinem geöffneten Mund zu trinken. Ich war aus dem Bett gestürzt, um das Licht einzuschalten, und dabei beinahe gegen die Badezimmertür geprallt. Sie saß auf meinem Kissen und strich mit einem langen staksigen Beinchen über ihre Kiefer, vermutlich um die letzten Reste meines Speichels abzulecken. Als ich mich niederkniete und mit der Taschenlampe unter das Bett leuchtete, sah ich ein weiteres Dutzend dort hocken, die nur darauf warteten, dass ich das Licht ausschaltete, um wieder loszukrabbeln. Ich bin kein großer Freund von Kakerlaken, schon gar nicht in meinem Mund. So legte ich mich also zum ersten Mal seit meinem zwölften Lebensjahr mit eingeschaltetem Licht schlafen. Ehrlich gesagt – manchmal ist ein Zelt einfach gemütlicher.

Doch jetzt, wo ich wach war, konnte ich nicht mehr einschlafen. David und der Rest des Teams waren am Tag zuvor eingetroffen. Ungefähr die Hälfte der Dreharbeiten in der Baumkronenregion hatten wir hinter uns. Der Regen hatte gerade zur rechten Zeit aufgehört, und wir hatten an diesem Tag Phils Sequenzen abgedreht. Es hatte gut ausgesehen, als David in die Kamera sprach – über die Vielfalt in der Baumkronenregion und die Art von Tieren, die man in 30 Metern Höhe über dem Boden antreffen könne, wie Faultiere, Nasenbären und Affen. Hinter diesen mühelos wirkenden Bildern steckten zehn Tage harter Arbeit von Phil, ein geistreicher Text von einem schwindelfreien David und ein erfahrenes Händchen von unserer Kamerafrau Justine.

Jetzt war ich an der Reihe, und das machte mich ziemlich nervös. Heute war der Tag, an dem wir David auf 40 Meter Höhe in die Baumkrone befördern und dann eine 20 Kilo schwere Kamera an einem 90 Meter langen Stahlseil mit 40 Stundenkilometern auf ihn zufahren lassen wollten. Wie viele Sicherheitskomponenten auch in dem System stecken mochten – und ich hatte sichergestellt, dass es eine Menge waren –, es war trotz allem eine nervenaufreibende Vorstellung. Der Schlaf rückte in immer größere Ferne, ich lag da und sah zu, wie die Kakerlaken über den Boden huschten. Hier ging es immerhin um David Attenborough, und die halb witzig gemeinten Worte meiner Schwester, die sie mir kurz vor meiner Abreise aus England zugeraunt hatte, kamen mir wieder in den Sinn: *Lass ihn um Gottes willen nicht abstürzen.*

* * *

Wassertropfen hingen am Drahtseil, glitzerten in der Morgensonne wie an einer langen Schnur aufgereihte Perlen. Ich klopfte gegen das Seil und sah zu, wie die Tropfen in die Tiefe hinunterfielen. Der Regen hatte kurz zuvor aufgehört, und ein gewisser Zeitdruck lag auf mir, die Szene fertigzudrehen, bevor er wieder einsetzte. Als ich zu dem anderen Baum hinüberschaute, sah ich dort unterhalb des Stahlseils eine bekannte Gestalt in einem kurzärmeligen blauen Hemd zwischen den Ästen hängen. Mir war vollkommen klar, dass David nun schon eine halbe Stunde dort oben hing und geduldig darauf wartete, dass wir mit den Vorbereitungen zum Drehen fertig würden.

Am Stahlseil neben mir hing der Wagen mit der Kamera, bereit, losgelassen zu werden. Der Kamerawagen war eine einfache Konstruktion mit zwei Rollen, an der die Kamera befestigt war. Das Ganze rollte, nur von der Schwerkraft angetrieben, an dem Stahlseil hinunter. Das Einzige, was den Wagen daran hinderte, am anderen Ende in den Ankerpunkt zu krachen, war ein langes Halteseil, locker zusammengerollt in einem offenen Beutel, der an meinem Klettergurt befestigt war. Ich hatte diese Leine sorgfältig so abgemessen, dass der Kamerawagen spätestens sechs Meter vor dem Ende des Stahlseils gestoppt wurde. Ein einfaches, aber effektives System, das ich schon viele Male benutzt hatte, allerdings ohne den zusätzlichen Nervenkitzel, dass sich jemand unterhalb des äußeren Endes befand.

Ich gab David ein Zeichen, sich bereit zu machen, dann schnellte mein Puls schlagartig hoch, als der Film in der Kamera leise zu surren begann und ich den Wagen losließ. Er glitt leise am Seil entlang in die Tiefe, zuerst langsam, dann immer schneller. Schon bald sauste er in voller Fahrt hinunter, während die Rollen einen feinen Sprühnebel verbreiteten. Das gelbe Halteseil schoss aus dem Beutel, das Stahlseil vibrierte und sandte einen hohen Heulton aus, während die Kamera hoch über den Baumkronen dahinflog, direkt auf Sir David Attenborough zu. Im Kopf zählte ich stumm mit, während ich meinen Griff um das Halteseil verstärkte, um die Kamera sanft abzubremsen, wenn sie sich dem Ziel näherte. Drei, zwei, eins – Stopp. Die Kamera blieb in der Luft hängen, sechs Meter von David entfernt. Sicherlich hätte ich sie auch noch etwas näher an ihn heranfahren lassen können. Die Sicherheitsleine hätte verhindert, dass irgendjemand verletzt wurde, doch, ehrlich gesagt, hatte ich nicht den Mut, es darauf ankommen zu lassen. Es war nahe genug, und es hatte gut funktioniert, und nun war alles vorbei. Zehn Tage Arbeit für eine Sequenz von 20 Sekunden. Und während sich David auf die lange Reise zurück zum Boden machte, zog ich den Kamerawagen mit zitternden Händen wieder zu mir hinauf.

* * *

Nachdem David von Phil sicher wieder nach unten gebracht worden war und ich die Kamera hinuntergelassen hatte, blieb ich ganz allein in der Baumkrone zurück. Es gab noch eine Menge zu tun. Das Abbauen der Seile würde mehrere Stunden beanspruchen. Doch all das konnte bis morgen warten. Einstweilen genoss ich es in vollen Zügen, einfach nur hier oben zu sein. Die Anspannung der Dreharbeiten und der ganze Erwartungsdruck waren verflogen, und der größte Teil des Teams war, bevor der angekündigte Regen einsetzte, zur Unterkunft zurückgekehrt. Eine große Last war von mir abgefallen, ich genoss das Gefühl, einfach nur dort oben in meinem Klettergurt zu hängen. Die Abenddämmerung war nicht mehr weit und brachte eine sowohl spürbare als auch hörbare Veränderung der Stimmung im Wald mit sich. Die Tagesschicht schickte sich an, den Geschöpfen der Nacht das Feld zu überlassen. Aus weiter Ferne tönte, kaum hörbar, das an- und abschwellende, gespenstische Geheul von Brüllaffen herüber, und als die ersten Regentropfen fielen, vernahm ich die hohen Töne eines Baumfrosches, der aus seinem nahe gelegenen Versteck in der Baumkrone rief.

Ich wusste, dass mir der Abschied von diesem Baum schwerfallen würde. In wenigen Tagen sollte ich nach Hause fliegen und danach weiter nach Ecuador. Dort würde es auch wunderbare Bäume geben, doch der Baum, den ich am meisten liebe, ist immer derjenige, in dem ich mich gerade befinde, und dieser Riese in Costa Rica – dieser Baum des Lebens oder *árbol de la vida* – war geradezu perfekt. Die Affen, die Leguane, die Kolibris und all die anderen herrlichen Lebewesen, die sich seine Krone zur Heimat erkoren hatten, waren der lebendige Beweis, dass solche Bäume geradezu den Mittelpunkt des Lebens im Regenwald bilden. Sie erinnern uns daran, dass alles in der Natur miteinander verbunden ist und zusammenhängt. Eine Kletterpartie auf einen solchen Baum ist für jemanden, der sich für die Natur begeistert, in gewissem Sinne nichts weniger als eine Pilgerfahrt. Mit Davids Worten: »Dort oben in den Baumkronen, in 30 oder 40 Metern Höhe über dem Boden, dort findet sich der wahre Reichtum des Waldes.«

Dieser Baum in La Selva schien alles zu verkörpern, was mich an der Baumkronenregion schon immer so stark angezogen hatte. Ein »schwebendes Königreich« wie kein zweites.

KAPITEL 5

Castaña – Peru

2003

Ich schob die Steigklemmen so weit wie möglich am Seil hinauf, dann lehnte ich mich in meinen Klettergurt zurück, um mir ein Bild von der Umgebung zu machen. Ich hatte das obere Ende meines Seils erreicht, was bedeutete, dass ich mich jetzt rund 40 Meter über dem Erdboden in der Baumkronenregion des größten Regenwalds der Erde befand. Es war ein großer Augenblick für mich. Ich war zum ersten Mal im Amazonas-Regenwald, und alles an dieser Landschaft war überwältigend. Es bereitete mir schon Schwierigkeiten, mir allein den Umfang des Gebietes vorzustellen. Noch schwieriger war es, überhaupt einen freien Blick auf den Dschungel zu erhaschen. Die Baumkrone, in der ich mich befand, war so dicht, dass ich noch etwas höher klettern musste, um eine Lücke zwischen den Ästen zu finden. Also sicherte ich mich mit einem kürzeren Seil, klinkte mich aus dem Hauptseil aus und kletterte weiter von Ast zu Ast zum Wipfel des Baums empor, wo ich hoffte, mit einer ersten Aussicht über das Kronendach dieses unglaublichen Waldes belohnt zu werden.

Das Amazonas-Tiefland ist wirklich die Krönung aller Regenwälder. Es umfasst rund die Hälfte aller verbleibenden tropischen Primärwälder unseres Planeten und erstreckt sich über neun verschiedene Länder und eine Fläche von mehr als 5,4 Millionen km^2. Ein Gebiet, doppelt so groß wie der Kongo, siebenmal so groß wie die Insel Borneo und 26-mal so groß wie Großbritannien. Der Riesenbaum, in dem ich kletterte, war einer von geschätzten 400 Milliarden im gesamten Amazonasbecken. Das sind ungefähr 50 Bäume für jeden heute lebenden Menschen, oder anders ausgedrückt: viermal so viele Bäume wie die Gesamtzahl aller Menschen, *die je gelebt haben.*

Zehn Prozent der auf der Erde lebenden Arten sind in Amazonien beheimatet, darunter 20 Prozent aller bekannten Vogel- und Fischarten. Geschätzte 2,5 Millionen Insektenarten leben hier, neben 427 Arten von Säugetieren, 378 Arten von Reptilien und mehr als 400 Arten von Amphibien. Von diesen Zahlen allein kann einem schon leicht schwindlig werden.

Doch von den Tieren abgesehen, sind es natürlich vor allem die Pflanzen, die den dominierenden Teil eines jeden Dschungels ausmachen, und im Amazonasbecken gibt es rund 40 000 verschiedene Spezies. Zum Vergleich: Auf Borneo sind es 15 000, im Kongo 10 000. Von diesen 40 000 Pflanzenarten sind allein 16 000 einheimische Baumarten. In Großbritannien gibt es rund 54. Und das auch nur an guten Tagen.

Die ungeheure biologische Vielfalt des Amazonas-Tieflands ist einzigartig, und angesichts der Tatsache, dass die große

Mehrheit dieser Organismen hoch oben in den Bäumen lebt, stellt die Erforschung der Baumkronenregion eine wahrlich unermessliche Aufgabe dar. Doch um das Große und Ganze überblicken zu können, ist es oft am besten, mit dem Kleinen anzufangen.

Das Wunder des Ökosystems Regenwald kann man nur wirklich begreifen, wenn man einige Beziehungen zwischen den dort lebenden Organismen genauer betrachtet, und das gilt erst recht für den komplexesten und vielfältigsten Regenwald auf Erden. Aus genau diesem Grund war ich hier und kletterte von Ast zu Ast höher in die Baumkrone hinauf. Ich war auf der Suche nach einer ganz besonderen Art von Blüten. Ich hatte vom Boden aus einige davon gesehen – hellgelbe Blütenstände, aufrecht stehend wie die Kerzen einer Rosskastanie in unseren Breiten. Und tatsächlich, der einheimische spanische Name dieser Baumart war *castaña*, »Kastanie«, obwohl dies mehr mit ihrer in der ganzen Welt bekannten Frucht zu tun hatte, die bei uns unter dem Namen Paranuss gehandelt wird.

Paranussbäume sind für die Bestäubung ihrer Blüten auf eine einzige Bienenart angewiesen, und diese besondere Beziehung zwischen Blüte und Insekt war der Anlass, der mich hergeführt hatte, und zwar als Mitglied eines Filmteams, das versuchen sollte, diesen Vorgang zu dokumentieren. Es war eine faszinierende Geschichte, anhand derer einige der komplexen ökologischen Zusammenhänge beleuchtet werden konnten, aus denen das System des Amazonas-Regenwalds entstanden ist.

Doch zuerst musste ich die Blüten finden, und obwohl ich mich jetzt in der oberen Region der Krone befand, konnte ich sie nirgendwo entdecken. Anscheinend wuchsen sie nur an den Spitzen der Zweige, hinter dem dichten Blätterwerk, das ringsherum herunterhing wie ein riesiger struppiger Sonnenschirm. Ich musste wohl noch ein bisschen höher klettern und mich auf einem der großen Äste nach außen bewegen, um sie zu Gesicht zu bekommen.

Ich warf ein Seilbündel über einen riesigen Ast, der fast waagerecht über mir wuchs, klinkte mich ein und schwang mich hinaus in den leeren Raum darunter. Die Aussicht auf den Wald war immer noch verdeckt, aber ich hatte soeben einen Blick auf einige gelbe Blüten erhascht, was mich hoffnungsvoll stimmte. Sonnenlicht, das auf den kleineren Zweigen über mir spielte, ließ mich dort eine Lücke vermuten. Ich kletterte höher hinauf.

Weiter oben drehte ich mich zum Licht und konnte jetzt durch ein Fenster im Blätterwerk hinausschauen. Der Baum, in dem ich kletterte, stand am Rande einer Hochebene, und der Ausblick über den Regenwald, der jetzt unter mir lag, war überwältigend, im wahrsten Sinn des Wortes Ehrfurcht gebietend. Mir stockte der Atem, nicht nur wegen der ungeheuren Ausdehnung des Waldes oder der unendlich vielen Baumwipfel, die sich bis zum Horizont erstreckten, sondern auch wegen der unglaublichen Vielfalt ihrer Gestalt, Größe, Form und Farbe. Mein Blick wurde sofort von einem über das Kronendach hinausragenden Riesen in voller Blüte angezogen, der sich einige hundert Meter entfernt in die Höhe reckte. Seine Krone war übersät von leuchtend rosafarbenen Blüten, sodass der ganze Baum wirkte wie ein Leuchtfeuer über dem grünen Wald. Weiter entfernt zu meiner Linken standen noch zwei weitere Bäume der gleichen Art. Bei genauerem Hinsehen gab es sogar eine ganze Menge davon, die sich in größeren Abständen über den Wald verteilten, und der Gedanke faszinierte mich, dass all diese Bäume durch unsichtbare Fäden miteinander verknüpft waren, indem genetisches Material durch Insekten und Vögel von einem zum anderen übertragen wurde.

Hier und da ragten einzeln stehende Riesenbäume wie derjenige, auf dem ich mich befand, über alle anderen hinaus und badeten im ungetrübten tropischen Sonnenschein. Andere trugen Früchte, sie hatten ihre Blätter abgeworfen, und an den nackten Zweigen hingen Tausende von Samenkapseln. Ich erkannte sie, es waren Kapokbäume – wahre Giganten der Neuen Welt, ihre riesigen, auseinanderstrebenden Äste reckten sich wie im Gebet zum Himmel. Kapokbäume sind als Nistplätze bei den Harpyien beliebt, den scheuesten und physisch stärksten Greifvögeln der Welt. Allerdings erfüllte sich meine Hoffnung nicht, einen von ihnen in den offenen Baumkronen dieser Bäume zu entdecken.

Manche Indianerstämme benutzen die flauschigen »Pflanzendaunen«, die sich in den Kapok-Samenkapseln befinden, für die Enden ihrer Blasrohrpfeile, und ich musste daran denken, dass in diesem Wald, auf den ich jetzt hinunterblickte, auch eine unbekannte Anzahl isolierter indigener Gruppen lebte. Diese Tatsache hat mich immer am meisten an Amazonien fasziniert, und sie ist ein Indiz dafür, welch ungeheuer ausgedehnte, undurchdringliche Wildnis sich vor mir auftat. Ich fragte mich, ob es in diesem Augenblick irgendwo tief im Innern dieser Landschaft eine Gruppe von Menschen gab, die so wild und frei lebten wie seit Tausenden von Jahren.

In der äußersten Ferne, weit über allem anderen schwebend wie eine eigene Welt, dehnte sich eine lange Kette schneebedeckter Bergen aus: die hohen Anden. Der Anblick dieser kristallinen Gipfel reichte aus, um jede Erinnerung an die auf dem Dschungelboden 50 Meter unter mir herrschende erstickende Feuchtigkeit zu vertreiben.

Ich genoss die Harpyien-Aussicht auf den Amazonas-Regenwald in all seiner Pracht. Aus der Sicht eines Baumkletterers war sie kaum zu übertreffen. Doch genauso aufregend war für mich die Tatsache, dass ich hier, kaum drei Meter von mir entfernt, auf die Blüten stieß, derentwegen ich die lange Anreise aus England unternommen hatte. Es war einer von mehreren Blütenständen, die hier an der Außenseite der Baumkrone wuchsen, dort, wo es am sonnigsten war.

* * *

Zuallererst gilt es hervorzuheben, dass Paranussbäume oder *castañas* außerordentlich schön sind. Oft sind es sogenannte Baumriesen, die weit über das Kronendach der anderen Bäume hinausragen. Sie können bis zu 60 Meter hoch werden und gehören in meinen Augen zu den ganz wenigen tropischen Bäumen der Neuen Welt, die sich mit der natürlichen Grazie und eleganten Gestalt der Flügelfruchtbäume auf Borneo messen können. Ihre Stämme sind lang und gerade, ihr Holz ist sehr hart, und ihre Kronen sind weit und ausgebreitet. Aus Sicht des Baumkletterers sind es eigentlich die perfekten Bäume, und das Exemplar, das ich gerade erklettert hatte, war ein klassisches Beispiel, wie wunderschön sie im Alter werden können. Dieser Baum brachte es leicht auf sechs oder sieben Jahrhunderte, er war somit präkolumbianisch.

Der Wald unterhalb von mir schmachtete unter der schwülen Hitze von 35 Grad, doch hier oben wurde ich durch die langen grünen Blätter des Kronendachs der *castaña* von der Sonne abgeschirmt. Versteckt unter diesem dichten Blätterwerk hingen Dutzende von großen runden Fruchtkapseln, von denen jede bis zu 30 der uns geläufigen Paranüsse enthielt. Jede Kapsel hatte die Größe einer Pampelmuse, war steinhart und wog an die zwei Kilo. Sie hingen wie riesige Christbaumkugeln an den Blütenständen des vergangenen Jahres und schaukelten im Wind. Sie würden noch einige

Monate brauchen, um reif genug zum Abfallen zu werden, doch dessenungeachtet war ich froh, dass ich meinen Kletterhelm trug. Obwohl noch fraglich war, inwieweit er mir bei einem direkten Aufprall nützen würde. Doch trotz dieser latenten Gefahr war es eine reine Freude, hier oben zu sein, auf den Ästen eines der beeindruckendsten Regenwaldbäume der Welt.

Es waren jedoch die blassen, wächsernen Blüten des Paranussbaums, die meine größte Aufmerksamkeit erregten. Denn wenn es eine sinnträchtige Metapher gibt, welche die Vollkommenheit der Zusammenhänge in der Ökologie der Regenwälder illustriert, dann ist es die außerordentliche Geschichte der Beziehung des Paranussbaums zu einer Biene, einer Orchidee und einem großen bodenbewohnenden Nagetier. Doch um diese Geschichte richtig zu erzählen, mussten wir als Erstes die Biene beim Bestäuben einer Blüte filmen.

Trotz des klaren nachmittäglichen Himmels kündigte ein fernes Donnergrollen den nächsten Regen an. Die Blüten würden sich nicht über Nacht aus dem Staub machen, und da weit und breit keine Insekten zu sehen waren, beschloss ich, früh am nächsten Morgen zurückzukehren, um mit etwas Glück Zeuge einer Bestäubung zu werden. Auf jeden Fall war es ein gutes Gefühl, die Blüten endlich gefunden zu haben. Ich warf also einen letzten Blick auf sie und auf die verlockende Aussicht dahinter, dann ließ ich mich wieder in die erstickend heiße Düsternis der unteren Stockwerke des Regenwalds hinab und machte mich auf den Weg zum Camp, um dem restlichen Team die gute Nachricht mitzuteilen.

Der Anblick der Berge hatte mich daran erinnert, was für eine unglaubliche Reise ich hinter mir hatte, um bis hierher zu gelangen. Wir waren von Lima aus nach Osten über die Anden geflogen, mit einer Zwischenlandung in Cusco, wo die Luft so dünn war, dass ich spürte, wie mein Herz zu pochen anfing. Als wir im Sinkflug über die letzten Ausläufer der Anden glitten, sah ich zum ersten Mal durch das Fenster das peruanische Amazonasgebiet. Selbst aus 6000 Metern Höhe dehnte sich der Wald in jede Richtung bis zum Horizont aus. Wir landeten in der drückenden Hitze des tropischen Tieflands in Puerto Maldonado, wo die Luft wiederum so dick war, dass sie sich wie Sauerstoffsuppe anfühlte. Von Puerto Maldonado fuhren wir mit dem Boot fünf Stunden den Río Madre de Dios aufwärts, bevor wir schließlich hier ankamen, in der Biologischen Station Los Amigos. Die Station liegt am Rande von 146 000 Hektar geschützten Amazonasurwalds, der wiederum nur ein Teil eines 8,1 Millionen Hektar großen geschützten Regenwaldgebiets in dieser entlegenen Ecke im Südosten von Peru ist.

Es war Oktober, das Ende der trockenen Jahreszeit, und obwohl dies eigentlich der Höhepunkt der Blütezeit sein sollte, war der Paranussbaum, auf den ich gerade geklettert war, der erste, an dem wir Blüten gefunden hatten. Mirko, ein Biologe der Station, und ich hatten die ganze letzte Woche den Dschungel auf der Suche nach einem geeigneten Kandidaten durchstreift. Paranussbäume wachsen in größeren Gruppen, und wir hatten uns wohl an die 100 Bäume mit wachsendem Frust angesehen. Manche hatten grüne, noch geschlossene Blütenknospen, während die anderen ihre Blüte schon seit vielen Tagen beendet hatten. Meine Aufgabe bestand darin, ein System von Seilen in der Baumkronenregion anzubringen, mit dessen Hilfe Kameramann Kevin in die richtige Position gebracht werden konnte, zusammen mit David, einem Ökologen des Smithsonian Tropical Research Institute, der den wissenschaftlichen Kommentar für die Zuschauer sprechen sollte.

Vor ein oder zwei Tagen glaubten wir schon, den richtigen Baum gefunden zu haben. Ein Riese, größer noch als derjenige, auf den ich gerade geklettert war. Vom Boden aus hatte er perfekt ausgesehen, seine obere Baumkrone war voller Blüten. Daher hatte ich mein Seil in seine gewaltigen Äste hinaufgeschossen und den Aufstieg begonnen, doch auf halber Strecke stieß ich auf ein verstecktes Bienennest. Glücklicherweise waren es keine Honigbienen, nur eine einheimische Art ohne Stachel, doch dafür besaßen sie kräftige zangenförmige Kiefer, und meine anfängliche Erleichterung verwandelte sich in Panik, als sie zu Hunderten auf mich losgingen und gnadenlos zubissen.

Sie klammerten sich schmerzhaft an Lippen, Nase und Augenlider, wuselten überall auf meiner Haut herum und sonderten ein seltsames klebriges Harz ab. Hilflos spürte ich, wie sie mir den Rücken hinunterkrabbelten, mir in Haare und Ohren krochen. Als sie auch an meinen Beinen hochkrochen, gab ich endgültig auf und seilte mich rasch wieder zum Boden ab. Sie verfolgten mich, um nun auch Mirko zu umschwirren, worauf der Wald von derben spanischen Flüchen widerhallte.

Weniger lustig war die Sache mit der über zwei Zentimeter langen Tropischen Riesenameise, die mir übers Gesicht krabbelte, als ich auf halber Höhe in einem anderen Paranussbaum kletterte. Sie hatte mich zweimal in die linke Backe gestochen, während ich 30 Meter über dem Boden baumelte. Der Schmerz trat augenblicklich ein und war extrem stark, als hätte jemand eine Zigarre auf meiner Haut ausgedrückt, die gesamte linke Gesichtshälfte wurde taub und meine Lippen kribbelten. Der Kopfschmerz, der danach folgte, hätte ein Nashorn umgehauen, außerdem lief ich zwei Tage lang mit einem blauen Auge herum. Tropische Riesenameisen verfügen über das stärkste Gift im gesamten Insektenreich.

Ihr Stich steht an oberster Stelle des Schmidt-Stichschmerz-Index und ist noch schlimmer als der mörderische Stich einer Tarantula-Wespe – was ich persönlich bezeugen kann, da ich einmal in Sumatra von einer solchen Wespe in die Stirn gestochen wurde. Riesenameisen sehen aus wie martialische schwarze Hornissen ohne Flügel, und das Biest, das mich gestochen hatte, krabbelte danach weiter über mein Hemd, bevor ich es abschütteln konnte, knapp an Mirko vorbei, der mir daraufhin brüllend androhte, mein Seil durchzuschneiden.

Auch bei diesem Baum gab es nur eine weitere Fehlanzeige, was die Stimmung nicht gerade verbesserte. Denn was ich vom Boden aus für frische Blüten gehalten hatte, stellte sich oben in der Baumkrone als alt und verwelkt heraus. Wir waren ein paar Tage zu spät gekommen.

Und darin lag das ganze Problem: Die Blütezeit des Paranussbaums ist so kurz, dass es sehr schwierig ist, ein Exemplar zu finden, das gerade in voller Blüte steht. Mehrmals waren wir auf große Flächen gestoßen, wo das trockene Laub am Boden vollständig von den abgefallenen weißgelben Blütenblättchen bedeckt war. Wir hatten uns hingekniet, um die langen Straßen von Blattschneiderameisen zu beobachten, die das Konfetti zu ihrem Nest abtransportierten. Nichts wird im Regenwald verschwendet, doch so faszinierend dieser Anblick auch war, es war nicht das, wonach wir suchten, und so machten wir uns wieder auf den Weg.

Vorgestern waren wir dann endlich doch noch auf den richtigen Baum gestoßen. Nachdem ich hinaufgeklettert war, um die Blüten zu prüfen und die Aussicht zu genießen, war ich gerade wieder im Camp angelangt, als die Vorwarnung der Donnerschläge sich bestätigte und der Himmel seine Schleusen öffnete. Schwarze Wolken standen über dem Wald, und der Starkregen hielt über Nacht an. Vor dem Einschlafen war mein letzter banger Gedanke, ob so zarte Blüten ein solches Unwetter wohl überstehen würden.

Zwei volle Tage wüteten Gewitter und Regen über Los Amigos. Die Trockenzeit ging zu Ende, dies war seit Wochen der erste länger anhaltende Regen, der in der Region fiel, und er schien sich für das lange Ausbleiben revanchieren zu wollen. Jede Sturmbö, die mit noch größerer Wucht als die vorherige auf den Wald niederpeitschte, ließ meine Hoffnung schwinden, noch irgendeine intakte Blüte hoch oben im Paranussbaum zu finden. Wenn das so weiterging, könnten wir von Glück reden, wenn im gesamten Wald überhaupt noch welche übrig blieben, die man filmen konnte.

* * *

Der Regen hörte schließlich zwei Tage später um drei Uhr morgens auf. Um halb fünf machte ich mich mit meinem Klettergerät auf den Weg. Ich war allein und wollte die Feuerpause voll ausnutzen, um auf den Baum zu klettern und nachzuprüfen, was von den Blüten übrig geblieben war. Es dauerte nicht lange, bis ich in der feuchten Dunkelheit des Waldes nassgeschwitzt war, und ich musste meine Stirnlampe in der Hand halten, um die Wolken kleiner Stechfliegen abzuwehren, die von ihrem Licht angezogen wurden. Auf halber Strecke bemerkte ich einen hin- und herpendelnden orangefarbenen Schein, der mir auf dem Pfad entgegenkam. Ich blieb stehen und sah fasziniert zu, wie ein Käfer mit grünen Scheinwerfern an der Brust und roten Rücklichtern am Hinterleib an meinem Gesicht vorbeiflog. Etwas Vergleichbares hatte ich noch nie gesehen – wie ein winziges Raumschiff.

Am Fuß des Paranussbaums angekommen, ging ich die Seile durch, die ich dort zurückgelassen hatte, um sicherzustellen, dass sie nicht von Nagetieren oder Ameisen angeknabbert worden waren, dann stieg ich in meinen Klettergurt. Der Himmel hellte sich allmählich auf, doch bis zum Sonnenaufgang würde es noch eine halbe Stunde dauern, und dann wollte ich oben in der Baumkrone sein und nach Insekten Ausschau halten, die sich eventuell unter den Blüten aufhielten. David hatte mir beschrieben, wonach ich suchen musste – eine bestimmte Art von Prachtbiene –, und falls diese Bienen dort oben herumschwirrten, würde ich das Seilsystem für ihn und Kevin einrichten, und wir könnten am nächsten Tag die Bestäubung filmen. Zu diesem Zeitpunkt war ich jedoch eher in Sorge, ob ich überhaupt noch intakte Blüten finden würde. Eine bedenkliche Anzahl von Blütenblättchen lag am Fuß des Baumes auf dem Boden verstreut.

Glücklicherweise waren die Blüten großenteils heil geblieben. Es grenzte an ein Wunder, dass so viele überlebt hatten, obwohl sie ziemlich mitgenommen aussahen und es zahlreiche nackte Stiele gab, an denen ganze Blütenstände vom Wind abgerissen worden waren. Ich kletterte weiter zu der Stelle im obersten Teil der Krone, wo ich die Blüten zuerst gesehen hatte, und kam dort genau zur richtigen Zeit an, um den Sonnenaufgang über dem Regenwald zu erleben.

Tief unter mir lag der Río Madre de Dios, der Nebel stieg auf und enthüllte das Blätterdach des Dschungels, alles schien in der vom Sturm rein gewaschenen Luft zu glitzern. Mehrere Paare von Gelbbrustaras flogen vorbei, kreischten sich etwas zu, und aus der Tiefe des Waldes hörte ich das Gezwitscher der Sakiaffen, die auf der Suche nach einem schmackhaften Frühstück durch die Baumkronen turnten.

Es dauerte nicht lange, und eine kleine metallisch grüne Biene tauchte auf und landete auf den gelben Blättchen einer Blüte ganz in meiner Nähe. Es handelte sich ohne Zweifel um eine Prachtbiene, obwohl sie nicht so aussah wie die Spezies, die David mir beschrieben hatte. Auf jeden Fall war sie auf der

Suche nach Nektar, daher sah ich genau zu, wie sie versuchte, sich durch die Blütenblätter hindurchzuzwängen. Doch die Blüte war nicht bereit, ihren wertvollen Schatz irgendeiner hergelaufenen alten Biene zu überlassen, und nachdem sie sich vergebens bemüht hatte, zum Nektar zu gelangen, gab sie schließlich auf und flog davon, um ihr Glück woanders zu versuchen. Das war also noch nicht der entscheidende Einblick in das Funktionieren des Regenwalds. Doch da der Geruchssinn der Bienen eine Million Mal empfindlicher ist als der unsrige, hoffte ich, dass es nicht allzu lange dauern würde, bis der rechtmäßige Bestäuber auftauchte. Daher machte ich es mir auf meinem Ast bequem und blickte wieder auf den Regenwald hinunter. Am Horizont leuchteten die verschneiten Hänge der Anden in den ersten Strahlen des neuen Tages zartrosa auf.

Eine halbe Stunde später wurde meine Aufmerksamkeit wieder auf dieselbe Blüte gelenkt, als eine große gelbe Biene, die ich noch nie gesehen hatte, auf ihr landete. Sie war etwa doppelt so groß wie die metallisch grüne und schien genau auf Davids Beschreibung zu passen. Sie machte den Eindruck, als wisse sie genau, wie sie vorgehen müsse, und schickte sich ohne Umschweife an, sich Zutritt zu den verborgenen Schätzen der Blüte zu verschaffen. Kein langes Herumprobieren, sie zwängte Kopf und Brust durch einen winzigen Spalt und schob den Deckel aus Blütenblättern zur Seite. Ihre starken Hinterbeine, deren Körbchen mit orangefarbenem Pollen beladen waren, strampelten und drückten die Biene bis tief ins Innere der Blüte. Die Blättchen schlossen sich hinter ihr wieder, sodass nichts mehr von ihr zu sehen war und ich nur noch das Brummen aus dem Innern hörte. Ein paar Sekunden später tauchte sie wieder auf, eingepudert vom wertvollen Pollen des Paranussbaums und gestärkt durch einen energiereichen Schluck Nektar. Sie blieb kurz sitzen, um sich mit den

Vorderbeinen die Fühler zu säubern, dann brummte sie davon und machte sich auf die Suche nach der nächsten Mahlzeit. Ich war soeben Zeuge eines relativ unspektakulären und doch sehr bedeutsamen Zusammenspiels im Amazonas-Regenwald geworden. Höchste Zeit für das Frühstück, daher seilte ich mich ab und ging zum Camp zurück, um den Rest der Ausrüstung zu holen, damit ich am folgenden Morgen Kevin und David zum Drehen in die Baumkrone befördern konnte.

An den beiden darauffolgenden Tagen konnten wir erfolgreich filmen, wie Dave in der Baumkrone des Paranussbaums neben den Bienen hing. Es war ein guter Anfang, doch was hatte es mit der Orchidee und dem Nagetier auf sich, den beiden anderen Lebewesen, die für den Lebenszyklus des Paranussbaums unabdingbar waren?

Nun, die Prachtbiene war nur eine von ganz wenigen Arten, die stark genug sind, in das Innere der Blüten vorzudringen. Selbst die männlichen Exemplare dieser Arten sind zu kümmerlich, um sich Zugang zu verschaffen, daher erfolgt die gesamte Bestäubung der Paranussbäume durch die Weibchen. Die männliche Prachtbiene spielt dennoch eine wichtige Rolle. Um die Weibchen zur Paarung anzulocken, muss sie sich mit einem Duftstoff versehen, den sie in der Blüte einer bestimmten Orchidee gewinnt. Was das mit dem Paranussbaum zu tun hat? Nun, keine Orchideen, keine Paarung. Keine Paarung, keine weiblichen Bienen, um die Blüten zu bestäuben, also auch keine Paranüsse. In der Summe beruht die Fortpflanzung des Paranussbaums ganz allein auf der Vorliebe der weiblichen Prachtbiene für einen bestimmten Duftstoff, und damit letztlich auch der gesamte internationale Handel mit Paranüssen mit einem Volumen von 45 Millionen Euro pro Jahr.

Und was hat es mit dem Nager auf sich? Um diese zweite

Beim Klettern auf einen 75 Meter hohen Mengarisbaum *(Koompassia excelsa)* im Danum-Tal, Borneo 2002.

Untersuchen einer *Grammatophyllum speciosum*, der größten Orchideenart der Welt. ›ächst in 60 Metern Höhe auf den Ästen eines riesigen Flügelfruchtbaums im Regenwald 3orneo 2007.

Ein 80 Meter hoher, im Nebel aufragender Flügelfruchtbaum im Danum-Tal auf Borneo 1998. Diese Art gehört zu den größten tropischen Laubbäumen des Planeten.

Der Autor beim Einrichten eines Kamerapodests 50 Meter über dem Erdboden auf Borneo 2015. © James Aldred / Cede Prudente

n Ästen eines riesigen Mengarisbaums (*Koompassia excelsa*), Borneo 2005.

Nachtlager des Autors hoch oben in der Krone einer Atlas-Zeder (*Cedrus atlantica*),
kko 2013.

Der Autor zwischen Anom und Aliom, zwei Stammesältesten der Korowai auf Papua 2009. Anom ist ein erfahrener Krieger und Aliom der Schamane des Clans.

Ein junger Baumpython im Regenwald von Papua 2009. Wenige Augenblicke, nachdem diese Foto aufgenommen worden war, packten Kinder des Korowai-Stammes die Schlange, warfer auf ein Feuer und aßen sie.

fertige Korowai-Baumhaus, erbaut in 50 Metern Höhe in der Krone eines Eisenholzbaums
Regenwald von Papua 2009.

Das Baumhaus im Tarzan-Stil,
om Autor entworfen und gebaut
ür ein Filmprojekt im Regenwald
on Gabun in Zentralafrika 2009.

Sonnenuntergang, aufgenommen vom Wipfel eines Mammutbaums, 2017.

Am Hochseil zwischen den Kr
zweier Mammutbäume, 2017.

50 Meter hoher Mammutbaum
New Forest im Vereinigten Königreich,
Autor Goliath getauft.

Am Morgen nach einer kalten Nacht
auf den Ästen von Goliath, 1994.

Nachtlager des Autors, hoch oben in Goliaths Krone, 2004.

Annäherung an das Nest einer Harpyie in der Krone eines riesigen Kapokbaums (*Ceiba pentandra*), Venezuela 2010. © Graham Hatherley

Das einsame Harpyie-Küken in seinem Nest, 50 Meter über dem Erdboden, Venezuela 2010.

Hälfte der Geschichte zu erzählen, mussten wir nach Ablauf einiger Monate ein zweites Mal nach Peru zurückkehren, und zwar in der Jahreszeit, in der die Kapselfrüchte des Paranussbaums reif genug sind, um auf den Boden des Dschungels zu fallen.

2004

Die neuerliche Ankunft in Puerto Maldonado begann für meinen Kreislauf mit einem Schock. Beim letzten Mal hatte ich gedacht, es sei drückend schwül, doch inzwischen war es Januar, der Höhepunkt der nassen Jahreszeit, mit einer durchschnittlichen Luftfeuchtigkeit von 90 Prozent und Temperaturen um die 32 Grad. Ganz nett, wenn man am Strand liegt, aber brutal hart, wenn man auf Bäume klettern soll. Wir hatten England in einem Schneesturm zurückgelassen, ich hatte mit angesehen, wie ein Wagen im Schneegestöber auf der M4 ins Rutschen geriet und nur knapp an einem Sattelzug vorbeischlidderte. All das kam mir vor wie ein ferner Traum, als ich jetzt auf meinem Bett im Hotel lag und den Deckenventilator verwünschte, weil er sich nur so langsam drehte. Draußen stieg Dampf von den Straßen auf. Es hatte soeben aufgehört zu regnen, und das Wasser verdunstete in der Hitze der Sonne. Mit einem Mal fing das ganze Zimmer zu wackeln an, und als ich den Kopf zum Fenster im ersten Stock hinausstreckte, sah ich einen riesigen, mit Holz beladenen Lastzug inmitten einer blauen Dieselwolke die Straße heraufkriechen. Dicke Stämme von frisch im Urwald gefälltem Mahagoni lagen zusammengekettet auf der Ladefläche, und hinter den großen Rädern blieben lange Streifen Rinde im Matsch zurück. Eine ernüchternde Erinnerung an die grassierenden

Umweltprobleme, die in diesem Teil der Welt allgegenwärtig waren.

Puerto Maldonado ist – oder war – die typische Pioniersiedlung mitten im Dschungel. Gegründet in der wilden Zeit des Kautschukbooms, war es ein Schmelztiegel von Viehzüchtern, Goldsuchern, Holzfällern, Drogenhändlern und Prostituierten. Heutzutage ist die Umgebung der Stadt praktisch abgeholzt, doch die illegale Goldwäsche stellt immer noch ein großes Problem dar, eine wirkliche Katastrophe für die Umwelt, weil dabei Tag für Tag große Mengen von flüssigem Quecksilber in den Río Madre de Dios eingeleitet werden. Ironischerweise ist gerade der Ökotourismus heute zu einer wichtigen Einnahmequelle geworden. Doch vor 13 Jahren konnte man seinen Drink noch mit Goldstaub bezahlen und zuschauen, wie Tankwagen reines Öl auf die nicht asphaltierten Straßen kippten, um den Staub zu binden. Ich konnte es kaum erwarten, die Stadt hinter mir zu lassen und wieder auf die Bäume zu klettern.

Kevin war mit dem Produzenten Rupert wieder unterwegs nach Los Amigos, um zu filmen, während Mirko und ich den Río Madre de Dios in entgegengesetzter Richtung befuhren. Unser Ziel: Lago Valencia, ein Altwasserarm an der Grenze zu Bolivien. Mirko hatte mir versichert, dass es Hunderte von Paranussbäumen im Primärwald in der Nähe des Sees gebe, daher hatte ich den Plan gefasst, eine Seilkamera im größten Baum, den wir finden konnten, zu installieren und die reifen Samenkapseln zu filmen.

Mit dem Zwölf-PS-Motor unseres Bootes waren wir kaum schneller als die Strömung, Mirko und ich brutzelten in der Hitze, während wir immer wieder an den in der Mitte des Stroms verankerten schwimmenden Hütten der Goldwäscher vorbeiglitten. An jeder dieser primitiven Hütten war ein dieselbetriebenes Förderband installiert, das Schlamm und Quecksilber zurück in den Fluss spülte, nachdem zuvor der wertvolle Staub ausgesiebt worden war.

Fünf Stunden später lenkte der Bootsführer den Bug in einen kleinen Seitenarm, und wir ließen den Hauptstrom hinter uns. Der Dschungel schloss sich über uns, ich beobachtete die welligen Spiegelungen an der Unterseite der Blätter, während wir langsam den Flussarm durchfuhren. Eisvögel spielten Bockspringen mit unserem Boot, flogen eine Weile voraus, um sich dann durch den Wald zurückfallen zu lassen, wenn wir sie einholten. Schließlich gelangten wir zu einem marode wirkenden Kontrollposten der Polizei. Eine kleine, im Matsch stehende Wachhütte aus Beton, davor drei schwitzende Beamte mit freiem Oberkörper: bolivianische Grenzpolizisten. Sie winkten uns nachlässig zu, und wenige Minuten später öffnete sich der See vor uns. Im Gegensatz zu den vielen Strudeln und Stromschnellen im Hauptstrom wurde hier die Oberfläche nur mehr von gemusterten punktierten Linien gekräuselt, wie Fingerabdrücke auf dem Wasser, wodurch der See eine wunderbare Klarheit und Ruhe ausstrahlte. Fünfzig Familien lebten an seinen Ufern am Rande des Waldes. In der einen Hälfte des Jahres fischten sie Arapaimas, sehr große, Luft aufnehmende Fische, die bis zu 200 Kilo wiegen können, in der anderen Hälfte arbeiteten sie als *castañeros* und sammelten Paranüsse. Schon vom Boot aus entdeckte ich die typischen gewölbten Kronen hoher Paranussbäume, und ich konnte es kaum erwarten, sie näher zu inspizieren.

Unseren ersten Tag verbrachten wir damit, den dichten Dschungel zu durchstreifen und so viele *castaña*-Baumgruppen wie möglich zu erkunden. Am Fuße vieler Bäume lagen große Haufen leerer, verrottender Kapseln, die Überreste der Ernte des vergangenen Jahres. Jede war mit der Machete durchgehauen worden, und die weggeworfenen Hälften hatten sich mit Wasser gefüllt – Hunderte kleiner Aufzuchtbecken für Mückenlarven.

Obwohl wir uns an diesem Tag Dutzende von Bäumen ansahen, fanden wir keinen einzigen, der sich zum Filmen eignete. Sechs Stunden Marsch, ein 25 Kilo schwerer Rucksack, Furchenbienen, mörderische Stechmücken und eine Kletterpartie in die Baumkronenregion – und das einzige Ergebnis war, dass ich komplett ausgelaugt und geschafft war. Als wir schließlich zum Camp am Seeufer zurückkehrten, war ich hundemüde. Zum Glück wurden wir durch Ketty, der Tochter des Fischerehepaares, bei dem wir übernachteten, mit einem großen Krug Fruchtsaft begrüßt. Ein wahres Labsal, doch als ich mich schließlich schlafen legte, sah ich immer noch alles wie durch einen Schleier, und die Kerzenflamme neben meinem Bett schwankte in einem doppelten grün-gelben Lichtschein.

Ich war todmüde und fiel in einen fiebrigen Schlaf, in dem ich von turbulenten Träumen heimgesucht wurde. Am nächsten Morgen saß ich mit einer Tasse Kaffee an einen Baum gelehnt am Ufer und blickte auf die dünnen Dunstwirbel, die von der spiegelnden Wasserfläche aufstiegen. Mirko gesellte sich zu mir und meinte, ich hätte mich die ganze Nacht im Bett herumgewälzt. Ich erzählte ihm von meinen Albträumen, und es stellte sich heraus, dass sowohl er als auch Ketty ähnliche Träume gehabt hatten, in denen wilde Verfolgungsjagden durch dichtes Gestrüpp im Wald vorkamen. Danach erzählte er mir von einem Doppelmord, der hier vor 45 Jahren geschehen war. Zwei Menschen seien wegen ihres Goldes ausgeraubt und getötet worden. Er erzählte mir auch, wie Lago Valencia zu seinem Namen gekommen sei. Vor 25 Jahren habe ein Mann namens Valencia in Puerto Maldonado seine Frau mit einer Machete umgebracht, und bei seiner Flucht auf dem Río Madre de Dios sei er auf diesen entlegenen Altwassersee gestoßen, wo er sich versteckt habe, bis die Familie seiner Frau ihn gefunden und getötet habe. Laut Mirko stehe die Gegend im Ruf, böse Albträume zu wecken, und sei berüchtigt wegen ihrer bedrückenden Atmosphäre. Nun, ganz sicher hatte sie eine dunkle Vergangenheit, aber im Grunde gilt das für die meisten Orte, wenn man nur lange genug zurückblickt.

Von da an ging es an diesem Tag nur noch abwärts. Es war einfach nicht zu begreifen. Es gab so viele Paranussbäume, dass wir eigentlich die Qual der Wahl hätten haben müssen. Doch die meisten hatten ihre Samenkapseln bereits abgeworfen, und als der Vormittag immer weiter voranschritt, hatte ich genug vom ziellosen Herumlaufen, und ich beschloss, einen weiteren Paranussbaum zu erklettern, um mir von oben einen Überblick über die Baumkronen zu verschaffen. Als ich seinen Wipfel erreichte, sah ich mindestens ein Dutzend weiterer Paranussbäume in der näheren Umgebung, und obwohl einige von ihnen noch ein paar reife Samenkapseln an ihren Zweigen aufwiesen, wirkten sie zum größten Teil ziemlich nackt. Was wir jedoch brauchten, war eine Krone, die noch voller Kapseln war, sonst wären sie aus der Entfernung nicht gut durch die Kamera zu erkennen. Mit dem Kompass peilte ich das noch am ehesten brauchbare Exemplar an, einen gewaltigen Baum in einigen Hundert Metern Entfernung, der noch eine gewisse Menge Kapseln trug, dann seilte ich mich wieder ab, und wir machten uns auf den Weg dorthin.

Mirko und ich schlugen uns durch das Dickicht in die Richtung, die ich angepeilt hatte, doch nach zwei Stunden mussten wir uns eingestehen, dass wir den Baum verfehlt hatten. Der Unterwuchs war so dicht, dass es kaum möglich war, mehr als zehn Meter weit zu sehen, daher konnte eine Abweichung von wenigen Grad uns glatt an einem 60 Meter hohen Baum vorbeigeführt haben, ohne dass wir es gemerkt hatten. Das Ganze wurde allmählich zur Farce, und ich war kurz vor dem Verzweifeln. Als wir daher auf einen schmalen Pfad stießen, der sich zwischen den Bäumen hindurchschlängelte, schlug ich eine kleine Pause vor und setzte meinen Rucksack ab, um mich eine Weile hinzulegen. Mirko lehnte sich an einen Baum in der Nähe und schnitzte, tief in Gedanken versunken, mit seiner Machete an einem Ast herum.

Ein paar Minuten später hörte ich einen Mann, der eine schwere Last schleppte, in großer Eile auf uns zukommen. Mirko erhob sich und blickte den Pfad hinunter, und einen Augenblick später tauchte ein *castañero*, ein örtlicher Nusssammler, hinter der Kurve auf. Sein rotes Hemd war schweißgetränkt, und auf dem Rücken trug er einen riesigen schwarzen Sack mit Paranüssen. Ein geflochtener Gurt war um den Sack gewickelt und lief quer über seine Stirn, zusätzlich umklammerte er den Sack hinter dem Kopf mit den Händen. Mit weit vorgebeugtem Oberkörper rannte er beinahe den Pfad entlang, duckte sich unter Schlingpflanzen hinweg und wich mit großer Behändigkeit Wurzeln aus. Der Sack wog bestimmt so viel wie ich selbst. Es war wirklich eine Knochenarbeit, und ich stand aus reinem Respekt vor dem Mann auf. Er schaute zu uns auf, verlangsamte seinen Schritt, kam vor uns zum Stehen und warf den Sack ab, der mit einem dumpfen Geräusch auf den Boden prallte. Mirko und er kannten sich, der *castañero* setzte sich auf seine schwere Last, zündete sich eine Zigarette an und lächelte uns beiden mit einem Mund voller Goldzähne zu. Er war um die vierzig, schätzte ich. Hart wie Stahl, aber überaus freundlich.

Die beiden plauderten eine Weile auf Spanisch, dann öffnete der Mann einen Zipfel des Sacks und holte zwei frisch gesammelte Nüsse hervor, wovon er eine Mirko und die andere mir überreichte. Ich holte mein Taschenmesser hervor, wurde aber sofort belehrt, meine Zähne zu benutzen. Es hat seinen

Grund, weshalb Paranüsse an Weihnachten immer bis zuletzt übrig bleiben, und die Vorstellung, nur mit den Backenzähnen eine davon knacken zu müssen, war nicht gerade verheißungsvoll. Doch als ich mich überwand und beherzt zubiss, war ich verblüfft, wie weich die Schale war. Sie ließ sich abschälen wie Orangenschale, und die Nuss darin hatte keinerlei Ähnlichkeit mit der steinharten Importware, die bei uns in den Geschäften zu finden ist. Sie hatte die milchige Konsistenz einer frischen Kokosnuss, zerfiel leicht in weiche Flocken, die göttlich schmeckten. Ohne Frage die beste Paranuss, die ich je gegessen hatte. Später stellte sich heraus, dass gemäß internationalen Handelsbestimmungen alle Paranüsse sorgfältig getrocknet werden müssen, bevor sie das Land verlassen, um die Gefahr eines Schimmelbefalls auszuschließen. Klingt vernünftig, ist aber trotzdem eine Schande, weil die Nuss, die ich gerade gegessen hatte, einfach köstlich schmeckte, und ich mir wünschte, dass mehr Menschen zu Hause die Möglichkeit bekämen, sie in ihrem natürlichen Zustand zu probieren.

Bevor er sich wieder auf den Weg machte, gab uns der *castañero* noch den Rat, sich die Baumgruppe am Ende des Pfades anzusehen. Er habe den ganzen Tag dort zugebracht, aber es seien immer noch Unmengen von Kapseln da, die in 60 Metern Höhe im Wind schaukelten und demnächst abfallen würden. Wir dankten ihm und halfen ihm, seine schwere Last wieder auf den Rücken zu heben. Er holte tief Luft, streifte sich den Gurt über die Stirn, beugte sich vor und machte sich in gleichmäßigem Trab zum Ufer des Sees auf. Wir hatten nicht mehr genug Zeit, die Baumgruppe noch am selben Nachmittag aufzusuchen, beschlossen aber, uns am folgenden Morgen gleich nach Sonnenaufgang dorthin zu begeben.

* * *

Die vor mir hängende Samenkapsel hatte die Größe einer großen Pampelmuse, war schokoladenbraun und wog mindestens zwei Kilo. Sie pendelte sanft an ihrem Stiel, als ich mit dem Fingerknöchel dagegen klopfte – hart wie Eisen. Ich zupfte vorsichtig daran und war erleichtert, als ich spürte, dass sie immer noch fest an ihrem Zweig hing. Trotz ihrer Größe war es erstaunlich schwer, die Kapseln – oder *cocos*, wie sie hier genannt wurden – vom Boden aus zu entdecken. Ich hatte ein paar von ihnen ausmachen können, doch die Krone des Paranussbaums ist so dicht, seine dunkelgrünen Blätter sind so groß und verschachtelt, dass ich erst 50 Meter in den Wipfel dieses Riesen hinaufklettern musste, um festzustellen, dass wir am Ende doch noch den richtigen Baum gefunden hatten. Im vergangenen Jahr in Los Amigos hatte ich große Mühe gehabt, Blüten ausfindig zu machen, die ich aus größerer Nähe betrachten konnte. Ähnlich war es hier: Eine ganze Stunde war ich vom einen Ende der mächtigen Krone des Baumes zum andern geklettert, um mir ein Bild zu machen, wo die meisten *cocos* hingen, damit wir sie filmen konnten. Weil die Samenkapseln sich aus befruchteten Blüten entwickelten und diese Blüten nur an den äußeren Enden der Zweige wuchsen, folgte daraus, dass auch die große Mehrheit der Kapseln dort zu finden wäre. Wenn ich mich jetzt umschaute, sah ich die Umrisse von Dutzenden weiterer, die sich gegen den weißen Himmel abzeichneten. Und abermals Hunderte waren im dichten Laub der benachbarten Bäume zu sehen. Aus irgendeinem Grund hinkten die Riesen in dieser Ecke des Waldes ein paar Wochen hinter denjenigen her, die näher am See standen. Es gab sogar noch ein paar verwelkte Blütenstände, die immer noch an den Zweigen hingen. Ich staune immer wieder über diese Bäume. Die Kapseln um mich herum hatten mindestens ein Jahr benötigt, um heranzuwachsen und zu reifen. Für einen Baum ist das eine große Investition von Zeit und Energie. Und wenn man bedenkt, dass dieser Baum eine solche Riesenleistung jahrein, jahraus vollbringt, dann ist das schon äußerst bemerkenswert.

Es war großartig, wieder in diesen oberen Regionen zu sein, nach so vielen Tagen des Herumtrottens und Suchens am Waldboden. Mirko und ich hatten das Camp kurz nach der Morgendämmerung verlassen. Wir sprachen kaum ein Wort über das, was wir zu finden hofften, um das Schicksal ja nicht herauszufordern. Doch als wir eine Stunde später bei der Baumgruppe des *castañero* eintrafen, mussten wir beide erleichtert grinsen. Wir ließen die Rucksäcke fallen und machten uns daran, durch den dichten Unterwuchs nach oben zu spähen, um herauszufinden, auf welchen Baumriesen wir zuerst klettern sollten. Zwei große Haufen leerer Kapseln zeigten an, wo unser Freund den gestrigen Tag damit zugebracht hatte, die Kapselfrüchte zu öffnen und die Nüsse zu entnehmen, die wie die Segmente einer Orange in der Kapsel angeordnet waren. *Castañeros* klettern nicht auf die Bäume, sie sammeln einfach die Kapseln auf, die schon abgefallen sind. Und weil es ein stiller Tag war und kaum eine Brise die Blätter hoch über uns bewegte, dachte ich mir, man könne ohne größere Gefahr hochklettern unter diejenigen, die noch oben hingen. Dennoch bemühte ich mich, dicht am Stamm zu bleiben, in einiger Entfernung von den Rändern der Krone, wo die Samenkapseln hingen. Jedes Jahr werden Menschen von ihnen getötet – mit und ohne Helm. Stahlharte Kapseln, die zwei Kilo wiegen und über 40 Meter tief fallen, kennen keine Gnade.

Nachdem Mirko und ich also endlich das große Paranuss-Los gezogen hatten, machten wir uns daran, das Seilsystem für die Seilkamera einzurichten, um damit Kamerafahrten quer durch die Baumgruppe auf Baumkronenebene machen zu können. Heutzutage würde man eine solche Sequenz mit einer ferngesteuerten Drohne drehen, doch damals – in der Ära des Zelluloidfilms – gab es noch keine Drohnen, und die Kamera allein wog fünf Kilo, daher lief das Ganze etwas anders. Am späten Nachmittag war ich schweißgebadet und erledigt. Doch in beiden Bäumen waren an den Enden der geplanten Kamerafahrt die Seile fertig eingerichtet, und wir hatten das Stahlseil für die Kamera in einer Höhe von 40 Metern über dem Boden gespannt.

Gerade als ich die letzten Justierungen am Seilsystem vornahm, zog eine Wetterfront auf. Der Himmel hatte sich im Osten immer mehr verdunkelt, und als ich mich zum Abstieg bereit machte, wehte eine erste Bö durch die Baumgruppe. Nichts allzu Heftiges, nur ein Luftkissen, das von dem nachfolgenden Regenschauer vor sich hergetrieben wurde. Doch der Windstoß reichte aus, um einige Samenkapseln von den Zweigen zu lösen. Die erste krachte mit einem dumpfen, durch die Bäume hallenden Schlag auf den Boden, gefolgt von einem Warnschrei Mirkos. Sie hatte ihn um einige Meter verfehlt, doch er rannte sofort los und suchte Schutz am Fuße des Paranussbaums, in dem ich hing, und rief mir zu, ich solle mich beeilen und sofort runterkommen – wir müssten uns so schnell wie möglich aus der Baumgruppe entfernen. Die Einschläge wurden häufiger, als der Wind stärker auffrischte, eine herunterfallende Kapsel schlug in nur drei Metern Abstand von mir gegen einen Ast, prallte zur Seite und fiel danach 30 Meter in die Tiefe. Ich brüllte eine Warnung zu Mirko hinunter und seilte mich noch schneller ab.

Als ich unten ankam, schwankte die Krone über uns wild hin und her, und wir hörten den Regen näher kommen. Ich drückte mich so nahe wie möglich an den Stamm, doch als ich mich über meinen Rucksack beugte, um das Seil hineinzustopfen, setzte eine weitere Windbö ein, und eine Kapsel von der Größe und dem Gewicht einer Kanonenkugel krachte in kaum einem Meter Abstand neben mir auf den Boden. Sie schlug mit einer solchen Gewalt ein, dass das Laub zur Seite spritzte und sie sich so tief eingrub, dass nur noch die obere Hälfte zu sehen war. An diesem Punkt hatten wir beide genug, und noch im Klettergurt rannte ich, so schnell ich konnte, hinter Mirko her. In unserem Rücken bohrten sich weitere Kapseln in den Boden, und bei jedem Einschlag zuckte ich zusammen.

* * *

Der Regen dauerte die Nacht über an, hörte jedoch kurz nach Tagesanbruch auf. Die Sonne ging auf, und der Dschungel begann zu dampfen. Auf unserem Weg zum Hain der *castañas* wären wir beinahe auf eine schöne Feder getreten, die in der Mitte des Pfades auf dem Laub lag. Mirko bückte sich, um sie aufzuheben, und überreichte sie mir mit einem Lächeln: »Für dich: *pluma de águila arpía.*« Eine Feder von der Brust einer Harpyie. Was für ein Geschenk. Sie war wunderschön. Elfenbeinfarben, in Grau übergehend, mit tiefschwarzen Binden. »Sie muss heute Morgen hier gewesen sein«, sagte er und blickte sich um, als erwarte er, sie auf einem Ast direkt über uns zu entdecken, »wahrscheinlich jagt sie Agutis.«

Die Agutis waren das fehlende Glied in unserer Paranuss-Geschichte. Sanftmütige, scheue Nagetiere, ein bisschen wie große braune Meerschweinchen. Aus größerer Nähe gesehen hatte ich bisher nur das von Mücken bedeckte unglückselige Exemplar in Costa Rica. Diese bescheidenen Kreaturen gehören jedoch zu den ganz wenigen Säugetieren im gesamten Amazonasbecken, deren Zähne scharf genug sind, um die Schale der Kapselfrüchte durchzunagen und an die Paranüsse zu gelangen. Was aber vielleicht noch wichtiger ist: Sie haben die für Nagetiere typische Eigenschaft, sich etwas zum Naschen für regnerische Tage aufzusparen. Daher tragen sie die Nüsse, die sie nicht fressen, fort und vergraben sie. Und nach guter Nagetierart vergessen sie oft, wo genau sie ihre Nüsse vergraben haben (oder sie werden von einer Harpyie geschlagen), was zur Folge hat, dass die Nüsse im Erdboden verbleiben. Daraus keimt die nächste Generation Paranussbäume heran, und alles geht von vorne los.

Wie um die Sache zu demonstrieren, fand Mirko eine frisch geöffnete Samenkapsel am Fuße unseres Baums. Eine der Kapseln, die am Tag zuvor abgefallen waren. Übrig geblieben war nur eine hohle Holzkugel mit einem frisch hineingefrästen Loch an der Seite, durch welches das Aguti die Nüsse eine nach der anderen herausgeholt hatte. Das Tier war offensichtlich den ganzen Abend gut beschäftigt gewesen, und in einer gewissen Entfernung lagen etliche Nüsse im toten Laub verstreut, die entweder zu einem späteren Zeitpunkt gefressen werden sollten oder zurückgelassen worden waren und damit eine Chance erhielten zu keimen. Eine letzte erstaunliche Tatsache in Bezug auf den Paranussbaum ist hier zu vermelden: Wenn eine Nuss einmal tatsächlich gekeimt ist, behält der Sämling über Jahre, wenn nicht sogar Jahrzehnte seinen niedrigen Wuchs und wartet, bis sich eine größere Lücke in den Baumkronen über ihm auftut, die genügend Licht hereinlässt. Auf diese Weise kann es vorkommen, dass ein gerade mal 40 Zentimeter hohes Bäumchen bereits 30 Jahre alt ist und immer noch geduldig auf seinen Platz an der Sonne wartet.

Unser letzter Drehtag verlief erfolgreich. Mirko und ich konnten die Sequenzen drehen, die wir brauchten, und zusammen mit dem größten Teil des von Kevin und Rupert gedrehten Materials war damit die faszinierende Geschichte des Paranussbaums erzählt. Und was für eine Geschichte: Ein

Baumriese, der, um zu überleben, auf die Vorliebe einer Biene für einen bestimmten Orchideenduft und auf die Vergesslichkeit eines Nagetiers angewiesen ist. Für mich verkörpern diese wunderbaren Bäume Herz und Seele dieser großartigen Landschaft, des Amazonasbeckens, des größten und vielfältigsten Regenwalds der Erde.

KAPITEL 6

Roaring Meg – Australien

2008

Es war ein warmer Herbsttag in den gemäßigten Regenwäldern des Hume Plateau in Südostaustralien. Die Luft war erfüllt von dem würzigen Aroma des Eukalyptusöls, das in der Nachmittagshitze von den Blättern verdunstete. Dieser Dunst hing wie ein zarter bläulicher Schleier zwischen den Bäumen – der sichtbar gemachte Atem des Waldes. An einen riesigen umgestürzten Baumstamm gelehnt, atmete ich tief ein, um so viel wie möglich von der aromatischen Luft in meine Lungen aufzunehmen. Beim Ausatmen wurde mein Herzschlag ruhiger. Ich fühlte mich entspannt, und es tat gut, nach dem langen Flug von England nach Melbourne endlich wieder die Beine zu strecken.

Was war das für eine Reise gewesen. Fast 24 Stunden im

Rumpf einer Boeing 747 eingekeilt, umgeben von betrunkenen Jugendlichen, die gerade ihr Auslandsjahr antraten. Aber jetzt war ich hier, und es gab keine Zeit zu verlieren. Wir hatten nur drei Tage, um einen halbstündigen Film über den Aufstieg und die Übernachtung auf einem der größten Bäume der südlichen Hemisphäre abzudrehen. Das war gerade so machbar, wenn alles nach Plan lief. Aber Guy, unser Moderator, war noch nie im Leben auf einen Baum gestiegen. Wahrlich ein Sprung ins kalte Wasser! Er würde sich das Metier sehr schnell aneignen müssen, so viel war sicher. Ich machte mir aber keine großen Sorgen: Er schien mir geschickt genug und bereit, sich der Herausforderung zu stellen. Wir würden ihn anlernen können, wenn er morgen zu uns stieß. Vor allem aber mussten wir erst einmal einen passenden Baum finden, und wie üblich war das leichter gesagt als getan.

Zum Glück befanden sich zwei der besten australischen Baumexperten unter meinen Begleitern bei diesem Abenteuer. Tom und Brett hatten die meisten der Baumriesen des Landes entdeckt, bestiegen und vermessen, und der gestürzte Riese in meinem Rücken bezeugte, dass Australien die Heimat etlicher sehr hoher Bäume ist.

Eucalyptus regnans, hierzulande bekannt als Königs-Eukalyptus, ist die zweithöchste Baumart auf der Erde, übertroffen nur vom Küstenmammutbaum in Kalifornien. Der größte bislang entdeckte Königs-Eukalyptus ist ein knapp 100 Meter hoher lebender Wolkenkratzer namens Centurion in Tasmanien. Knapp dahinter folgt die Douglasie in Oregon (ein Nadelbaum, wie der Küstenmammut). Auch die viert- und fünftgrößten Baumarten sind Nadelbäume im Nordwesten der USA. Insofern ist der australische Königs-Eukalyptus tatsächlich ein Ausnahmebaum: bei Weitem der größte Bedecktsamer – Blütenpflanze – des Planeten und mit Sicherheit das größte Lebewesen der südlichen Hemisphäre.

Viele Leute – nicht nur Australier – halten den Königs-Eukalyptus sogar für den einstmals größten Baum auf Erden. Legenden von 130 Meter hohen Giganten ragen schemenhaft aus den Nebeln des 19. Jahrhunderts. Aber solche Themen sind eher etwas für botanische Pedanten. Tatsache ist, dass die nahezu 100 Meter hohen Riesen, die ich auf unserer Fahrt von Melbourne gen Norden als verlockende Perspektive von der Rückbank des Geländewagens aus erspähen konnte, bei Weitem die größten Lebewesen waren, die ich je gesehen hatte.

Solange ich zurückdenken konnte, war ich besessen von dem Gedanken, diese ehrwürdigen Wälder zu besuchen. Für einen Baumliebhaber besaßen sie legendäre Anziehungskraft. Der tote Stamm in meinem Rücken fachte meine Sehnsucht nur noch mehr an, und ich konnte es kaum erwarten, mit so einem Königs-Eukalyptus auf Tuchfühlung zu gehen.

Tom und Brett waren mir durch den Wald vorangefahren, und ein gezackter Vorhang aus Farnwedeln hatte sich schwankend hinter ihnen geschlossen, als das dichte Unterholz sie verschluckte. Gleich würde ich sie wieder einholen, aber irgendetwas an diesem umgestürzten Baum ließ mich nicht los. Ich kletterte auf den dicken Stamm und blickte an ihm entlang zu der gut 60 Meter entfernten, zerklüfteten Silhouette seines Stumpfes am anderen Ende. Der ganze Baum war direkt über dem Boden umgeknickt. Ich wandte mich um und blickte in Richtung Krone, um abzuschätzen, wie hoch er einst aufgeragt hatte, doch die gigantische gefallene Säule verschwand nur etwa fünf Meter weiter in einem undurchdringlichen Gewirr aus toten Ästen und Buschwerk. Allein der Stamm war damit schon 65 Meter lang, und obendrauf hatte noch die Krone gesessen, also musste der Baum, bevor er umgefallen war, wohl so an die 30 Stockwerke hoch gewesen sein. Unter meinen Füßen hatten sich lange Borkenstreifen abgelöst und das harte graue Holz freigelegt, das durch den Aufprall beim Sturz nun von klaffenden Rissen durchzogen war. Es hatte wohl ordentlich gekracht. Von hier aus wirkte der Stumpf eigentlich solide, aber der Augenschein kann täuschen, und bei genauerer Betrachtung stellte er sich als nahezu hohl heraus, mit einem verfaulten Inneren. Ich wusste nichts über den Königs-Eukalyptus. Nie zuvor hatte ich einen dieser Bäume gesehen, geschweige denn bestiegen, und der Zustand dieses Exemplars warf die Frage auf: Wie konnte man wissen, ob der Baum, auf den man kletterte, nicht innen faul war?

Ich sprang hinunter und machte mich auf, Tom und Brett tiefer in den Wald zu folgen. Die gezackten Kanten der Farne kratzten mir übers Gesicht. Auf den ersten Blick hatten die Farnwedel fedrig weich ausgesehen – eine haptische Mahnung, dass nicht alles so war, wie es schien; stark und zäh mussten Pflanzen sein, um hier zu überleben.

Jenseits des Stumpfs erstreckte sich lichter Unterwuchs aus dünnen, moosbedeckten Silber- und Schwarzholz-Akazien. Kleine Bäume, die ihre Zweige sieben bis zehn Meter über mir zu zart belaubten Sonnenschirmen auffächerten. Dazwischen standen weitere Baumfarne, deren dunkle schuppige Stiele lange, wippende Wedel trugen, die in der Nachmittagssonne smaragdgrün leuchteten. Die Farne verliehen dem Wald etwas Urtümliches. Es waren prähistorische Überlebenskünstler aus einer Zeit lange vor der Entstehung der Eukalyptusbäume.

Der Waldboden war eine unebene Matte aus Borkenfetzen. Lange, schmale Streifen, wie riesige Bleistiftspäne, zu einem dicken Teppich aufgestreut. Ich bückte mich und hob ein Stück auf: zündholztrocken und brüchig. Ich zerkrümelte es zwischen den Fingern zu Staub, der würzig und bitter roch, das gleiche Aroma, das die warme Luft erfüllte. Hier und da lag ein größeres Stück Borke auf dem Fetzenteppich. Diese spiralförmig gerollten Riesenspäne stammten von dem gefallenen Königs-Eukalyptus, der alles andere überragt hatte.

Als ich gerade überlegte, wo ich langgehen sollte, ertönte ein fernes Johlen, das von einem zweiten zu meiner Linken erwidert wurde. Und bald traf ich Brett am fächerförmigen Fuß eines kolossalen Baumes. Er spähte durch einen Neigungsmesser zum Wipfel hinauf, um die ungefähre Höhe abzuschätzen – wobei er seine Berechnungen immer wieder korrigierte. Mein erster Eindruck von dem Baum war, dass er für eine so extreme Höhe unverhältnismäßig dünn war. Die meisten anderen Baumriesen besaßen einen viel mächtigeren Stamm, aber was diesem Baum an Masse fehlte, machte er durch Anmut und Wohlgestalt wett.

Sein Fuß war sternförmig gefächert, und die dünnen, trockenen Moosflecken darauf zerfielen zu Staub, als ich mit der Hand darüberstrich. Unter dem Moos war die Rinde glatt, mit einer leicht geriffelten Oberfläche in scheckigem Braun und Elfenbein. Und so hart wie Elfenbein fühlte sie sich auch an.

Auf einer Höhe von knapp 20 Metern schälten sich lange, dünne Rindenstreifen ab und hingen in Girlanden herunter; es sah aus, als streifte der Baum seine Haut ab, wie ein riesiges Reptil. Oberhalb davon wirkte die neue silbrige Rinde seidenglatt, wie frisch geschlüpft. Etwa 60 Meter ragte der Stamm auf, schnurgerade, ohne Äste. Die untersten Äste waren nichts als abgestorbene Stümpfe, die 20 Stockwerke über unseren Köpfen im Stamm staken. Die ersten lebenden Äste befanden sich noch mal zehn bis 15 Meter höher. Für einen Baum dieser Größe waren die Äste eher klein. Manche waren gerade, manche gebogen und knorrig, doch an der Art, wie sie am Hauptstamm saßen, konnte ich sehen, dass es sich um starkes, gesundes Holz handelte. »Außer dort, wo es voller verborgener Fäulnis und Hohlräume ist«, sagte ich mir warnend, eingedenk des abgeknickten Stammes, den ich gerade gesehen hatte.

Brett ließ den Neigungsmesser, den er an einer Schnur um

den Hals trug, auf die Brust zurückfallen und begann emsig auf der Tastatur eines antiquierten Rechners herumzuhacken. Als unser Mathe-As war es Bretts Aufgabe, neue Baumriesen für unseren Film zu finden. Tom sollte Guy als Coach dienen, während ich neben ihm in den Seilen hängen und den Aufstieg filmen würde, ebenso wie die Übernachtung in der Baumkrone. Am nächsten Morgen würden wir dann alle bis zum Wipfel hinaufklettern und Tom und Brett dabei filmen, wie sie den Baum vermaßen. Bretts anfängliche Messung vom Boden aus würde uns bereits eine grobe Schätzung liefern, aber selbst in diesem Zeitalter von Satelliten und Lasern konnte man nur mit Sicherheit bestimmen, wie hoch ein Baum war, wenn man ein Maßband hinabließ. Irgendwie hat das etwas wohltuend Altmodisches und Technikfernes, das mir sehr gut gefällt.

Brett war immer noch in seine Trigonometrie vertieft, und da seiner Miene nichts zu entnehmen war, blinzelte ich noch einmal hinauf in das blendende Licht, um die Baumkrone in Augenschein zu nehmen. Die Äste trugen eine offene Krone fedriger Blätter, die aber überraschend klein wirkte. Dort oben schien es einfach nicht genug Laub zu geben, um einen so riesigen Baum mit Energie zu versorgen. Ähnliches war mir auch schon in Borneo aufgefallen, wo die größten Bäume mit erstaunlich wenig Laub zu überleben schienen. Ich nahm an, dass es eine Überlebenstechnik war, die hohe Bäume in Gegenden entwickelt hatten, die oft von heftigen Winden heimgesucht wurden. Offene Kronen bieten dem Wind weniger Widerstand und haben einen geringeren Segeleffekt. Meine Annahme, dass dieser Wald es mit extremen Wetterbedingungen aufzunehmen hatte, wurde nicht nur durch die Unmenge an Bruchstücken auf dem Waldboden bestätigt, sondern auch durch die vielen toten Äste, die bedrohlich hoch über uns in der Baumkrone hingen, jederzeit bereit, beim nächsten Windstoß auf uns hinabzukrachen. Direkt unter so einem Ast hochzuklettern hieße das Schicksal herausfordern. Selbst an windstillen Tagen passiert es nur zu leicht, dass man loses Holz mit dem Seil hinabreißt. Das Letzte, was ein Kletterer braucht, ist ein Fünfzig-Kilo-Geschoss, das einem mit Karacho am Seil entgegengerauscht kommt.

Doch zum Glück waren die Baumkronen so licht, dass es nicht schwierig sein würde, hängendes Totholz auszumachen und beim Klettern zu meiden. Allerdings führte genau diese Durchlässigkeit dazu, dass man sich als Kletterer sehr exponiert vorkam. Wir mussten uns auf einen extrem langen Anstieg gefasst machen, und die ersten 80 Meter nackten Baumstamms würden sicher eine abenteuerliche Kletterei werden.

Die meisten Baumriesen auf der Welt sind Nadelbäume. In einem Küstenmammutbaum, einer Tanne oder Fichte ist der Kletterer von einem beruhigenden Nest aus Ästen und grünem Gezweig umgeben. Dass man nicht viel sieht, gibt einem ein falsches Gefühl der Sicherheit, und man vergisst leicht, wie weit oben man sich schon befindet, bis man den Wipfel erreicht. Der höchste bislang bekannte Baum der Erde ist ein Küstenmammut in Kalifornien namens Hyperion. Er misst atemberaubende 115,55 Meter und hat eine lauschige, einladende Krone, die den Kletterer wie ein Pelzmantel umfängt. Achtundreißig Stockwerke sind trotzdem unheimlich hoch – volle fünf Sekunden in freiem Fall, sollte man abstürzen –, und doch kann es sehr viel entspannender und angenehmer sein, einen Baumriesen wie den Hyperion zu erklettern, der einem das Bedrohliche der eigenen Situation vorenthält, als auf einen Baum zu steigen, bei dem man andauernd mit einem mulmigen Gefühl über die Schulter blickt.

Der Baum, den ich mir jetzt ansah, hatte eine Krone, die eher einem Netzunterhemd glich als einem Pelzmantel. Er war kahl und unerbittlich. Ich beamte mich im Geiste 60 Meter hinauf. Was für ein Gefühl wäre es wohl, dort oben zu baumeln und noch nicht mal den ersten Ast erreicht zu haben? Na, ich würde es ja bald herausfinden. Mein Herz klopfte schneller, und ich spürte das vertraute Kribbeln von Noradrenalin in den Muskeln.

Im Unterholz nahebei lag noch ein umgefallener Stamm. Darauf entlanglaufend, kam Tom auf uns zu. Er beschattete die Augen mit der Hand, um in die Baumkrone hinaufzublicken, ehe er neben Brett heruntersprang.

»Und? Was schätzt ihr?«, fragte er.

»Könnte 90 Meter hoch sein; vielleicht auch etwas weniger«, meinte Brett.

Jeder Baumriese, der über 86,86 Meter (285 Fuß) maß, war ein Champion: einer der größten auf dem australischen Festland. Doch wie groß er genau war, würden wir erst wissen, wenn wir ganz oben ankamen und das Maßband hinabließen. Der erste Eindruck ist ja selten verlässlich, wie Tom und Brett als erfahrene Naturforscher längst wussten. Also wollten sie zusätzlich zu Bretts trigonometrischen Messungen noch einen weiteren Test vornehmen, ehe sie uns auf das Abenteuer losließen, diesen Baum zu erklimmen.

In einem Wald, in dem alle ausgewachsenen Bäume so ähnlich aussahen, ist es gewiss nicht leicht, den einen zu erkennen, der noch ein kleines bisschen höher ist als die anderen. Es sind vielleicht nur wenige Zentimeter, die den Unterschied ausmachen, und meistens gelingt es nicht, den Baum vom Boden bis zur Spitze in aller Klarheit zu sehen. Die Baumkronen haben oft Kuppelform und weisen gern das auf, was Bergsteiger »Scheingipfel« nennen, wenn man von weit unten hinaufspäht. Wer konnte also sagen, ob der Baum, der rechts von uns aufragte, nicht doch ein paar Zentimeter höher war als der direkt vor uns? Wir hatten nicht die Zeit, es auszuprobieren, indem wir auf mehrere verschiedene Kandidaten kletterten; doch ich nahm an, dass Tom und Brett ihre eigene Methode zur Lösung des Problems hatten. Auf meine Frage riet mir Tom, mich in Geduld zu fassen und zuzusehen.

»Es wird sich schon zeigen«, sagte er.

Der Tag ging zur Neige, und die Schatten krochen wie Finger an den silbrigen Stämmen empor. Wir drei machten es uns auf dem umgestürzten Stamm gemütlich, und während die Dämmerung herabsank, fragte ich Brett, warum diese Eukalyptusbäume um uns herum alle mehr oder weniger gleich groß waren. Schließlich müssten doch ständig junge Bäume durch das Unterholz nachwachsen.

»Das hier ist ein Feuer-Klimax-Ökosystem«, erklärte er. »Alle paar hundert Jahre fegt ein gewaltiges Buschfeuer durch den Wald und vernichtet alles auf seiner Bahn. Doch während die Bäume in Flammen aufgehen, trocknet die Hitze ihre Samenhülsen, die aufplatzen und Millionen von Samen auf einer dicken Schicht aus fruchtbarer Asche deponieren, wenn das Feuer durchgezogen ist. So wird die nächste Generation gesät, die wie Phönix aus der Asche wächst.«

»Also sind diese Riesen gar nicht so alt, wie sie aussehen?«, fragte ich.

»Der hier« – Brett deutete auf unseren Favoriten – »ist vermutlich erst 300 Jahre alt. Dieser ganze Bestand von Königs-Eukalyptus soll einem Buschfeuer im frühen 18. Jahrhundert entsprossen sein. Er ist also bald wieder fällig. Er *will* brennen, Wahnsinn, was?«

Wir anderen nickten beeindruckt. »Es sind schnell wachsende Bäume«, fuhr er fort. »Sie investieren viel Energie in ihr Wachstum, sodass ihnen nicht mehr viel übrig bleibt, um sich gegen Fäulnis und Hohlräume zu wehren, die sie am Ende zu Fall bringen können … wie den hier.« Er klopfte auf den Stamm, auf dem wir saßen. »Die Burschen hier nähern sich dem Ende ihrer natürlichen Lebensspanne. Sie zerfallen schon langsam. Wenn sie an Altersschwäche sterben, bevor das nächste Buschfeuer daherkommt und sie die Chance erhalten, sich durch Samen zu verbreiten, dann verschwindet der Königs-Eukalyptus vielleicht völlig aus dieser Gegend.«

»Früher oder später wird auf jeden Fall wieder ein Feuer kommen«, ergänzte Tom. »Es wird ein glutheißer Tag sein, alles hier wird hochgehen wie Zunder, und in ein, zwei Stunden ist es vorbei. Dann steht hier nichts mehr.«

Ich sah mich nach dem Wald um, der so urtümlich und beständig wirkte. Drei Jahrhunderte waren nicht viel, verglichen mit der Lebensdauer vieler anderer Bäume, und es fiel mir schwer, die Kurzlebigkeit dieses ephemeren Ökosystems mit der schieren Größe der Eukalyptusbäume um mich herum zu vereinbaren. Bei genauerer Betrachtung aber konnte man leicht erkennen, wie fragil das ganze Umfeld hier war. Der Boden, die Luft, einfach alles ringsum war knochentrocken. Nirgends Wasser, und die heiße Luft war voll von hoch entflammbarem Eukalyptusöl. Selbst die langen, ölgetränkten Rindenstreifen, die wie Dochte an den Bäumen hingen, hatten plötzlich etwas Unheimliches. Diese monumentalen Bäume würden hochgehen wie Molotowcocktails, und alles, was es dazu brauchte, war ein Blitzschlag oder eine achtlos weggeworfene Zigarette. Es war ein elementares Land, völlig der prekären Beziehung zwischen Erde, Feuer, Luft und Wasser ausgeliefert. Eine riesige Zunderbüchse, drauf und dran, alles abzufackeln.

Es war Abend geworden, und viele der Bäume standen schon ganz im Schatten. Aber einige von den größeren, auch der unsere, erstrahlten oben noch in wunderbarem Licht. Nach und nach wurde jeder Baum von den Schatten erreicht und erlosch wie eine Kerze, bis nur noch der, den Brett ausgewählt hatte, die letzten Strahlen der untergehenden Sonne einfing.

Er war offensichtlich ein gutes Stück höher als seine Nachbarn. Damit war alles klar; wir hatten unseren Kletterbaum gefunden.

* * *

Am nächsten Morgen stießen Mel und Guy zu uns, die Regisseurin und der Moderator unseres geplanten Films. Die Zeit am Vortag war gut genutzt worden, und so begaben wir uns direkt zu unserem auserwählten Baum. Ich wuchtete mir einen unserer vielen Rucksäcke auf die Schultern und bückte mich nach der Kamera. Inzwischen hatte mich der Jetlag am Wickel: Ich war seit Mitternacht wach. Jetzt war es kurz nach sechs, und ich hatte schon drei Kaffee intus. Es würden zwei lange Tage werden. Ich hoffte, dass die Wirkung des Koffeins beim Aufstieg dann zuverlässig vom Adrenalin übernommen würde.

Der Marsch zu dem Baum war wundervoll; der Wald glitzerte. Die tief stehende Morgensonne schien alles, was sie anstrahlte, plastisch hervorzuheben. Winzige Härchen auf den jungen Farnspitzen leuchteten wie Heiligenscheine, und feiner Staub kreiselte sanft in den Lichtstrahlen. Die hohen silbrigen Stämme waren golden getigert, und weit über uns schimmerten die Wipfel in der Brise. Ein herrlicher Wald, doch Bretts Worte gingen mir nicht mehr aus dem Kopf. Es war ein Wald, dessen Tage gezählt waren.

Laut Plan sollte Tom als Erster hinauf und zwei Seile für mich und Guy an einem der höheren Äste anbringen. Ich würde dann neben Guy hochklettern und seinen Aufstieg filmen. Außerdem wäre ich auch für seine Sicherheit verantwortlich: Er würde die ganze Zeit an zwei verschiedenen Seilen hängen, und ich würde stets in Reichweite bleiben, um ihm zu Hilfe zu kommen, falls er in Schwierigkeiten geriet. Mel würde am Boden bleiben und uns von unten filmen. Die Verbindung zu uns würde sie per Funk halten.

Ich lehnte mich gegen den riesigen umgestürzten Baum und ließ den schweren Rucksack von den Schultern gleiten. Er war seit unserer Ankunft nicht geöffnet worden, und das Seil drinnen fühlte sich kühl an von den 24 Flugstunden in 10 000 Metern Höhe. Ich ließ jeden Zoll davon durch die Hände gleiten, während ich es auf dem Boden neben mir aufrollte. Das Seil war in gutem Zustand, praktisch neu, es bedurfte also eigentlich keiner Prüfung, aber für mich gehört es immer zur Vorbereitung auf einen anspruchsvollen Aufstieg, das Seil durch die Hände gleiten zu lassen.

Das Schnalzen einer Armbrust ließ mich aufblicken. Tom stand 15 Meter entfernt, die Armbrust noch an der Schulter. Ich sah dem Bolzen nach, bis er im bläulichen Dunst hoch oben verschwand. Angelschnur sirrte von der Rolle und sauste in einer neonfarbenen Spirale durch die Luft. Als der Bolzen seinen Scheitelpunkt erreichte, gab es einen Moment scheinbarer Unentschlossenheit, als ob er dort oben verharren wollte, bis die Schwerkraft die Oberhand gewann und er wieder herabgeschossen kam. Tom ließ ihn wie einen Fisch schießen und holte die Schnur behutsam ein, damit sie sich nicht verhedderte. Ich spähte durch die gezackten Propeller der Baumfarne, der Schnur nach, verlor sie im gleißenden Dunst aber aus den Augen. Die Sonne stand jetzt schon hoch, und der Himmel brannte mit gleichbleibender, kühler Intensität. Ein hartes, metallisches Blau, das nur so zu kribbeln schien vor Ultraviolett. Reflektiertes Licht pulsierte an der Schnur auf und ab, während sie sanft in der Brise schwang. Der Bolzen der Armbrust hing jetzt anderthalb Meter über dem Boden an der anderen Seite des Baums und kreiselte langsam an seiner Schnur. Eine sanfte Brise strich durch das Laubdach hoch droben, und der Bolzen hob sich ein paar Zentimeter, sank wieder herab und kreiselte weiter.

»Kannst du sehen, über welchem Ast er hängt?«, fragte ich Tom.

»Nicht genau. Hoffentlich über der obersten Astgabel rechts«, entgegnete er.

Die Astgabel, die Tom meinte, krönte den Baumwipfel wie ein Geweih. Wenn die Schnur sich am rechten Ast verfangen hatte, konnte man sie vorsichtig herunterziehen, bis sie gut aufgehoben inmitten der Gabel ruhte. Zu meiner Überraschung aber ging Tom sogleich daran, das Seil an der Angelschnur zu befestigen. Es war keine weitere Justierung nötig – er war zufrieden mit der Lage der Schnur und konnte es kaum erwarten, sich an den Aufstieg zu machen. Ein dünnes rotes Kletterseil glitt hinauf wie bei einem Zaubertrick, während Tom die Kurbel der Angelschnur drehte. Als das Seil den höchsten Ast erreicht hatte, ergriff er die Schnur mit Handschuhen und zog sie hinüber, zurück auf den Waldboden. Das Kletterseil maß acht Millimeter im Durchmesser. Es bestand aus kaum dehnbarem, zugfestem Kevlar und besaß die Tragfähigkeit eines wesentlich dickeren Nylonseils, obwohl es so dünn war wie ein Schnürsenkel. Normalerweise benutze ich ein Zehn-Millimeter-Seil zum Klettern – und tatsächlich sorgen die zusätzlichen zwei Millimeter für deutlich mehr Wohlbefinden in großer Höhe.

Tom schlang das Seilende um den liegenden Baumstamm neben uns und zog sich probeweise daran hoch, um die Stärke des Astes zu prüfen, an dem es hing. Ich sah das Geweih dort oben wippen wie eine Angel. Doch es hielt, also wiederholte er den Test mit dem kombinierten Gewicht von sich und Brett. Der Ast bog sich noch mehr, hielt aber weiterhin. Wenn er zwei Leute anderthalb Meter über dem Boden halten konnte, dann konnte er Toms Gewicht auch in einer schwindelnden Höhe von 90 Metern halten. Das war nur logisch, und trotzdem war mir die Sache alles andere als geheuer, wenn ich an dem dünnen Seil hinaufsah bis zu dem tragenden Ast, der nicht dicker war als ein Handgelenk. Falls er doch brach, würde das Seil von der Astgabel drei Meter unterhalb des Geweihs aufgefangen werden. Ein Sturz über 90 Meter würde Tom erspart bleiben, aber selbst so ein kurzer Abrutscher dort droben würde einem durch Mark und Bein gehen an einem so wenig elastischen Seil, das den Ruck nicht abfedern konnte.

Nie im Leben wäre ich an einem so dünnen Seil geklettert, das von einem so schmalen und isolierten Ast gehalten wurde. Doch ich kannte Tom gut genug, um zu wissen, dass er, was den Mut anging, in einer ganz anderen Liga spielte als ich. Ich hatte ihn noch nie unter Druck die Nerven verlieren sehen. Es ist mir lebhaft in Erinnerung geblieben, wie ich ihn vor ein paar Jahren das erste Mal klettern sah, 2005 auf Borneo. Wir waren beide Mitglieder einer National-Geographic-Society-Expedition auf der Suche nach dem weltgrößten tropischen Hartholzbaum. Ich hatte damals eher eine Nebenrolle gespielt. Aber in seiner Funktion als Leitkletterer des Teams war es Tom gewesen, der als Erster den Weg an die Spitze des Baumes fand, der sich als der neue Weltrekordhalter herausstellte. Er verfügt über einen extrem schnellen und flüssigen Kletterstil, läuft oft auf Ästen entlang und springt ins Leere, um wie ein Akrobat auf einem neun Meter entfernten Ast zu landen. Ich hatte längst gelernt, von allen unangebrachten Ängsten abzulassen, wenn ich ihm zusah, und jetzt ermahnte ich mich, einfach nur das Erlebnis zu genießen, zusammen mit einem der Weltbesten zu klettern.

Tom war startklar, also nahm ich die Kamera zur Hand. Er setzte den Helm auf, stopfte die Hosenbeine in die Socken und knipste die Brust- und Handklemmen an das dünne rote Seil. Dann lehnte er sich in seinen Klettergurt zurück, hob die Knie und begann zu klettern, Zentimeter für Zentimeter, schnell und präzise. Aller Augen waren auf ihn gerichtet, als er aus dem Unterholz auftauchte und in die offene Weite darüber vordrang. Er hing fünf Meter vom Stamm entfernt und drehte sich beim Klettern langsam um sich selbst. Über ihm war das Seil straff, unter ihm tanzte es in einer irren Spirale aus roter Energie.

Das Klirren der Karabinerhaken und das leise Reiben des Seils wehten durch eine unnatürliche Stille zu uns hernieder. Der Wald war wachsam, still und stumm – ein bedächtiges Schweigen, in dem der leiseste Laut widerhallte.

Während Brett Toms Aufstieg mit einem Lächeln verfolgte, stand Guy mit verschränkten Armen da und machte große Augen. Ich wusste, was er dachte. Toms Präsenz im Baum machte die Größenverhältnisse erst richtig nachvollziehbar: Neben dem monumentalen Stamm wirkte er winzig. Ich konnte Guys Befürchtungen gut verstehen, aber ich wusste auch, dass man sie nur durch Weiterklettern bezwingen konnte.

Die geringe Elastizität des Kevlarseils erlaubte es Tom, sich hurtig himmelwärts zu bewegen, und bald war er in der Baumkrone angekommen. Das ferne Klirren eines Karabiners wurde sogleich vom schrillen Ruf eines Kookaburras beantwortet.

Tom ließ eine dünne Angelschnur herab und zog unsere Kletterseile hinauf. Nachdem er sie an einem Ast verankert hatte, lehnte er sich zurück, um die Aussicht zu bewundern und auf uns zu warten. Guy hatte einen Übungsanstieg hinter sich gebracht und wartete nun in fünf Metern Höhe auf mich. Ich schlang mir die Kamera über die Schulter, stieg auf den umgestürzten Stamm neben dem Baum und befestigte das Seil an meinen Steigklemmen, die mit einem vertrauenerweckenden Klicken zuschnappten. Das Seil hatte mich jetzt im Griff, und ich war an den Baumriesen gebunden. Alles fühlte sich straff und startbereit an, also schwang ich mich auf, um den Anstieg zu beginnen. Mein Puls beschleunigte sich, als ich die Klemmen so weit am Seil hinaufschob, wie ich nur konnte.

Jetzt ging es los, und für die nächsten 24 Stunden würde dieser Waldriese mein Zuhause sein.

Guy und ich befanden uns noch auf Unterwuchshöhe, aber sobald wir aus dem Farndickicht herauskamen und den freien Raum darüber erreichten, würden wir einen weiten Rundblick haben. Seite an Seite kletterten wir weiter hinauf und hielten nur ab und zu inne, um Guys Reaktionen auf den Anstieg zu filmen.

Nun waren wir schon auf gleicher Höhe mit den Spitzen der herabhängenden Rindenstreifen. Ich zog einen zu mir her und staunte, wie schwer er sich anfühlte. Ich ließ wieder los, und er schlug so hart gegen den Stamm, dass ein Schauer aus Staub und Holzteilchen herniederging. Aufschauend sah ich, dass er zehn Meter über uns am Stamm angewachsen war. Der ganze Stamm war mit solchen baumelnden Streifen umgürtet, wie eine gigantische, halb gepellte Banane. Die tote Rinde war dick und zäh wie sonnengetrocknetes Leder, mehr Tier als Baum.

Vom Boden aus hatte ich gar nicht wahrgenommen, wie viel von diesem schweren Material nun direkt über unseren Köpfen hing. Ich streckte die Linke aus und zupfte an einem der Streifen – er saß fest. Also riss ich mal richtig dran, in der Erwartung, dass er vom Stamm abrollen würde wie eine feuchte Tapetenbahn, aber er rührte sich nicht. Das machte die Aussicht, für die nächsten zehn Meter unter diesen Streifen zu hängen, um einiges ansprechender. Trotzdem fand ich, dass wir diesen Teil des Aufstiegs so schnell wie möglich hinter uns bringen sollten.

Beim Klettern achtete ich darauf, die Rindenstreifen jedes Mal zur Seite zu schieben, bevor ich die Füße auf die feste Borke dazwischen setzte. Dabei scheuchte ich eine große flache Spinne auf, die über meinen Stiefel huschte, um schnell wieder im Schatten zu verschwinden. Unter diesen hängenden

Rindenstreifen musste sich ein ganzes verborgenes Ökosystem angesiedelt haben. Ich hätte gern mehr darüber gewusst, wollte meine Nase aber auch nicht gern dort hineinstecken, wo sie nicht willkommen war. Ich hatte mich schon gefragt, wieso Tom sich die Hosenbeine in die Socken gestopft hatte, bevor er loskletterte – jetzt war es mir klar. Das Insektengewusel unter der Rinde erklärte auch, wieso er Handschuhe trug, aber ich konnte damit keine Kamera bedienen, darum blieben sie unbenutzt am Gurt hängen.

Nach ein paar Minuten erreichte ich das obere Ende der Streifen, dort, wo sie sich von der Rinde ablösten. Das war die Stelle, wo der Baum seine alte Haut abzuwerfen schien, um sich frisch glänzend herauszuschälen. Doch was aus der Entfernung einheitlich silberfarben ausgesehen hatte, war in Wirklichkeit eine subtile Montage aus vielen Farbtönen und fühlte sich mehr wie menschliche Haut als wie Rinde an, als ich mit den Fingern sacht darüberstrich.

Wegen der Eile, an den Rindenstreifen vorbeizukommen, hatte ich auf nichts anderes mehr geachtet, doch der Blick, der sich mir bot, als ich mich zum ersten Mal am Seil umdrehte, war schlicht atemberaubend. Ich hing über dem Unterwuchs im offenen Raum, aber noch weit unterhalb der Baumkrone. Riesige Silberstämme marschierten nach allen Seiten weg von uns in die dunstig blaue Weite und schimmerten wie Lichtstrahlen in tiefem Wasser. Der Effekt dieser zahllosen, gleichmäßigen Säulen war beinahe Zen-artig in seiner ätherischen Schönheit. Solch einen anmutigen Wald hatte ich noch nie gesehen.

Ich riss mich von der Aussicht los, denn wir hatten noch viel vor uns, und die Zeit stand nicht still. Es war schon Mittag vorbei, und ich musste mit dem Filmen von Guys Aufstieg vorankommen. Außerdem mussten wir noch vor Anbruch der Dunkelheit unser Lager in der Baumkrone aufschlagen, doch Guy hing da wie gebannt und konnte sich nicht sattsehen. Ich mochte ihn nicht stören, und so wartete ich, bis er bereit war, um dann vorzuschlagen, dass wir nun aber möglichst schnell zu Tom aufschließen sollten.

Wir befanden uns 30 Meter über dem Boden und damit auf halber Höhe des Stammes; es blieb uns nichts anderes übrig als weiterzuklettern. Ich stieß mich an meinem Seil vom Stamm ab, legte den Kopf in den Nacken und sah zur Baumkrone hinauf, die noch immer sehr hoch oben war. Unsere Seile schienen ewig weit hinaufzureichen, an irgendeinem unsichtbaren Punkt im Himmel zusammenzutreffen. Von hier aus konnte ich Hunderte hellgrüner Baumfarne tief unten durchs Laub leuchten sehen. Als wir endlich die Krone erreichten, erwartete Tom uns auf einem gewaltigen Ast. Wir waren immer noch gute zehn Meter unterhalb des Wipfels, aber diese unteren Äste eigneten sich bestens, um unsere Hängematten darin anzubringen. Hier würden wir schlafen. Guy hangelte sich vorsichtig auf den Ast, der ihm am nächsten war. Ich warf das Ende eines kurzen verstellbaren Seils über eine Astgabel drei Meter über mir und verlagerte mein Gewicht weg von dem langen Seil, das mich mit dem Waldboden 80 Meter weit unten verband. Das kürzere Seil, an dem ich nun hing, erlaubte mir mehr Bewegungsfreiheit zwischen den Ästen, um Tom und Guy beim Plaudern zu filmen. So konnte ich mir auch die Struktur des Baumes näher ansehen. Wir würden die nächsten 20 Stunden hier verbringen, also konnte es nicht schaden, mein neues Heim ein bisschen besser kennenzulernen.

Hier oben gab es weniger lose Rindenstreifen, und das bloßgelegte Holz war seidig, mit feiner Elfenbeinmaserung. Das dünne Laubwerk der Baumkrone ließ die gesamte Architektur des Baumes durchscheinen. Sein Skelett war klar zu erkennen, und ich empfand diese Offenherzigkeit als erfrischende Abwechslung von dem zugemüllten Geäst der Dschungel-Laubhölzer. Ich konnte mit der Handfläche über einen Ast streichen und die Maserung des Holzes spüren. Ich konnte spüren, wie es die Risse und Höhlungen des Stamms umschloss. Die kleinsten Details fielen mir auf, zum Beispiel die Unebenheiten am Ansatz eines Asts, wie Riffel im Sand, und ich begriff allmählich, wie Tom, mit seiner jahrzehntelangen Erfahrung in diesen Wäldern, diese Bäume sah. Wie er es verstand, die Tragkraft des Holzes auf einen Blick einzuschätzen. Sein Stützpunkt hoch über uns, auf der Gabelung des Geweihs, war nicht dicker als mein Arm, doch seine Entscheidung, diesem Ast sein Leben anzuvertrauen, gründete auf zahllosen Stunden des Kletterns in diesen Bäumen, wurzelte in einem angeborenen Verständnis dafür, wie sie wuchsen.

Selbst in dieser Höhe war der Stamm noch einen Meter dick. Mit einem schnellen Blick in den leeren Raum unter mir schätzte ich unsere Höhe auf 80 Meter, 30 Meter höher als Goliath. Im Stamm gab es einige Höhlen. Einmal mehr musste ich den Impuls unterdrücken hineinzugreifen. Ein Spinnenbiss im 26. Stockwerk hoch in einem Baum wäre alles andere als willkommen. Andere Löcher waren mit Totholz verstopft, den vergammelten Resten morscher Äste. Der ganze Baum war voll von Hohlräumen und Ritzen, sicher ein fantastisches Habitat für vielfältige Lebensformen. Ich fragte mich, was nach Einbruch der Dunkelheit wohl so alles aus dem Gehölz gekrochen kam.

Die Seile unter mir dehnten sich, und ich merkte, dass Brett auf dem Weg zu uns herauf war. Es war jetzt mitten am Nachmittag und höchste Zeit, unser Lager für die Nacht aufzuschlagen. Genug Haltepunkte zu finden, um mehrere Hängematten nebeneinander in einem Baum zu befestigen, kann ganz schön schwierig werden. Jede muss vorn und hinten verankert werden, und wenn man nicht aufpasst, kann sich alles zu einem heillosen Gewirr aus Nylonschnüren verheddern. Tom machte sich daran, seine Hängematte und die von Brett aufzuhängen, und ich kümmerte mich um meine und die von Guy. Ich wollte Guy während der Nacht aus meiner Hängematte heraus filmen, also mussten beide einigermaßen dicht nebeneinander hängen. Bald wirbelte Tom schon wie ein Derwisch durch die Baumkrone, und ich machte ein paar Aufnahmen von Guy, der das Ganze beobachtete und kommentierte. Bis wir alle unsere Plätze eingenommen hatten, war es Spätnachmittag, und der Waldboden tief unter uns lag schon im Schatten. Ich vergewisserte mich, dass Guy an seine Abseilvorrichtung angehängt blieb, damit er für den Fall, dass wir uns mitten in der Nacht verziehen müssten, so undramatisch wie möglich auf den Boden zurückgelangen konnte. Er würde nur aus der Hängematte rollen und den Hebel betätigen müssen.

Nachdem das Filmen nun für ein paar Stunden beendet war, entrollte ich meinen Schlafsack, ließ mich in die Hängematte sinken und streckte mich aus. Das Blut in meinen Beinen floss wieder in den Körper zurück, und ich lockerte die Beinschlaufen meines Klettergurts ein wenig, um es bequemer zu haben. Die anderen unterhielten sich leise, während ich mich auf den Ellbogen aufstützte, um über den Wald hinauszublicken.

In 80 Metern Höhe über dem Waldboden – so weit oben hatte ich bisher noch nie in einem Baum geschlafen. Ich spähte über den Rand der Hängematte, an dem langen, sich nach unten verjüngenden Stamm entlang bis zu dem Teppich dort unten, und auf einmal kam es mir absurd vor, hier so weit oben zu hängen und freiwillig auf so einer dünnen Matte 25 Stockwerke hoch über dem Boden zu schlafen. Prickelnd trat mir der Schweiß auf die Stirn, und mir wurde für einen Moment schwindlig. Ich überließ mich dem Schwindel, bis er von selbst verging, genoss das kathartische Gefühl des Fallens, wohl wissend, dass ich festgezurrt war und gewiss nicht ins Nichts stürzen würde, es sei denn, der ganze Baum fiele um. Und die Gefahr bestand nicht an so einem ruhigen, windstillen Abend.

Nach und nach wich jeglicher Farbkontrast aus der Landschaft, bis alles in ein wattiges Violett getaucht war. Die silbernen Säulen der anderen Baumstämme waren das Letzte, was sich im Dunkel der Nacht auflöste, einer nach dem anderen verschwamm geisterhaft. Jetzt war alles dunkel und still. Ich ließ mich wieder zurücksinken und sah hinauf in die Äste. Die Anstrengung des Kletterns forderte ihren Tribut; ich schlief ein.

* * *

Als ich ein paar Stunden später erwachte, war es vollkommen still um mich herum und pechschwarz. Instinktiv griff ich nach meinem Seil und zupfte daran, um mich zu überzeugen, dass ich noch festgezurrt war. Irgendetwas hatte mich aus dem Schlaf gerissen, aber was? Ich lag im Dunkeln und wartete auf eine Antwort. Eine leichte Brise kam auf, und das Holz um uns herum fing bedrohlich an zu knarzen. Der Wind wurde stärker; ferne Schläge hallten durch den Wald, als schwere Rindenstreifen wie gigantische Windspiele umherschwangen. Es braute sich was zusammen, und ich lag da in meiner Hängematte, von plötzlichen Windstößen gebeutelt.

Der Sturm überfiel uns um zwei Uhr morgens. Eine Wand warmer Luft kam aus der Dunkelheit und löste Totholz ab, das von den Bäumen regnete und zu Boden krachte. Die Äste stöhnten unter dem Andrang, und der ganze Baum begann zu wanken wie der Großmast eines Rahseglers. Ich spürte den Zug meines Seils, während die Äste in der Dunkelheit über mir auf und ab wippten. Ich knipste die Taschenlampe an und spähte über den Rand meiner Hängematte, nur um mich im selben Moment zu ducken, als ein Orkan aus wirbelnden Blättern mir ins Gesicht klatschte. Die Dunkelheit war undurchdringlich, also knipste ich die Lampe aus und verlegte mich aufs Horchen. Meine Welt war jetzt nur noch rauschende, blinde Konfusion, und unser hoher, schlanker Baum schwankte wie wild umher. Ich fragte mich, wie viel schlimmer das wohl noch werden konnte – sollten wir besser die Reißleine ziehen? Das Bild des umgestürzten Baumes geisterte mir durch den Kopf; war der unsere vielleicht auch so voller Hohlräume, die heimlich, still und leise seine Kraft unterminierten?

Ich ließ meine Stirnlampe aus und sah mir die Umgebung durch die Infrarotlinse meiner Kamera an. Guy bewegte sich in seinem Schlafsack, aber ich konnte nicht erkennen, ob er wach war oder nicht. Toms und Bretts Hängematten befanden sich auf der anderen Seite des Baumstamms; um zu sehen, ob sie noch schliefen, machte ich den Fehler, mich in meiner Hängematte aufzurichten, just als ein Windstoß den Baum traf. Ich verlor das Gleichgewicht, flog aus der Matte und kreiselte an meinem Seil durch die Dunkelheit. Schnell hangelte ich mich zurück an den Baum, lehnte mich in den Wind und stützte mich mit den Füßen an dem riesigen Stamm ab. Keine Sekunde später schien alles sich von mir wegzubiegen, als eine mächtige Böe wie ein D-Zug durchs Laubwerk rauschte, meine leere Hängematte wie ein Segel blähte und den Schlafsack ins Leere schleuderte.

Guy war jetzt wach, klammerte sich an das Seil über ihm und starrte in die Dunkelheit, aber weder Tom noch Brett hatten sich gerührt. Sie lagen eingekuschelt in ihren Schlafsäcken, als ob gar nichts los wäre. Undenkbar, dass sie immer noch schliefen; also schöpfte ich Vertrauen aus der Tatsache, dass sie sich noch nicht abgeseilt hatten. Schon ein wenig entspannter, überließ ich mich dem Gefühl, an meinem Seil herumgewirbelt zu werden wie eine Rosskastanie an einer Strippe. Dort in der windgepeitschten Luft zu baumeln war ein Gefühl wie Fallschirmspringen.

Die heftigen Böen flauten allmählich ab, also kroch ich wieder in meine Hängematte, lag da und hörte dem fernen Gewummer der anderen Bäume zu, die in der Dunkelheit tanzten. Kurz vor Tagesanbruch legte der Wind sich dann. Ich erwachte mit Zweigen und Blättern bedeckt und spähte in den Wald hinunter, aber mein Schlafsack war nirgends zu sehen. Kein Lüftchen regte sich mehr; der Sturm war vorübergezogen wie ein Gespenst in der Nacht.

Die Sonne war noch nicht aufgegangen. Staub hing in der Luft, und die Dämmerung hatte einen gelblichen, kränklichen Schimmer. Tom stand auf und schwang sich herüber wie Tarzan, um auf dem Ast neben Guy zu landen, der ihn mit: »Nur Tee oder Kaffee, danke, es muss kein englisches Frühstück sein«, begrüßte. Er hatte sich wacker geschlagen, wenn man bedenkt, dass seine erste Übernachtung auf einem Baum gleich so wild bewegt ausgefallen war.

Wir banden die Hängematten los und schickten sie mit Brett hinunter. Über uns gab es noch eine ganze Menge Baum zu erklimmen, und Tom machte auch bei der letzten Etappe den Anführer. Der Stamm verjüngte sich zusehends und maß jetzt nur noch einen halben Meter im Durchmesser – außerdem schien er auch völlig hohl zu sein. Ich spähte in eine Höhle, in die von der anderen Seite das Tageslicht einfiel. Diesmal konnte ich es mir nicht verkneifen, den Arm durch den Stamm zu strecken. Wir erklommen eine hohle Röhre und hatten immer noch sechs Meter bis zum Wipfel vor uns.

Als ich zu Tom hinaufsah, beantwortete er meine stumme Frage mit einem breiten Grinsen. »Keine Sorge, das ist ein starker Stamm. Er kann auch gut ohne Kernholz überleben.«

Konnte das vereinte Gewicht von drei Kletterern im oberen Astwerk vielleicht den Ausschlag geben und einen katastrophalen Abbruch bewirken? Möglich, aber wir waren jetzt hier, also blendete ich diese Gedanken lieber aus und kletterte weiter.

Tom war schon am oberen Ende des Stammes angekommen und hatte es sich in der großen Astgabel bequem gemacht, die von unten aussah wie ein Geweih. Wir waren jetzt nur noch wenige Meter vom obersten Wipfel entfernt. Als wir zu Tom aufschlossen, schätzte er schnell ab, welche Astgabel die höchste war, und warf ein Seilbündel über einen schmalen Ast, zu dem er mit einer Messbandrolle aufstieg, die schwer hinten an seinem Klettergurt baumelte. Wir befanden uns jetzt 85 Meter über dem Boden, und der Ast, auf dem Tom gerade hochkraxelte, war nicht dicker als mein Unterarm. Es sah höchst unsicher aus, aber ich musste darauf vertrauen, dass er schon wusste, was er tat.

Der Wind frischte wieder auf und traf den Baum mit sporadischen Böen. Jeder Windstoß setzte die Äste, die unser Gewicht trugen, noch größerer Belastung aus. Holz ist dazu geschaffen, mit dynamischen Kräften zurechtzukommen, doch es waren keine sehr stabilen Äste. Als Tom, auf der rechten Spitze der Astgabel, vom Wind gebeutelt, sein Maßband hinabließ, blähte es sich in einem riesigen weißen Bogen. Die Rolle drehte sich unter schrillem Quietschen, während das Band in die Tiefe sauste. Nach einer halben Ewigkeit hörten wir das ferne Echo eines Aufpralls, und Toms Funkgerät meldete sich knisternd. Brett hatte das Messband aufgehoben und stand nun am Fuß des Baumes.

»Okay, jetzt roll es auf. Halt. Gut so … okay, und jetzt ablesen«, sagte er.

Tom zog das Messband stramm und spähte auf die Zahlen: »Zweihundertneunundachtzig Fuß und vier Zoll«, sagte er ins Funkgerät. Achtundachtzig Meter und ein paar Gequetschte.

Der Wind wurde jetzt immer stärker, also ließ Tom sich wieder am Seil hinab, um auf einem abgestorbenen Ast neben Guy zu landen, wo sie sich für die Kamera die Hände schüttelten. Unser Baum war elfeinhalb Meter kürzer als der Centurion in

Tasmanien und vier Meter kürzer als der höchste Königs-Eukalyptus auf dem australischen Festland: ein Gigant, der unter dem Namen Big Ash One bekannt war und weniger als eine Meile von uns entfernt im selben Wald stand. Mit seinen 92 Metern – etwa so hoch wie die Freiheitsstatue – verteidigte Big Ash One seinen Titel mit klarem Abstand. Andrerseits war jeder Baum, der mehr als 86 Meter maß, eine Seltenheit, die Anerkennung verdiente. Unser Baum konnte mit Stolz seinen Platz unter dem Dutzend höchster Baumriesen auf dem Festland einnehmen.

Toms Funkgerät knisterte erneut. »Mir ist ein Name für ihn eingefallen«, sagte Brett. »Roaring Meg.«

Roaring wegen des heulenden Sturms, den wir in der Nacht erlebt hatten, aber *Meg?* Nur Brett kennt darauf die Antwort, aber der Name schien perfekt zu ihm zu passen.

Guy und Tom begannen ihren langen Abstieg zurück zum Erdboden, doch ich wollte mir noch etwas Zeit lassen, um darüber nachzudenken, was wir vollbracht hatten, also blieb ich zurück und sah mir an, wie die Baumwipfel um mich her im Wind tanzten. Der Aufstieg war ein voller Erfolg gewesen. Roaring Meg war zwar nicht der Größte, aber er war eine Schönheit, und was für ein Abenteuer hatten wir zwischen seinen Ästen erlebt. Ich selbst hatte außerdem eine persönliche Bestleistung erbracht, indem ich zum ersten Mal in meinem Leben über 86 Meter hoch in einen Baum gestiegen war.

Hätte ich damals gewusst, was dem Baum bevorstand, dann wäre ich noch länger oben geblieben, um die einmalige Gelegenheit auszukosten. Doch nur zu bald ging ich daran, mich abzuseilen, zurück in die Welt der Fahrpläne und Langstreckenflüge. Meg ist der einzige Königs-Eukalyptus, den ich je erklommen habe, und ich glaube, ich möchte es dabei belassen: schließlich ist er kaum zu übertreffen.

Roaring Meg starb kaum ein Jahr nach unserem Besuch. Im Februar 2009 tobten die schlimmsten Buschfeuer der australischen Geschichte durch den Bundesstaat Victoria. Am 7. Februar, als die Temperatur in Melbourne 46 Grad erreichte, fegten nordwestliche Winde mit einer Geschwindigkeit von bis zu 125 Stundenkilometern durch den Staat und rissen Hochspannungsleitungen westlich des Hume Plateau nieder. Die daraus entstehenden Brände breiteten sich über das Grasland aus, verwüsteten eine Pinienplantage und schwenkten nach Südosten um, in Wohngebiete und den Nationalpark, bis sie fünf Stunden später die Stadt Kinglake erreichten. Der sogenannte Kinglake-Feuerkomplex brannte einen Monat lang, bis er Anfang März endlich eingedämmt werden konnte. Bis dahin waren 820 000 Morgen Land den Flammen zum Opfer gefallen.

Meg stand im Wallaby-Creek-Einzugsgebiet innerhalb des Kinglake-Nationalparks, mitten in der Bahn der Feuerwalze. Als ich neulich mal wieder mit Brett sprach, erklärte er, Wallaby Creek »wäre heute nicht mehr wiederzuerkennen. Ein Meer von acht bis 15 Meter hohem Nachwuchs, darüber eine langsam schwindende Kohorte von hellgrauen, toten Achtzig-Meter-Türmen.«

Die meisten der höchsten und größten *Eucalyptus regnans* sind jetzt auf die Insel Tasmanien beschränkt. Aber wer weiß? In zwei- oder dreihundert Jahren wird vielleicht wieder ein Gigant an Megs Stelle stehen und seine DNA tragen.

Das Kinglake-Feuer war nur eines von einer ganzen Serie von Bränden, die 2009 das gesamte Gebiet nordöstlich von Melbourne heimsuchten. Mehr als eine Million Morgen Land wurden insgesamt vernichtet und 1200 Häuser zerstört. Vierhundertvierzehn Menschen wurden verletzt und 173 kamen ums Leben.

Natürlich kann man kaum einen einzelnen Baum oder auch einen ganzen Wald betrauern angesichts so furchtbarer und tragischer menschlicher Leiden und Verluste. In gewisser Weise sind die Bäume ja unwichtig. Sie werden sich erneuern. Sie sind schon dabei. Der Wald wird wiederkommen. Doch mir blutet das Herz bei dem Gedanken, was die Ortschaften, durch die ich 2008 auf dem Weg zu den Bäumen fuhr, in diesen schrecklichen Wochen kaum ein Jahr später wohl durchmachten.

KAPITEL 7

Ebana – Gabun

2008

Ich stieg in meinen Klettergurt und nahm mir Zeit, den Baum, den ich gleich besteigen würde, genauer in Augenschein zu nehmen. Der Stamm war tief eingekerbt und breit aufgestellt; sein Fuß sah aus wie die Tatze eines riesigen Tiers. Die meisten seiner Brettwurzeln wiesen unverkennbare Elefantenschäden auf – tiefe Stoßzahnspuren, die allmählich verschorften, während der Baum versuchte, sich selbst zu heilen. Dunkelbraunes Harz gerann über den verletzten Stellen, um das lebende Gewebe darunter zu schützen, und die rechte Flanke des Baumes war mit dunkelgrauem Schlamm bedeckt, dort, wo die Dickhäuter sich gescheuert hatten. Darüber war der gewundene Stamm mit rotbrauner schuppiger Rinde bedeckt, die ihm ein zottiges Aussehen verlieh. Ich zupfte eine der Schuppen ab, unter der die frische, hellere Rinde zum Vorschein kam. Die Schuppe war bröselig wie verbrannter Toast und roch modrig. Alles in diesem Wald roch modrig. Die Luft war voll von dem intensiven Geruch modernder Pflanzen, fauligen Morasts und dem unverwechselbaren moschusartigen Odeur der Waldelefanten. Manchmal bewegte sich die träge Luft ein wenig, dann konnte ich das Meer riechen. Das gedämpfte Rauschen der Wellen, die sich an einem fernen Strand brachen, erinnerte einen ständig daran, dass dies kein gewöhnlicher Wald war.

Dies war der Ort, wo die dichten Waldgebiete des Kongo sich schließlich zum Atlantik hinabsenkten. Ein dünner Streifen weißen Sands, Hunderte Kilometer lang, trennte die Welt der Bäume von der Welt des Wassers. Dieser menschenleere Landstrich war übersät mit dem sonnengebleichten Totholz zahlloser umgestürzter Bäume. Tonnenschwere Baumstämme waren von riesigen Atlantikwellen mit lässiger Verachtung an den Strand gespült worden. Der Kongo hatte hier einen ebenbürtigen Gegner gefunden, und ein unsicherer Waffenstillstand schien über der ganzen Region zu schweben, als warte der Wald auf den Tag, an dem der Ozean sich endlich erheben und ihn vollständig wegspülen würde.

Ich befestigte mein Kletterseil an meiner Brustklemme, zog das lose Ende durch und hangelte mich vom Boden hoch. Der Baum stand am Rand einer großen Inlandlagune, und am Ende meines Seils schwang ich jetzt in anderthalb Metern Höhe über dem schwarzen Wasser. Dort lauerten Krokodile, und ganz instinktiv beeilte ich mich, höher hinaufzukommen, um mehr Abstand zu dem dunklen Wasserspiegel zu bekommen. Fünf Meter über dem Boden teilte der Stamm sich in drei vertikale Stämme auf, die sich 30 Meter weiter oben zu einem riesigen Laubdach verästelten. Es war eine klassische zentralafrikanische Laubholzart, die vor Ort als *ozouga* bekannt war. Ein knorriger Troll von einem Baum, dessen Holz stärker war als Stahl.

Bis ich eine Höhe von zehn Metern erreicht hatte, war mir bereits klar, dass es der perfekte Baum für meine Zwecke war. Die letzten drei Tage war ich nur durch diesen Wald gekrochen, auf der Suche nach einem Baum von genügender Stärke und Größe, und ich war erleichtert, ihn endlich gefunden zu haben.

Ich war von einer Fernsehgesellschaft angeheuert worden, um das ultimative Dschungel-Baumhaus zu bauen. Das Produktionsteam hatte dieses urwüchsige Waldgebiet an der abgelegenen Küste von Gabun ausgesucht, und auf den ersten Blick hatte es tatsächlich ideal gewirkt. Es war praktisch menschenleer, ein unberührtes Mosaik aus Wald, Savanne und Lagune, Heimat von Elefanten, Gorillas, Schimpansen, Büffeln, Nilpferden und Krokodilen. Bei näherer Betrachtung hatte sich allerdings herausgestellt, dass es nur sehr wenige Bäume gab, die infrage kamen.

Dieser Trip war eine Erkundungsreise, und was ich brauchte, war ein Baum von genügender Größe und Präsenz, um sich als eigenständiger Akteur zu profilieren. Ein Dschungelriese, der als perfekte Bühne für die drei Moderatoren fungieren konnte, die einen Monat lang in seinem Astwerk leben sollten. Unglaublich stark und gesund musste er obendrein sein. Aber dieser Waldstreifen zwischen Ozean und Lagune war seit Jahrhunderten dem unbarmherzigen Küstenklima ausgesetzt und erwies sich als dichtes, unwegsames Wirrwarr aus verschlungenen Lianen und geborstenen Baumstämmen. Sobald ein Baum sich über die anderen erhob, wurde er von den heftigen Stürmen, die vom Atlantik hereingefegt kamen, zurechtgestutzt. In den Baumkronen hing eine Menge Totholz, und die höheren Bäume lehnten in gefährlich schiefem Winkel und kämpften um Halt in dem lockeren, sandigen Boden. Alle, außer dem Ozouga, den ich nun erklomm. Kein Wunder, dass dieser Baum so weit wie möglich vom Meer entfernt wuchs, direkt am Rand der Lagune. An der Westseite war er durch einen knappen Kilometer Wald geschützt und hatte so viel Wasser, wie er brauchte. Er war etwa 45 Meter hoch, aber was ihm an Höhe fehlte, das machte er durch schiere Masse wett. Seine drei gewaltigen Stämme würden den Boden des Baumhauses sicher tragen. Ich konnte eine maßgeschneiderte Struktur entwerfen, die alle drei Stämme umschloss; zweifellos war das Holz stark genug, mehrere Tonnen an Balken und Bohlen zu tragen. Alles ließ sich sehr gut an, also rief ich meinen Begleitern James (der Produzent) und Joseph (unser Waldführer) zu, sie könnten mich ruhig eine Weile allein lassen. Sie schlenderten plaudernd in den Wald, und ich kletterte weiter, bis ich mich in 15 Metern Höhe befand.

Hier spreizten die drei Stämme sich wie Riesenfinger, und ich zog mein Notizheft hervor, um ein paar Ideen für das Baumhaus zu skizzieren. Die nächsten zwei Tage würde ich mich der Erkundung des Baumes widmen, um die Pläne zu entwerfen, die dann als Grundlage für die Konstruktion dienen würden. Ich hing da in meinem Klettergurt und stellte mir vor, wie das Haus gebaut wurde, wie es um mich herum Form annahm.

Über meinem Kopf führte das Kletterseil durch einen dünnen Laubschleier. Ich wand mich hindurch und befand mich jetzt in dem weiten Raum unterhalb der Baumkrone. In 20 Metern Höhe war ich von einem Geflecht aus horizontalen Ästen umgeben. Manche davon hatten einen Durchmesser von gut einem Meter und wirkten unermesslich stark. Sie schlängelten sich in alle Richtungen und boten schier grenzenlose Möglichkeiten für Entwürfe. Ein Aststumpf drei Meter über mir fiel mir auf, der aussah, als ob er hohl sei. Ich beschloss, ihn mir genauer anzusehen, falls er eine noch unentdeckte Fäulnis im Innern des Stammes offenbaren sollte.

Just in diesem Moment kam eine Honigbiene von oben und begann mir wütend ums Gesicht zu summen, um dann Kurs auf meine rechte Augenbraue zu nehmen. Ich schlug nach ihr, und sie flog weg, aber den Stachel ließ sie stecken. Ich versuchte ihn herauszuziehen, aber ungeschickt, wie ich war, quetschte ich nur den daranhängenden Giftsack aus, der noch mehr Gift in mich hineinpumpte. Afrikanische Honigbienen haben es echt in sich, und an meinen Fingerspitzen war Blut. Aber sie stechen nicht ohne Grund; offenbar war ich an ein Nest geraten. Ein kurzer Blick zu dem hohlen Aststumpf hinauf bestätigte meinen Verdacht. Ein Blizzard aus kleinen schwarzen Punkten wirbelte aus ihm auf. Nachdem die sterbende Biene ihren Stachel in meinem Fleisch gelassen hatte, war sie direkt zum Stock zurückgeflogen und hatte eine zornige Spur von Pheromonen hinterlassen, der die nächste Welle der Verteidiger nur zu folgen brauchte. Sekunden später kam es schon zur nächsten Attacke. Ein Stich ins linke Augenlid, während eine weitere Biene mir ins linke Nasenloch kroch. Ich fühlte, wie mehrere andere versuchten, mir in den Mund zu krabbeln. Nachdem sie mich gestochen hatte, kehrte jede Biene ins Nest zurück, um noch mehr Verstärkung herbeizurufen, und die Situation eskalierte gefährlich, während ich 20 Meter über dem Boden hilflos um mich schlug.

Eine schaffte es, durch meine fest zusammengepressten Lippen zu schlüpfen, und stach mich von innen in die Backe. Ich zermalmte sie zwischen den Zähnen und spuckte sie aus, aber schon krabbelten drei weitere hinein, um es ihr gleichzutun. Ich spürte, wie meine Kehle anschwoll und wie ich hyperventilierte. Eine Welle von Adrenalin durchfuhr mich, und mein Herz hämmerte wie wild. Wenn es zu einem anaphylaktischen Schock kam, würde meine Luftröhre noch mehr zuschwellen, ich würde recht bald das Bewusstsein verlieren und ohnmächtig an meinem Seil baumeln. Dutzende von Bienen waren mir unters Hemd gekrochen, während andere durch die Belüftungsritzen meines Helms geschlüpft waren, um mir mehrfach in den Kopf zu stechen. Mir brummte der Schädel vor lauter Bienengift, und ich fing an, Sterne zu sehen. Wenn ich hier oben blieb, konnte das nur böse enden, so viel war sicher.

Ich musste machen, dass ich runterkam, hing vorerst aber immer noch sieben Stockwerke weit oben und zappelte wie eine Marionette an meinem Seil. Ich musste die Abseilvorrichtung am Gurt aktivieren, doch dafür musste ich die Hände vom Gesicht nehmen. Ich konnte nicht mehr klar denken, aber meine Hände wussten auch so, was zu tun war, und hatten auf Autopilot geschaltet. Seil rüber in die Abseilvorrichtung, Füße in die Trittschlingen, Brustklemme lösen, in den Klettergurt zurücklehnen, Handklemme lösen und ab!

Ich war kurz davor, ohnmächtig zu werden, als ich, so fest ich konnte, den Hebel an meiner Abseilvorrichtung drückte und praktisch im freien Fall am Seil hinabrauschte. Der Schwarm folgte mir nach unten, also schwang ich mich ans Ufer, streifte hektisch den Gurt ab, den ich am Seil hängen ließ, und stürzte mich kopfüber in die Sicherheit der Lagune. Zum Teufel mit den Krokodilen. Ich tauchte vollkommen unter und konnte nicht glauben, dass ich von einigen Unentwegten immer noch weiter gestochen wurde. Ich riss mir den Helm herunter, zerquetschte alle Bienen, die sich in meinen Haaren und Ohren verfangen hatten, hielt den Atem an, solange ich konnte, und hangelte mich dann an den Baumwurzeln zurück ans Ufer. Der Hauptansturm war vorüber. Ich hatte allerdings nicht vor, auf die Nachhut zu warten, und wankte in den Wald, um mich so weit wie möglich von dem wütenden Schwarm zu entfernen.

Nach ein paar Minuten blieb ich stehen, um wieder zu Atem zu kommen. Ich hatte Ohrensausen, und alles klang so verschwommen, als wäre ich immer noch unter Wasser. Ich war froh, das wütende Summen nicht mehr zu hören, aber mein Atem ging flach, und ich fühlte mich, als hätte ich eine ganze Flasche Whisky auf ex getrunken. Ich musste mich übergeben, hatte aber nichts im Magen, würgte nur Speichel hoch, keuchend vor Anstrengung. Die letzten Bienen, die sich in meinen Kleidern verfangen hatten, wanden sich im langsamen Todeskampf, und gelbe Eingeweide quollen aus ihren Hinterteilen. Die Luft war voll vom bitteren Geschmack des Gifts, und ein scheußlicher roter Ausschlag breitete sich auf meinen Händen aus. Es war eine anaphylaktische Reaktion, aber da ich keine Medizin dabeihatte, konzentrierte ich mich darauf, tief und langsam zu atmen, damit das Herzrasen aufhörte und das Gift sich nicht so schnell in meinem Körper ausbreitete. Ich brauchte unbedingt eine ordentliche Dosis Antihistamin, also wischte ich die letzten Bienen von mir ab und machte mich torkelnd wie ein Betrunkener auf den Weg zu unserem anderthalb Kilometer entfernten Lager. Der Adrenalinschub war inzwischen abgeklungen, und ich fühlte mich nur noch erschöpft, verwirrt, zittrig. Es ging mir miserabel.

* * *

Ein paar Stunden später erwachte ich auf meinem Bett in unserem Lager. Es war dunkel und kühl. Ich hörte Regen draußen, ab und zu Donnergrollen. Aufgeregtes, schrilles Gezirpe von den Fledermäusen, die über mir in den Balken der Hütte hingen. Ich tastete unter dem Kissen nach meiner Stirnlampe und wurde augenblicklich von dem Licht geblendet, das von dem weißen Moskitonetz um mich her zurückstrahlte. Alles kam mir surreal vor, und ich brauchte eine Weile, um mir darüber klar zu werden, wo ich war und was passiert war. James und Joseph hatten die Attacke mitbekommen. Meine Schmerzensschreie und Warnrufe waren durch den Wald gehallt, und die beiden waren zu dem Ozougabaum zurückgerannt. Als sie dort ankamen, hievte ich mich gerade aus dem Wasser und rannte in blinder Panik an ihnen vorbei. Joseph, der gleich kapiert hatte, was los war, hatte James schnell aus der Gefahrenzone gelotst und eine Abkürzung genommen, um mich in sicherer Entfernung auf dem Wildpfad abzupassen. Von dort aus hatten sie mir beide zum Lager zurückgeholfen, wo sie mir eine große Dosis Antihistamin verpassten und mich ins Bett steckten.

Die Schwellung in meiner Kehle war zum Glück völlig verschwunden, aber ich fühlte mich immer noch schwindelig und desorientiert. Mittlerweile spürte ich jeden einzelnen Stich. Ich zählte mindestens 40 allein an Kopf und Armen, aber manche davon fühlten sich wie Stiche auf Stichen an. Meine Unterlippe war so geschwollen, wie ich es nicht mehr erlebt hatte, seit ich in der Schule eine aufs Maul gekriegt hatte, und mein rechtes Ohr brannte höllisch. Auf meinem Kissen waren Blutflecken, und ich konnte schwere Prellungen rund um die Augen und auf den Handrücken fühlen – überall da, wo Haut auf Knochen trifft und wenig Fleisch vorhanden ist, um den Stich abzufangen. Alles in allem fühlte ich mich, als hätte ich drei Runden im Ring mit einem Schwergewichtsboxer absolviert. Aber ich war noch am Leben, und das war schließlich alles, was zählte. Es hätte auch anders ausgehen können.

Die ganze Episode war ein ziemlicher Albtraum gewesen. Aber was mich außerdem beunruhigte, war die Art, wie die Bienen sich verhalten hatten. Sie waren direkt auf mein Gesicht losgegangen. Diese Bienen, die noch nie einen Menschen gesehen hatten, wussten irgendwie, dass Augen, Mund und Nase die besten Ziele für eine Attacke waren. Die Vorstellung solch einer angeborenen kollektiven Intelligenz war mir unheimlich. Wahrscheinlich ergab es jedoch einen evolutionären Sinn, da sie es gewohnt waren, ihren kostbaren Honig gegen Primaten zu verteidigen. Schimpanse, Gorilla, Mensch … für eine Biene sehen wir wohl alle gleich aus.

Ich knipste die Stirnlampe aus und ließ mich in die tröstliche Dunkelheit zurücksinken. Das Geräusch des Regens und dazu das ferne Wellenrauschen halfen mir, mich zu entspannen.

Ich lag da, war kurz davor wegzudösen und machte mir Vorwürfe, dass ich meinen Verbandskasten nicht in den Wald mitgenommen hatte. Außerdem hatte ich keine Spur von dem Nest entdeckt, bevor ich losgeklettert war. Ich hätte den Baum länger vom Boden aus beobachten sollen, bevor ich überhaupt die Schnur hinaufschoss. Normalerweise tue ich das auch, aber ich war wohl einfach so erleichtert gewesen, nach langem Suchen endlich einen passenden Baum gefunden zu haben, dass ich alles andere vergaß. Ich war zu selbstsicher gewesen und hatte alle Vorsicht sausen lassen. Ich schloss die Augen und fiel durch weichen Wellenschaum in tiefen Schlaf.

* * *

Am nächsten Morgen wurde ich um halb fünf wach. Eine Stunde lag ich da und wartete auf die Morgendämmerung, dann ging ich mit meinem Becher Tee ans Ufer der Lagune, um die Sonne durch den Dunst aufsteigen zu sehen. Meine Gelenke waren steif, und mir tat alles weh, aber der Giftnebel hatte sich aufgelöst, und mein Kopf war klar.

Ich war nicht scharf darauf, gleich wieder in den Wald loszumarschieren, geschweige denn, wieder in meinen Klettergurt zu steigen, aber wir hatten nur noch zwei Tage, um den richtigen Baum zu finden.

Mit Joseph zu dem Ozougabaum zurückzuschleichen, um meine Seile abzuhängen, war mir wie eine Art Therapie vorgekommen, als würde man ein Trauma noch einmal erleben oder an einen Tatort zurückkehren. Ich nehme an, es tat mir gut. Ich sah oder hörte keine Biene mehr, obwohl sie an so einem schönen Tag bestimmt sehr aktiv waren. Ich fand meinen Klettergurt noch am Seil, schlaff am Fuß des Baumes hängend. Es wimmelte von Ameisen, die emsig damit beschäftigt waren, die Leichen der Bienen auszuschlachten, die sich für die Verteidigung ihres Stocks geopfert hatten. Ich warf einen letzten Blick auf den weiland perfekten Baum und kehrte zurück in den Wald, um weiterzusuchen.

Glücklicherweise standen wir schon zwei Stunden später am Fuß eines weiteren potenziell passenden Baumes, auch dieser wieder am Ufer der Lagune. Joseph klopfte mit der Breitseite seiner Machete dagegen und sagte: »Ebana.« Ich besann mich auf mein Schulfranzösisch, um ihn zu fragen, ob Ebana gutes, starkes Holz war. Er strahlte mich an: »Oui, oui, il est bon bois. Très fort. Pas de problème.«

Joseph war der Sohn des Dorfvorstehers von Sette Cama, dem nahe gelegenen Dorf. Er war so groß wie ich, aber mit breiteren Schultern, und er hatte einen eigenartigen Humor. Als ich ihn zum ersten Mal traf, gingen wir in der Lagune schwimmen. Er war untergetaucht und hatte mich bei den Beinen gepackt, um dann schallend über mein angstverzerrtes Gesicht zu lachen. Anschließend ließ er noch eine strenge Warnung wegen der Krokodile vom Stapel. Wir traten gerade 100 Meter vom Ufer entfernt Wasser, und mir war schleierhaft, wieso er diese Tatsache nicht erwähnt hatte, als wir noch auf dem Trockenen waren, aber ihn freute das alles ungemein. Ich hatte ihn gleich ins Herz geschlossen.

Obwohl er ebenfalls am Rand der Lagune stand, hätte der Baum, zu dem wir jetzt aufschauten, sich nicht stärker von unserem gestrigen Ozouga unterscheiden können. Während der »Bienenbaum« von massiver Statur gewesen war, wirkte dieser Ebana schlank und anmutig, fast fragil. Seine Rinde war glatt und grauscheckig, sie fühlte sich an wie stark abgeschmirgeltes Sandpapier. Auch dieser Stamm wurde regelmäßig von Elefanten zum Scheuern genutzt und war deswegen mit etlichen Schlammschichten bedeckt, die teilweise noch feucht waren. Fünf Meter über dem Boden teilte er sich in drei Stämme, die sich jeweils noch vielfach verästelten. Die Baumkrone, die sich

30 Meter über uns im Wind wiegte, wirkte wie ein eigener Wald. Der Baum erinnerte mich an die uralten Buchen, die ich von daheim kannte. Ich begutachtete ihn durchs Fernglas und konnte keine Höhlen oder Schäden daran erkennen, also schoss ich eine Schnur hinauf, um meine Seile zu befestigen. Der schwache Geruch nach Bienengift, der immer noch an meinem Klettergurt haftete, verursachte mir Herzklopfen; ich holte tief Luft und versuchte mich auf die anstehende Aufgabe zu konzentrieren.

Ich hatte mein Kletterseil so angebracht, dass es mich über die Mitte des Baumes hinaufführte. Sobald ich oberhalb des Hauptstamms angelangt war, hing ich in einer herrlich offenen Kolonnade aus mehreren Stämmen, die sich immer mehr vervielfachten und immer schmaler wurden, je höher ich kam. Ich schwang an meinem Seil durch die Mitte, um nach einem Ast auf der anderen Seite zu greifen. Er bog sich unter meinem Gewicht, schnellte zurück und schlug leicht gegen seinen Nachbarn, als ich losließ und wieder wegschwang. Je mehr ich mich der Baumkrone näherte, desto verlockender wurden die Ausblicke auf die Lagune. Ich hatte kein Seil mehr, aber noch sechs Meter bis zum Wipfel zu bewältigen, also begnügte ich mich mit den Klettergurten und kraxelte den Rest freihändig hinauf. In dieser Höhe war die Krone etwa 15 Meter breit, und die vielfachen Stämme erstreckten sich zu meiner Rechten wie die Säulen eines Kreuzgangs, um den Kreis zu meiner Linken zu vollenden. Ich hatte einen weiten Überblick über die Lagune tief drunten. Das Wasser glitzerte wie Diamanten in der afrikanischen Sonne, doch hier oben unter dem Blätterdach herrschte grüne Kühle. Ich hatte die Muffigkeit des Unterwuchses weit hinter mir gelassen und konnte das Salz des Meeres schmecken, das die frische Brise herantrug. Der Baum raschelte bei jedem Lufthauch, und die Stämme schwankten in immer größeren Kreisen, bis sie sanft zusammenstießen, fast bedauernd, wie Leute auf einer überfüllten Tanzfläche. Ich blickte hinab in das Herz des Baumes, zu dem Hauptstamm mehr als 20 Meter unter mir, von dem aus die vielfachen Stämme sich mir schlängelnd entgegenstreckten wie die Tentakel einer gigantischen Krake oder Seeanemone. Ich schloss die Augen und fühlte alles um mich her in ewigem, wiegendem Auf und Ab, und während die freundliche Brise mir den Schweiß trocknete, wurde mir bewusst, dass wir endlich unseren Baum gefunden hatten.

* * *

Zwei Tage danach flogen James und ich nach England zurück, um alles in die Wege zu leiten. Zehn Tage später war ich wieder in Gabun, mit einigen Werkzeugkästen und jeder Menge Kletterausrüstung. James war in England geblieben, um Texte fertigzustellen, und jetzt wurde ich von Nick begleitet, einem britischen Kollegen, der sich bestens mit Bäumen und Holzverarbeitung auskannte. Wir würden das Baumhaus gemeinsam bauen. In meiner Abwesenheit hatte Joseph ein kleines, aber tatkräftiges Team aus seinem Dorf rekrutiert, und wir hatten drei Wochen, um so viel wie möglich noch vor Weihnachten geschafft zu kriegen. Viel Zeit war das nicht, und meine Entwürfe waren ziemlich anspruchsvoll. Aber falls das georderte Holz angekommen war, konnte es gleich losgehen.

War es aber nicht. Wir hatten es bei einer kleinen Sägerei in Gamba gekauft, der nächsten Stadt, eine vierstündige Bootsfahrt entfernt auf der anderen Seite der Lagune gelegen. Offenbar hatte der Besitzer des Sägewerks sich seit Tagen nicht mehr blicken lassen und war wie vom Erdboden verschluckt. Unser Zeitplan war knapp bemessen. Wir hatten insgesamt 22 Tage, um das Baumhaus fertig zu bekommen, und ich wurde immer nervöser, je mehr Tage ungenutzt und ohne Nachricht verstrichen. Ich sagte mir, dass es sich nur um eine kleine Verzögerung handele, sicher würde alles noch gut gehen. Aber in Zentralafrika wirken sorgfältig ausgetüftelte Pläne oft lachhaft; nach sechs Tagen schien mir mein Optimismus reichlich fehl am Platz. Selbst wenn das Holz morgen ankäme, hätten wir nur noch zwei Wochen, um das Ding hochzuziehen. Frustriert beschlossen Nick und ich, am Strand zu joggen und schwimmen zu gehen, einfach um mal aus dem Lager herauszukommen und uns ein bisschen abzureagieren. Wie Touristen schnappten wir uns unsere Handtücher und Flipflops und machten uns auf den Weg hinunter zum menschenleeren Strand.

Weißer Sand erstreckte sich in einer langen, sanft geschwungenen Bucht vor uns, um am nördlichen Horizont in einem Dunstschleier zu verschwinden. Schwere Brecher rollten in endloser Folge heran, und die sonnengebleichten Gerippe toter Bäume lagen halb begraben im Sand wie Saurierfossilien. Zu unserer Rechten lag der Wald, eine dicke Wand aus wild wuchernder Vegetation. Gelegentlich ragte ein einzelner Baum bis über die Hochflutgrenze hinaus, aber es war so dunkel unter dem Blätterdach, dass ich zwischen den Bäumen nichts erkennen konnte.

Ich legte mein Handtuch auf einem gefallenen Baumstamm ab und schlenderte zum Waldsaum, um zu pinkeln. Während ich noch an meinen Shorts fummelte, gewahrte ich plötzlich eine Bewegung, und als ich zu dem dichten Blattwerk aufsah, wurde es plötzlich von etwas gesprengt, das sich mit unglaublicher Geschwindigkeit bewegte. Ein Elefantenbulle brach aus der Deckung hervor, geradewegs auf mich zu. Die riesigen schwarzen Ohren aufgestellt, den Rüssel zornig eingerollt, aber was mir vor allem auffiel, das waren seine Stoßzähne: knapp zwei Meter lang und rasend schnell näher kommend. Vielleicht bluffte er nur, aber es sah ganz so aus, als wollte er ernst machen. Keine Warnung, kein Trompeten, nur diese schreckliche stumme Absicht, begleitet vom unheilvollen Krachen der Äste, während er seine fünf Tonnen durch die Baumstämme und Büsche wuchtete, als ob sie Gras wären. Er war ungefähr noch 15 Meter entfernt, aber der Abstand verringerte sich beängstigend. Ich drehte mich um und rannte barfuß über den Strand, noch die Shorts hochziehend. Im Vorbeirennen schlug ich Nick auf die Schulter: »Elefant! Lauf!« Im Bruchteil einer Sekunde hatte er begriffen, was los war, und sprintete neben mir auf die Wellen zu.

Der Bulle jagte uns quer über den Strand bis ans Wasser. Er war uns dicht auf den Fersen, aber am Wellensaum ging es steil abwärts, und fünf Meter hinter uns bremste er ab, unter wütendem Gebrüll. Es war ohrenbetäubend, selbst über das Tosen der Brecher hinweg. Ein ungeheurer Urschrei der Wut, den ich im Zwerchfell vibrieren fühlte, obwohl ich bis zum Bauch im schäumenden Wasser stand. Ich konnte direkt in sein offenes rosa Maul sehen, als er trompetend den Rüssel reckte, ehe er den Kopf senkte und angriffslustig mit den großen, dornenzerfetzten Ohren fächelte. Wir wichen weiter in die Wellen zurück, während er aufstampfend Sandfontänen in unsere Richtung kickte. Er war unfassbar zornig, voller Empörung über unsere Anwesenheit. Doch ich entdeckte auch einen Anflug von kindlichem Stolz, in der Art, wie er nun dastand und seinen riesigen Schädel hin- und herschwenkte. Eine reißende Strömung trieb uns parallel zum Strand durchs Wasser. Die Körpersprache des Bullen verriet so etwas wie Selbstzufriedenheit, als er auf gleicher Höhe mit uns mittrabte und uns ab und zu einen Seitenblick zuwarf. Er hatte unmissverständlich klargestellt, dass dies hier sein Revier war. Nachdem er uns eine Weile beschattet hatte, kehrte er zu den Bäumen zurück, und wir konnten zusehen, wie wir uns halb watend, halb schwimmend in Sicherheit brachten. So waren wir ja doch noch zu unserem Strandlauf gekommen, inklusive Badestart, dachte ich grimmig. Durchnässt trotteten Nick und ich zurück zu unserer Hütte und kamen uns vor wie abgewatschte kleine Jungs. Gut, dass Joseph nicht da war, um uns in Empfang zu nehmen, sonst hätte er uns ewig damit aufgezogen. Ich schenkte uns beiden einen dringend benötigten Whisky ein; wir hockten in nachdenklichem Schweigen da und blickten über die Lagune. »Das stand so aber nicht im Prospekt, oder?«, murmelte Nick.

* * *

Um sechs Uhr am folgenden Morgen saß ich mit meinem Becher Tee da und sah den Vögeln am Wasserrand beim Grasrupfen zu. Diese kleinen schwarzroten Vögel flogen in die Palmen über unserer Hütte hinauf, mit langen Halmen im Schnabel, die wie Girlanden hinter ihnen herwehten. In jedem Baum hingen Dutzende von Nestern – ein ganzer hängender Garten voll perfekt geformter kleiner Baumhäuser. Jede Palme schwirrte vor geschäftigem Treiben. Neidvoll sah ich ihnen beim Bauen zu; ich hätte längst selbst oben in meinem Baum an meinem eigenen Baumhaus werkeln sollen. Gerade hatte ich mich wieder der aufgehenden Sonne zugewandt, als ich fernes Motorbrummen vernahm. Nick kam aus der Hütte und gesellte sich zu mir, just als eine blaue Barkasse vom anderen Ufer der Lagune her in Sicht kam, wie eine Vision aus dem Morgendunst auftauchte. Sie war voll beladen mit Holz und lag sehr tief im Wasser. Planken und Balken waren bis über das Dollbord gestapelt und ragten zu beiden Seiten noch drei Meter darüber hinaus. Obendrauf thronte Joseph und rief dem Bootsführer Anweisungen zu. In weitem Bogen kurvte das Boot aufs Ufer zu. Joseph strahlte übers ganze Gesicht, während wir hinunterliefen, um den Bug aufs Ufer zu geleiten.

Eine Woche hatten wir auf diesen Moment gewartet, sieben Tage verloren. Ein Drittel der Zeit, die wir für den Bau zur Verfügung hatten, war verpufft. Außerdem fiel mir auf, dass diese erste Lieferung nur Dachmaterialien enthielt. Was wir aber unbedingt brauchten, waren die Balken für das Grundgerüst. Doch mir war schon alles egal, so erleichtert war ich, dass wir überhaupt etwas zum Ausladen hatten. Vielleicht würde es noch den ganzen Tag dauern, bis das restliche Bauholz eintraf, aber wenigstens war schon etwas in Gang gekommen. Der Holzhändler hatte die Abmachung eingehalten, und ich war heilfroh, dass wir am nächsten Morgen endlich in den Baum steigen konnten, um das zu tun, wozu wir hergekommen waren.

* * *

Die morgendliche Stille wurde von der Kettensäge zerrissen. Es war ein aus Gamba gemietetes Uraltmodell mit einer mehr als einen Meter langen Schneide, ohne Sicherheitsvorrichtung. Nachdem das Monster sich ein paarmal geräuspert hatte, erwachte es brüllend zum Leben, und Aubin, sein barfüßiger Betreiber, war sofort in eine türkisfarbene Abgaswolke gehüllt. Er jagte den Motor hoch, bis er kreischte, und setzte die Säge an einem Brett an, wo sie untätig ruhte, ehe sie abprallend auf den Waldboden flog und sich abwürgte. Mir gellte es in den Ohren, und der Gestank verbrannter Chemikalien biss sich abscheulich mit der Friedlichkeit unserer Umgebung.

Wir standen in einer neu geschaffenen Lichtung am Fuß des Ebana. Die Blätter tropften noch vom nächtlichen Regen, und alles leuchtete smaragdgrün im Gegenlicht der Morgensonne. Silberne Reflexe der Uferwellen huschten am Stamm des Ebana auf und ab. Ein Eisvogel schoss wie ein blauer Blitz vorbei, während weit draußen in der Lagune ein Schwarm Silberreiher über spiegelndes Wasser glitt. Es war fast ein Sakrileg, hier einen solchen Krach zu veranstalten, aber es ging nicht anders. Mit Handsägen konnte man an dem tropischen Hartholz nichts ausrichten. Wir waren vollkommen abhängig von der tollwütigen Maschine, die da qualmend zu Aubins Füßen lag.

Zunächst mussten wir mal in den Baum hinauf und den Leuten unten zurufen, welche Maße wir brauchten, damit das Team aus Sette Cama uns die Balken zuschneiden konnte. Wir hatten Glück mit den Jungs, und einer von ihnen, Justin, war ein begnadeter Zimmermann. Er übernahm die Rolle des Vorarbeiters und sorgte dafür, dass am Boden alles rund lief, während Nick und ich oben im Geäst des Ebana herumturnten.

Ich schnallte den Klettergurt um, warf mein Kletterseil über einen Ast und zog mich an dem schlammbedeckten Stamm hoch. Meine Augen folgten den tanzenden Wasserspiegelungen, bis ich in die lebende Struktur des Blattwerks über uns spähte. Plötzlich überkamen mich unerwartete Schuldgefühle. Dieser Baum war in perfekter Harmonie mit seiner Umgebung gewachsen. Ich hatte keine Ahnung, wie alt er war, doch bisher hatte er friedlich in seiner stillen Ecke des Waldes gelebt, dazu bestimmt zu altern und zu sterben, wie die Natur es vorgesehen hatte. Aber nun sollte sein Schicksal für immer geändert werden, und alles nur für einen Fernsehbeitrag. Kopfschüttelnd schwor ich mir, dass unser Baumhaus diesem Baum auf keinen Fall Schaden zufügen durfte. Ich war zuversichtlich, dass wir die Tragfläche einpassen konnten, ohne Nägel in die Äste zu schlagen, aber all das zusätzliche Gewicht, das wir heraufschafften, müsste so verteilt werden, dass es dem Ebana nichts ausmachte. Es sollte auch eine nützliche Funktion erfüllen, die weit über einen bloßen Fernsehbeitrag hinausging. Kurz und gut, ich wollte etwas so Schönes wie diesen Baum nicht zerstören, indem ich das Ganze hier verbockte.

Und damit begannen zwei der intensivsten Wochen meines Lebens. Jeden Morgen bei Sonnenaufgang holte das Team Nick und mich mit dem Boot ab. Dann ging es direkt zu unserem Baum, wo wir uns ins Zeug legten, um so viel wie möglich zu schaffen in diesen ersten Stunden des Tages, bevor die Hitze uns wie Sirup umgab und lähmte. Ich hatte das Baumhaus so entworfen, dass es an Stahlkabeln hängen sollte, die hoch oben in den Astgabeln zu verankern waren. Diese mussten zuerst angebracht werden. Also schwangen Nick und ich ab sechs Uhr morgens in 25 Metern Höhe zwischen den Ästen, bis die Kabel – wie Stahlranken fünf Meter über dem Waldboden hängend – um die Enden der Tragebalken geschlungen werden konnten.

Bald schon begann die Plattform Gestalt anzunehmen. Das jaulende Geheul der Kettensäge wurde von unaufhörlichem Hämmern begleitet. Alle waren mit Feuereifer bei der Sache. Ein solcher Arbeitsaufwand verschlingt eine Menge Energie, und genügend Nahrung zu bekommen wurde allmählich zum Problem. Wir hatten keine Zeit, zum Mittagessen ins Lager zurückzukehren, daher fuhr jeden Morgen gegen neun einer aus dem Team mit dem Boot los, um unweigerlich zwei Stunden später mit einem halben Dutzend wunderschöner frischer Fische im Eimer wiederzukommen. Die Jungs aus Sette Cama waren alle großartige Fischer, und während Nick und ich hoch droben an unseren Seilen baumelten und die Mannschaft am Boden das Holz zurechtsägte und es zu uns hinaufhievte, bereitete einer von ihnen über einem offenen Feuer die unglaublichste Fischpfanne zu.

Das Mittagessen wurde für uns alle bald zum wichtigsten Moment des Tages. Nick und ich hatten längst keine Vorräte mehr in unserer Hütte, und da wir abends nichts zu essen bekommen würden, langten wir mittags zu, bis wir uns kaum noch rühren konnten. Dann krochen wir in den Schatten, um eine Stunde oder so zu dösen. Gegen zwei hievten wir uns wieder in den Baum hoch, um weiter Planken festzuhämmern, aber erst ab drei, wenn die Hitze langsam nachließ, waren wir wieder fit. Dann schwangen wir durch den Baum und arbeiteten wie die Besessenen, kriegten die Bretter und Balken schneller justiert, als die Mannschaft unten sie zuschneiden konnte. Jeden Tag arbeiteten wir in dem Baum, bis es dunkel wurde. Die goldene Nachmittagssonne zog sich die schlanken Silberstämme entlang zurück, bis der ganze Baum vom Wald im Westen überschattet wurde. Die kurze tropische Dämmerung sog die Farben aus unserer Umgebung, und die Hämmer und Sägen verstummten. Während wir unser Werkzeug einpackten und ins Boot stiegen, hörten wir jeden Abend das ferne Knacken der Zweige und das dumpfe Röhren der Elefanten, die durch den Wald ihren Weidegründen am Ufer der Lagune zustrebten.

* * *

Ich lag auf dem Rücken im Dunkeln. Ich war vom grausigen Kreischen einer Ratte aufgewacht, die über mir im Gebälk von einer Schlange erbeutet wurde. Ich konnte das leise Knirschen der Knochen im Würgegriff hören und das letzte verzweifelte Scharren der Krallen, bevor die Ratte dem Unvermeidlichen erlag. Kein besonders schönes Erwachen, weder für mich noch für die Ratte. Aber da war noch ein anderes Geräusch, das mich geweckt hatte. Ein mehrfaches wuchtiges Poltern, irgendwo dort draußen in der Dunkelheit. Jetzt war alles wieder still, aber kaum drehte ich mich auf die Seite, um wieder einzuschlafen, ertönte es noch einmal. Ein dumpfer Knall, der die Hütte erzittern ließ, und gleich darauf eine Lawine von herabfallenden Dingen, wie Äpfel von einem Baum. Ich sah auf die Uhr: fünf. In einer halben Stunde musste ich sowieso aufstehen, also kroch ich gleich aus dem Bett, um nachzusehen, was da los war. Es begann gerade zu dämmern, als ich vorsichtig aus der Hütte trat. Ein riesiger dunkelgrauer Schatten stand in etwa 15 Metern Entfernung unter den Bäumen. Der Elefantenbulle. Er stieß mit dem Kopf gegen jede der Palmen, und bei jedem Stoß rauschte eine Kaskade von reifen Früchten zu

Boden. Dann schlurfte er dazwischen herum, um sie eine nach der anderen mit dem Rüssel aufzuheben und sie sich fein säuberlich wie Pralinen ins Maul zu schieben. Er musste sich beobachtet gefühlt haben, denn plötzlich fuhr er mit überraschender Geschwindigkeit herum, beäugte mich einen Moment und zog ab in Richtung Wald, mit hocherhobenem Kopf und gelblich schimmernden Stoßzähnen. Genauso majestätisch, wie ich ihn in Erinnerung gehabt hatte.

»War das unser Freund?«, fragte Nick leise, als er neben mich trat. Er sah hager und müde aus. Die harte Arbeit bei karger Kost setzte uns beiden zu. Ich sah auch nicht viel besser aus. Während der letzten Woche war unser Leben immer erbärmlicher geworden. Wir plagten uns von früh bis spät, mussten mit einer Mahlzeit am Tag auskommen und hatten keine Zeit, die lange Bootsfahrt nach Gamba zu unternehmen, um neue Vorräte zu besorgen. Wobei wir ohnehin nicht genug Benzin für die Reise oder genug Geld für Essen gehabt hätten.

Ohne überschüssige Zeit oder Kraft, um unsere Sachen zu waschen und unsere Hütte sauber zu halten, wurde alles allmählich etwas schmuddelig. Das kühle, klare Wasser der Lagune war unsere Rettung, aber bei Nacht mit Stirnlampe zu baden und dabei ständig nach Krokodilen Ausschau zu halten war auch nicht gerade entspannend. Zusätzlich zu Hunger, Dreck und Erschöpfung hatte ich mir auch noch eine Hautinfektion eingefangen. Die eine Seite meines Gesichts war von einem nässenden Ausschlag bedeckt, der von einem parasitischen Wurm im Tierkot ausgelöst wurde. Reizend. Außerdem waren Nick und ich von juckender Ringelflechte und Sandflöhen befallen. Die Sandflöhe vergraben sich rings um die Zehennägel, um ihre Eier abzulegen, die dort nach und nach reifen und neue Flöhe in den Sand entlassen. Die Haut zwischen meinen Zehen ging teilweise schon in Fäulnis über. Ich wartete, bis die Eier reif waren, dann grub ich sie mit einer heißen Nadel aus und reinigte die Wunde. »Das stand auch nicht im Prospekt, oder?« Tja, wieder einmal verlangte Afrika seinen Tribut. Was war es nur, das mich immer aufs Neue hierherzog?

Als wir später an diesem Morgen aus dem Boot ans Ufer sprangen, begrüßte uns ein penetrantes Elefantenaroma, das in Schwaden am Fuß unseres Ebana zu hängen schien, und neben unserem Holzstapel in der Mitte der Lichtung fand sich ein Riesenhaufen Dung. Der Sandboden ringsum war schwarz von Urin, der schon eine Unmenge von kleinen gelben Schmetterlingen angezogen hatte. Drei enorme, kreisrunde, schlammige Fußabdrücke zierten eine der Planken, die neben dem Baum lagen, und Dutzende weitere verteilten sich auf dem Boden um uns herum. Der Stamm des Ebana war mit frischem Schlamm getüncht. Ungaublich: Trotz des Höllenlärms, den wir bei Tag veranstalteten, war unser Bauplatz nachts von Elefanten besucht worden. Wer weiß, wie er für sie gerochen hatte. Die beißende Mischung aus Menschenschweiß, Urin und Abgasen hätte sie eigentlich in die Flucht schlagen müssen. Aber Elefanten sind überaus intelligente, neugierige Wesen, und ich nehme an, sie waren einfach mal vorbeigekommen, um nachzusehen, wo all der Krach herkam. Nichts war beschädigt; es muss eine magische Szene gewesen sein, wie sie hier standen, silbern gescheckt vom Mondlicht, und sich gegenseitig anbrummten, während sie die seltsame Holzkonstruktion über ihren Köpfen betrachteten.

* * *

Ich nahm mir ein paar Minuten, um zu unserem Baumhaus hochzublicken und den Tag vorauszuplanen. Der Unterboden war jetzt praktisch fertig. Dreieckig und knapp zehn Meter lang, ragte er wie ein Schiffsbug über das Wasser der Lagune. Im gescheckten Blätterschatten war das Baumhaus gut vor der Sonne geschützt, sodass es mein bevorzugter Ruheplatz geworden war; nachmittags streckte ich mich dort aus und ließ mich von dem Baum sanft in den Halbschlaf wiegen.

Am 20. Tag, dem 13. seit Baubeginn, war die kleinere obere Plattform ebenfalls fertig und mittels einer Leiter zu erreichen, die durch eine Luke vom Unterboden hinaufführte. Diese Plattform schwebte im mittleren Raum der Baumkrone, deren mächtige Äste teilweise durch sie hindurchreichten.

Nach Weihnachten würden wir wiederkommen, um das Dach anzubringen und noch eine kleinere Plattform in einem der benachbarten Bäume zu bauen, aber fürs Erste war's das jetzt. Als wir an jenem Abend über die spiegelglatte Lagune zurückschipperten, sah ich den gleichen stillen Stolz, den ich empfand, auch in den Gesichtern um mich her. Wir hatten in weniger als zwei Wochen unglaublich viel geschafft. Ich konnte nur hoffen, dass wir bei unserer Rückkehr in vier Wochen alles noch im gleichen Zustand wiederfinden würden.

* * *

Neujahr in England kam und ging, und ehe ich mich's versah, saß ich wieder dort oben auf den Planken, in der Dunkelheit, mit dem Rücken an den Stamm gelehnt. Die laue Abendluft war erfüllt vom Gesang der Zikaden, und von oben war das eigentümliche nasale Bellen der Flughunde zu hören. Unter mir plätscherte das Wasser der Lagune ans Ufer, und das ganze Baumhaus schwankte leise im Wind, behaglich knarzend wie ein Schiff, das vor Anker lag. Es war ein magischer Ort. Ich nahm noch einen Schluck Whisky und streckte mich auf dem rauen Holz aus. Tief aufseufzend fühlte ich, wie ich eins wurde mit dem Moment.

Es war zehn Uhr abends am 5. Februar, und das Baumhaus war vollendet. Es besaß sogar eine kleine Küche, und um mich herum stapelte sich der Expeditionsproviant. Die drei Moderatoren unseres Films würden morgen eintreffen, darunter Guy (den ich zuletzt in Australien gesehen hatte, als wir zusammen Roaring Meg bestiegen) und Julie, eine Primatologin. Mein Freund Gavin, ein Kameramann, mit dem ich schon oft gearbeitet hatte, würde ebenfalls mit von der Partie sein. Die nächsten sechs Wochen wäre das Baumhaus ihr Zuhause, aber heute Abend war noch keiner da, und ich feierte auf meine Weise – indem ich eine Nacht allein verbrachte. Ich hatte das Haus, das wir gebaut hatten, ganz für mich und schlummerte bald sanft und selig.

Ein paar Stunden später erwachte ich davon, dass eine steife Brise die Töpfe klappern ließ, die an dem Balken über mir hingen. Ich stand auf, beugte mich übers Geländer und spähte in die Dunkelheit. Im Wald war es verdächtig still. Selbst die Zikaden waren verstummt. Am Horizont wetterleuchtete es, und die ersten schweren Tropfen landeten auf dem Strohdach über meinem Kopf. Der Wind wurde immer stärker, bis das ganze Baumhaus zu ächzen begann, als ob es sich aus seiner Verankerung reißen wollte. Die größte Bedrohung für das Baumhaus war der Ebana selbst, und bald schon spürte ich die ersten Erschütterungen, als die riesigen Äste über mir gegen das Holz schlugen. Einer von den Töpfen fiel scheppernd hinter mir auf den Boden, während eine heftige Windbö wie eine Wand aus Luft das Eintreffen des Orkans ankündigte. Der Luftdruck fiel schlagartig ab, und der Himmel explodierte in einem weißlilafarbenen Feuerwerk. Die Luft kribbelte, der Donner rollte, und der Regen peitschte durch die offenen Seiten der Plattform hinein. Ich rannte über die Planken, um die Schutzrollos herabzulassen, aber die wirbelnde Luft sog die Wachstuchplanen hinaus in die Dunkelheit, wo sie nutzlos umherpeitschten, während die Plattform komplett durchnässt wurde. Jeder Blitz erhellte das totale Chaos: Töpfe, Pfannen, Tücher, Eimer flogen kreuz und quer über die Planken.

Mittlerweile schwankte die ganze Plattform unter ohrenbetäubendem Dröhnen hin und her. Manchmal bebte das Gerüst so stark, dass ich fürchtete, es würde mit mir darin zu Boden krachen. Der Drang, sich davonzumachen, war fast übermächtig. Aber wohin? Ein Wald voller Elefanten war mitten in einer Sturmnacht auch keine echte Zuflucht. Außerdem musste man hier immer mit Stürmen rechnen. Dies war der ultimative Test für unser Baumhaus: ein unerlässlicher Initiationsritus, dem ich mich nicht entziehen wollte. Also legte ich mich wieder auf die nassen Planken und überließ mich vollkommen der Macht des Sturms, bis ich vor Erschöpfung eindöste. Allmählich ließ der Regen nach, und ich wusste, das Schlimmste lag hinter mir. Es war ein harter Ritt gewesen, aber meine Konstruktion hatte gehalten.

* * *

Sechs Wochen später stand die Heimreise bevor. Die Filmerei war erfolgreich beendet, und Eigentümer des Baumhauses war jetzt offiziell der World Wide Fund for Nature hier in Gabun. Die Abschiedsparty war eine gute Gelegenheit für alle, Dampf abzulassen und die Nacht durchzutanzen. Ich war physisch und psychisch ausgelaugt, und so schön es auch war, von den fröhlichen Gesichtern so vieler neuer Freunde umringt zu sein, hing ich um zehn Uhr abends schon in den Seilen. Die Party war immer noch in vollem Gang. Alle wirbelten durch die Schatten eines riesigen Lagerfeuers aus Treibholz, während ich in die Nacht hinaustrat und auf eine leere Hütte am Rand des Camps zuging. Ich spannte mein Moskitonetz auf der Veranda auf und legte mich hin, blickte zu den Sternen empor, sah zu, wie die Silhouetten der Palmen im Feuerschein flackerten, und sank in einen friedlichen Schlaf.

Nach ein paar Stunden weckte mich ein tiefer Brummton, wie von einem Orgelpedal. Ich schlug die Augen auf: Es war stockfinster. Die Sterne wurden von einem riesigen Schatten direkt über mir verdunkelt, und die Spitzen zweier enormer gelber Stoßzähne schwebten anderthalb Meter über meinem Kopf. Ich lag vollkommen reglos da, während der Elefantenbulle das Moskitonetz vor meinem Gesicht mit seinem Rüssel abtastete. Er atmete tief ein, und ich hörte, wie die massiven Lungen in der Brust des Giganten sich ausdehnten, bis ich schon fürchtete, sie könnten platzen. Ich konnte sogar fühlen, wie die Luft in seinen Rüssel eingesogen wurde, als er mich beschnupperte. Kaum hatte ich registriert, was da geschah, wurden mir die Augen von einer Luftlawine zugedrückt, als er ausatmete. Ich roch das Gras, das in seinem Magen gärte, während mein Moskitonetz sich mit der feuchten Luft aus seinen Lungen füllte.

Ich dankte dem Himmel, dass er besserer Laune war als bei unserem ersten Zusammentreffen. Er hatte wohl vom Waldrand aus der Party zugesehen und gewartet, bis das Feuer niedergebrannt war, bevor er auf die Lichtung heraustrat, um unter den Palmen zu weiden. Dabei war er quasi über mich gestolpert und hatte beschlossen, sich das Ding mal genauer anzusehen. Obwohl ich unmittelbar unter fünf Tonnen Elefant lag, war ich erstaunlich ruhig. Er hätte mich schon im Schlaf zertrampeln können, wenn er darauf aus gewesen wäre, und außerdem wusste ich nicht, wohin flüchten. Zu behaupten, dass er die Oberhand hatte, wäre stark untertrieben gewesen. Er ließ noch so ein tiefes Brummen ertönen, das mir durch und durch ging, ehe er still in die Nacht entschwand. Mir war, als hätte ich einen Test bestanden. Die Sterne tauchten wieder auf, und am Horizont jenseits der Lagune zeigte sich ein fahler Schimmer. Es war der Anbruch eines neuen Tages, doch für mich war es Zeit, Zentralafrika zu verlassen – gerade, als ich allmählich das Gefühl hatte, von den Einheimischen akzeptiert zu werden.

KAPITEL 8

Kayu Besi – Papua

2009

Ich nahm ein kleines Bleigewicht aus meiner Brusttasche und legte es in den Wurfbeutel. Das Katapult hatte ich an einer drei Meter langen Stange befestigt und die dicke schwarze Gummischlinge bis zum Boden runtergezogen. Sie hatte ein bisschen geknirscht, als sie so extrem gedehnt wurde, und ein Blick auf das alte, pockennarbige Gummi genügte als Warnung, mir nicht zu viel Zeit zu lassen. Ich atmete langsam aus und wartete, bis ich das Ziel ganz ruhig im Visier hatte, dann ließ ich los. Mit einem lauten Knall schnalzte die Schlinge zurück, und die Angelschnur entrollte sich zischend. Zu meiner Erleichterung hatte ich gut gezielt, und der Wurfbeutel segelte glatt über den Ast 45 Meter über mir, um auf der anderen Seite wie ein Stein herabzufallen und sich in den Blätterteppich des

Waldbodens zu graben. Kaum war er gelandet, rannte der junge Bursche neben mir auch schon los, um ihn zurückzuholen – mit einem Triumphschrei, als er ihn nach ein paar Sekunden gefunden hatte.

Als ich mich umdrehte, war ich von strahlenden Mienen und billigendem Gemurmel umgeben. Ein kleines Publikum aus Korowai-Kriegern hatte sich versammelt, um dieses seltsame Ritual zu beobachten, und selbst Aliom und Anom, zwei der Stammesältesten, hatten kurz mal ihre strengen Mienen abgelegt und schmunzelten mir augenzwinkernd zu. Ich war genauso überrascht wie sie, dass mir der Schuss auf Anhieb geglückt war, aber ein bisschen Erwartungsdruck durch Publikum ist immer hilfreich, und ich war froh, mich nicht blamiert zu haben. Nasé, einer der jüngeren Männer, feierte das Ereignis, indem er johlend auf der Stelle hüpfte, wobei sein aus dem Schnabel eines Nashornvogels bestehendes Penisfutteral auf und nieder wippte. Alle brachen in Gelächter aus, und ich musste daran denken, wie gastfreundlich der Stamm mich aufgenommen hatte, seit ich vor drei Tagen ins Dorf gekommen war.

Einige von den Korowai trugen Langbögen, und obgleich sie nie zuvor ein Katapult gesehen hatten, war ihnen gleich klar gewesen, was ich damit vorhatte. Jetzt kamen sie heran, um das Katapult zu inspizieren, drehten und wendeten es in den Händen und zogen probehalber an der dicken Gummischlinge. Hier einte uns das gleiche Interesse, und es tat gut, sich trotz der Sprachbarriere mit ihnen verbunden zu fühlen. Ich überließ Anom das Katapult und machte mich auf in den Wald, um mein Kletterseil hochzuziehen. Der junge Korowai hatte interessiert zugesehen, wie ich versuchte, den Wurfbeutel mit meinen ungeschickten Fingern und abgekauten Nägeln aufzuknoten. Er nahm ihn mir ab, löste den Knoten in Sekundenschnelle und legte mir den Beutel grinsend zurück in die Hand.

Es waren gute Leute, trotz ihres Rufes, rätselhaft und sogar furchterregend zu sein. Ich sah, wie sie sich jetzt alle auf einem umgefallenen Stamm niederließen, um zu schwatzen und zu rauchen. Aliom holte ein Bällchen Tabak aus seinem üblichen Aufbewahrungsort hinter dem Ohr hervor und stopfte es in den Kopf seiner langen Bambuspfeife. Er entzündete sie an einem glimmenden Kohlenstück, das in einen gegabelten Zweig eingeklemmt war, und reichte sie weiter, während die Gruppe angeregt zu diskutieren begann. Der Rhythmus ihres Wortwechsels war erfrischend höflich und rücksichtsvoll; jeder sagte ruhig, was er zu sagen hatte, und ließ die anderen ausreden.

Anom nahm einen tiefen Zug, senkte den Kopf in einer blauen Rauchwolke und legte ihn dann ins Genick, um die Äste des Baumes, der über uns aufragte, zu betrachten. Sie hatten ihn sorgfältig als denjenigen auserkoren, in dem sie ein traditionelles Korowai-Haus bauen wollten. Aber es sollte kein gewöhnliches Baumhaus werden. Es würde oben in den höchsten Ästen des Baumriesen balancieren, mehr als 30 Meter über dem Boden, und dabei groß genug sein, dass zehn Leute darin Platz zum Übernachten fänden. Ich war Teil eines kleinen Teams, das von der BBC hergeschickt worden war, um das Ganze zu filmen. Doch während ich Seile und Gurte und die ganze Ausrüstung des modernen Kletterers mitgebracht hatte, besaßen die Leute hier nur das, was der Wald ihnen liefern konnte. Ich war gespannt zu sehen, wie sie es anstellten. Allein schon ohne Seile hochzukommen wäre eine Meisterleistung, ganz zu schweigen davon, zehn Stockwerke über dem Boden ein Haus zu bauen, ohne Nägel und fast ohne Metallwerkzeuge. Aber ich hatte bereits gelernt, diese unglaublichen Leute nicht zu unterschätzen; bestimmt würden die nächsten zwei Wochen so abenteuerlich werden wie nur irgendwelche irren Geschichten, die ich je erlebt hatte.

Ich ging zu ihnen herüber, ließ mich am Rand nieder und

hörte dem Auf und Ab der Unterhaltung zu. Wayu, ein starker Mann mit grimmigem Blick, dessen Brust die rituellen Schmucknarben des Kriegers zierten, schien der Wortführer zu sein. Aber nach und nach versanken alle in schweigender Betrachtung des Baumes. Wayu hob die Hand und zeichnete, tief in Gedanken, mit den Fingern die Form der Äste nach.

Dieser Baum war seiner Stärke wegen ausgesucht worden. Ich erkannte ihn als eine Art von Eisenholz. Wie der Name schon sagt, haben solche Bäume das widerstandsfähigste Holz auf dem Planeten. Es gibt viele verschiedene Arten von Eisenholz – oder *kayu besi* – in ganz Indonesien, und ich weiß bis heute nicht, um welche Art es sich bei diesem hier handelte. Was ich aber bezeugen kann, ist das erstaunliche Gefühl von Kraft, das er ausstrahlte, wenn man ihn berührte. Als sei er aus Urgestein gemeißelt. Die Korowai hatten eine gute Wahl getroffen; es war der ideale Baum, um ein Haus darin zu errichten.

In den Tropen auf Bäume zu steigen ist nicht das Gleiche wie bei uns zu Hause, wo man genau weiß, mit was für einer Art von Baum man es zu tun hat, und man beurteilen kann, was man von seinem Holz zu erwarten hat. Verglichen mit einem tropischen Regenwald hat Großbritannien kaum eine Handvoll Baumarten. Befindet man sich im New Forest, ist man vielleicht von einem halben Dutzend verschiedenen Baumarten umgeben. In den Tropen dagegen kann man diese Zahl mit zehn multiplizieren, und viele dieser Baumarten sind dem Kletterer, was die Stärke und Verlässlichkeit des Holzes betrifft, völlig unbekannt. Also war es schon von Vorteil, wenigstens zu wissen, dass es sich hier um eine Art von Eisenholz handelte. Ihrer Stärke wegen hatten diese Bäume praktisch Kultstatus, so wie eine englische Hainbuche oder Eibe; ich hatte volles Vertrauen zu ihnen.

Doch ich hatte gelernt, nicht allzu selbstsicher zu sein, und sah mir unser Exemplar erst einmal gründlich an. Sein gerillter Fuß war von leuchtend grünem Moos überzogen, aber darüber ragte der schlanke Stamm völlig frei von Bewuchs 25 Meter empor, um sich dann in einer offenen Krone zu entfalten. Die langen Äste streckten sich fast senkrecht in den Himmel. Selbst von hier unten aus konnte ich an ihrer langsam gewachsenen, sich schlängelnden Form erkennen, dass sie unermesslich stark waren. Die nächste Inspektion machte ich sodann durchs Fernglas. Keine Hornissennester, keine Risse, Höhlen oder Pilze. Keine abgebrochenen Äste oder hängendes Totholz. Der Baum war in fabelhaftem Zustand und etwa 55 Meter hoch, womit er die meisten Bäume ringsumher ein wenig überragte.

Im Lauf der Jahre hatte ich ähnliche Bäume in Borneo und Sumatra gesehen, doch Eisenhölzer von dieser Größe und Reife wurden allmählich selten. Sie fielen bevorzugt dem illegalen Holzeinschlag zum Opfer, denn sie erzielten hohe Preise auf dem internationalen Markt. Der Baum, der da über mir aufragte, war einfach eine Schönheit – die perfekte Verkörperung natürlicher Form und Anmut. Ihm mit der Kettensäge zu Leibe zu rücken wäre ein Sakrileg. Aber Holz, das so stark wir Stahl ist, weckt Begehrlichkeiten, und leider wird es – wie das Elfenbein der Stoßzähne – grundsätzlich von Leuten begehrt, die mehr Geld als Verstand besitzen.

Zum Glück hatten die Korowai natürlich nicht vor, den Baum zu fällen. Es betrübte mich aber trotzdem, dass er nie wieder so vollkommen aussehen würde wie in diesem Moment. Genau wie bei unserem Ebana in Gabun würde das weitere Schicksal dieses Kayu Besi fortan vom Menschen bestimmt werden. Die Errichtung eines Baumhauses würde ihn nicht umbringen, und doch empfand ich so etwas wie Wehmut bei dem Gedanken, dass es mit seiner majestätischen Ruhe und Unberührtheit nun für immer vorbei war.

Die Männer waren immer noch in ihr Gespräch vertieft, ich aber wollte so schnell wie möglich hinauf in diese starken Äste. Der, an dem mein Seil hing, befand sich 45 Meter über dem Boden, etwa zehn Meter unterhalb des Wipfels.

Bis ich mein Seil um den Fuß eines Nachbarbaums verankert und meinen Klettergurt angelegt hatte, standen die Männer mit verschränkten Armen um mich herum und ließen sich keine meiner Bewegungen entgehen. Ich reichte ihnen einen Karabiner, den sie sich ansehen sollten. Soweit ich wusste, besaß der ganze Clan nur zwei Dinge aus Metall: eine Machete und ein Beil, sonst nichts. Ihr ganzes restliches Werkzeug war aus Holz, Stein oder Knochen. Keine Kochtöpfe, Uhren, Münzen – es schien hier praktisch nichts aus Metall zu geben, sodass ihnen Form und Funktion eines Karabiners völlig fremd sein musste. Sie ließen ihn mit milder Neugier von Hand zu Hand gehen, schienen sich aber nicht weiter dafür zu interessieren, wozu er wohl taugte. Für sie war es einfach ein abstraktes Stück Technik. Im Gegensatz zu mir waren sie problemlos in der Lage, den Eisenholz ohne solche Kinkerlitzchen zu erklettern, und plötzlich wurde ich mir der gigantischen kulturellen Kluft zwischen uns bewusst.

Sobald ich mit meinem ganzen Gewicht am Seil hing, konzentrierte ich mich voll auf den Anstieg, auch wenn mir nicht entging, dass ein paar der Männer auf ein fernes Johlen hin ihre Bögen nahmen und sich in Richtung Dorf aufmachten. Aber die anderen nahmen wieder auf ihrem Baumstamm Platz, zündeten sich noch eine Pfeife an und machten es sich gemütlich, um das Schauspiel zu genießen.

Mein Seil baumelte drei Meter neben dem Eisenholzstamm, und ich drehte mich beim Steigen langsam um mich selbst. Beim ersten Ast angekommen, nahm ich mir die Zeit, mich in den Anblick der Baumkrone zu vertiefen; ich sog ihre Atmosphäre auf wie ein Schwamm. Ich habe das schon hundertmal getan, und es war jedes Mal ein unglaubliches Gefühl, denn jeder Wald unterscheidet sich auf subtile Weise von jedem anderen; aber die Regenwälder in Papua sind ganz einzigartig. Die Luft ist voller Tierlaute, die einem vertraut vorkommen, bis man sich erinnert, dass es sich durchweg um Vogelstimmen handelt. Papua hat keine Primaten und bis auf die scheuen endemischen Beuteltiere nur wenige Säuger. Also beherrschen die Vögel den Dschungel und halten fast jede Nische besetzt. Jedes Kreischen, Bellen oder Heulen stammt von irgendeinem Vogel, und auch ohne Säugetiere wimmelt es im Regenwald von Leben.

Nach ein paar Minuten stieg ich weiter bis zum Ende meines Seils, 45 Meter über dem Boden. Die Eisenholzäste befanden sich jetzt in Reichweite und fühlten sich beruhigend stark an. Ich hing mit meinem ganzen Gewicht an einem Ast, der nicht dicker war als mein Arm. Zur Sicherheit hatte ich das Seil auch noch über einen zweiten Ast geschlungen, aber das wäre gar nicht nötig gewesen. Ich hing dort oben wie an einem Stahlbalken. Der dynamische Zug, den das Seil beim Hinaufkraxeln auf den Ast ausübte, brachte den Baum nicht aus der Ruhe, und der Ast, der mein Gewicht trug, bog sich kaum.

Hier oben war die Rinde dünn und schuppig, rötlich und elfenbeinfarben gescheckt. Jede meiner Bewegungen ließ kleine Flocken in langsamen Spiralen wie Sykomorensamen zu Boden rieseln. Ich befand mich jetzt schon in größerer Höhe als die meisten der umstehenden Bäume, und obwohl es keinen 360-Grad-Rundblick gab, konnte ich stellenweise bis zum Horizont sehen. Der Wald dehnte sich vor mir wie ein endloses grünes Meer. Gleichmäßig, geheimnisvoll und verlockend, so weit das Auge reichte.

Wenn ich in die Mitte der Baumkrone hinabblickte, konnte ich mir gut vorstellen, wo das Haus gebaut würde. Wie eine bergende Hand ragten die Riesenäste unter mir auf und boten die perfekten Auflage. Mit Hilfe meiner Reepschnüre kraxelte ich hinüber zu einem anderen, fast senkrecht aufragenden Ast und glitt hinab in die Mitte des Baums. Eine Spinne, so groß wie meine Hand, huschte blitzschnell an dem Stamm neben mir hoch. Sie war perfekt getarnt, wurde eins mit der Rinde, sobald sie innehielt. Hier oben gab es jede Menge Leben, zum Beispiel eine ganze Ameisenstraße auf dem Ast zu meiner Linken. Eine einzelne Arbeitsameise hielt sich reglos daneben auf, und irgendwie wirkte sie anders als die übrigen Ameisen. Bei genauerer Betrachtung entpuppte sie sich als winzige Gottesanbeterin, von der gleichen Farbe und Form wie die Ameisen. Blitzartig fuhr sie zwischen die Reihe und pickte sich ein Opfer heraus, das sie bei lebendigem Leib vertilgte, während der Todeskandidat sich zuckend zwischen den winzigen, malmenden Kiefern wand. So eine tropische Baumkrone kann einem manchmal wie ein anderer Planet vorkommen.

Nachdem ich mich mit dem Baum vertraut gemacht hatte, in dem wir filmen würden, machte ich mich an den Abstieg. Ein paar Augenblicke später fing es an zu regnen, und bis ich am Boden anlangte, waren sämtliche Korowai auf und davon, und ich war allein. Da ich ohnehin schon durchweicht war, brauchte ich mich gar nicht erst um einen Unterschlupf zu bemühen und ließ mir Zeit dabei, meinen Klettergurt am Fuß des Baumes im Rucksack zu verstauen.

Es war ein guter Tag gewesen. Diesen Eisenholzbaum zu erklettern war eine reine Freude, und er hatte eine wunderbare Ausstrahlung. Manche Bäume sind echte Persönlichkeiten, und ich habe schon viele bestiegen, die von Anfang bis Ende nichts als Freude gemacht haben. An ebenso vielen bin ich allerdings auch gescheitert – Bäume, die scheinbar einfach keinen Menschen in ihrer Nähe dulden wollten. Ich weiß nicht, warum manche Bäume so wirken, es ist eben so. Und wie bei

Menschen kann der Schein trügen: Es sind nicht immer unbedingt die, die danach aussehen, mit denen man sich am schwersten tut.

* * *

Die Korowai hatte ich besuchen wollen, seit ich vor vielen Jahren ein Foto von ihren Baumhäusern in *National Geographic* gesehen hatte. Jetzt auf einmal hier bei ihnen zu sein kam mir beinahe unwirklich vor. Ihre Dschungelheimat war sehr weit weg von England, aber es war nicht nur die gewaltige Entfernung, die diesen Ort so unendlich fern wirken ließ. Wie im Kongo hatte man das Gefühl, in einer anderen Welt zu sein, fast so, als hätte man durch eine Tür eine andere Dimension betreten. Während ich durch den Schlamm zum Camp zurückstapfte, dachte ich an den unfassbaren Moment, als ich meinen ersten Korowai-Krieger getroffen hatte. Inzwischen kannte ich ihn als Anom, aber an jenem ersten Abend erschien er mir wie den Nebeln einer anderen Welt entstiegen.

Die Reise von Bristol hierher war von geradezu epischer Länge gewesen: sieben Flüge in einer Woche, dazu eine ganztägige Bootsfahrt. Schließlich hatten das Team und ich ein kleines Dorf namens Yafufla erreicht, das an einem Steilhang oberhalb des Becking River in Südostpapua thronte. Yafufla lag am südlichen Rand des Korowai-Gebietes und war unsere letzte Übernachtungsstätte, bevor wir das Dorf des Stammes tief im Wald erreichten.

Unsere Hütte stand auf windschiefen Stelzen einen Meter über dem Boden und wackelte jedes Mal, wenn jemand sich im Schlaf umdrehte oder zum Pinkeln ging. Wir waren zu sechst dort untergebracht: Gavin, der Chefkameramann, mit dem ich schon in Gabun zusammengearbeitet hatte; Rachel und Tom von der BBC; Jim, ein amerikanischer Anthropologe; und Bob, unser indonesischer Mittelsmann. Eine coole Truppe, aber leider stellte sich bald heraus, dass einer von ihnen ein schlimmes Geheimnis verbarg: Unsere Hütte wankte im Rhythmus eines Weltklasseschnarchens, und mir wurde ganz flau bei dem Gedanken, diesen Krach jetzt wochenlang ertragen zu müssen. Aber da es nun mal keine Privatsphäre gab, mussten wir alle supertolerant miteinander umgehen, und außerdem bin ich selbst auch nicht immer der pflegeleichteste Reisegefährte. Ich rede im Schlaf, werde biestig, wenn ich Hunger habe, und pfeife zu viel vor mich hin.

Irgendwann nickte ich doch ein, nur um mitten in der Nacht wieder aufzuwachen. Das Schnarchen war nun durch Stimmengemurmel vor der Hütte abgelöst worden. Feuerschein flackerte durch die Ritzen in der Bretterwand, also stieg ich in meine Shorts, um nachschauen zu gehen, was da los war. Als ich auf unseren kleinen Balkon trat, sah ich Bob am Feuer zwei Männern gegenübersitzen, wie ich noch nie welche gesehen hatte. Sie warfen einen Seitenblick in meine Richtung und verstummten, während Bob sich umdrehte und mir mit einem Wink zu verstehen gab, dass ich mich neben ihn setzen sollte. Ich versuchte mich so unauffällig wie möglich zu verhalten und lehnte mich in den Schatten zurück, um Bobs Gesprächspartner verstohlen zu beobachten. Solche Typen waren mir neu. Bisher hatten wir hierzulande nur Leute in westlicher Kleidung getroffen, die ihnen von der Missionsstation weiter unten am Fluss freundlicherweise zur Verfügung gestellt wurde. Aber diese Männer trugen die traditionelle Tracht der Korowai, das heißt so gut wie nichts.

Anom war der Ältere der beiden, und Bob erklärte mir leise, dass er als Botschafter der Korowai gekommen sei, um uns durch ihr Stammesgebiet zu führen. Klein, dunkel und sehnig war Anom schon in den Fünfzigern, aber so straff und muskulös, dass er nur halb so alt aussah. Er trug ein Stirnband aus gewobenen Fasern und eine Halskette aus kleinen weißen Muschelsplittern. Zwei Rattanringe gürteten seine Taille, und seine Männlichkeit war von einer Samenhülse bedeckt. Sein auffälligster Schmuck aber waren ein spitzes weißes Knochenstück, das quer in seiner Nasenscheidewand steckte, und eine winzige Kaurimuschel, die in seine Nasenspitze eingelassen war. Sein Gesicht war zerklüftet und sein Haar zerzaust. Er hätte ein entfernter Verwandter von Keith Richards sein können. Hinter ihm – die schwarz polierte Oberfläche im Feuerschein wie Öl schimmernd –, stand ein zwei Meter hoher Langbogen. Eine äußerst effektive Waffe, die er zweifellos meisterhaft beherrschte. Daneben stand ein Köcher mit Pfeilen, manche mit breiten Bambusspitzen, andere mit bösartigen Widerhaken versehen, die in zierlicher Feinarbeit aus Knochen geschnitzt waren. Sie waren gut einen Meter zwanzig lang und ungefiedert, eher wie Speere.

Sein Gefährte war jünger, trug aber einen ähnlichen Aufzug, nur dass in seinem gewobenen Gürtel noch ein langer Kasuarknochendolch steckte. Eine dicke Kriegerkette aus Schweinezähnen hing in einem weiten Halbkreis über seiner dunklen Brust, und das Spiel seiner Muskeln war unübersehbar, während er sich, eine von Bobs Zigaretten rauchend, langsam hin und her wiegte.

Die Schatten der Männer tanzten im Feuerschein, während ich dasaß und dem weichen Singsang einer Sprache lauschte, die ich noch nie gehört hatte. Nicht so guttural wie Indonesisch und viel fließender als Englisch. Wie das sanfte Gemurmel der Blätter in einem Wald. Ich war gebannt.

Nach einer Weile legten sie sich hin, um neben der Glut zu dösen, also ging ich wieder ins Bett, wo ich wach lag und daran dachte, was der Morgen wohl bringen würde, wenn wir endlich unsere letzte Etappe durch den Dschungel angehen würden, hinein ins Korowai-Gebiet.

Zum ersten Mal in den Eisenholz zu steigen war eine fantastische Methode gewesen, mir nach der langen Reise die Muskeln zu lockern. Um diesen Schwung zu nutzen, wollte ich gleich am nächsten Tag wieder hinauf und ein paar Kamerapositionen einrichten. Aber den nächsten Morgen konnte man total abschreiben. Anders als Costa Rica war dieser Dschungel ein Regenwald, der seinem Namen alle Ehre machte. Bis zum Vormittag hatte es 17 Stunden lang ununterbrochen geregnet, ein gnadenloser Dauerguss, der jegliche Farbe aus dem Wald sog und alle Versuche, sich zu unterhalten, ertränkte. Wir Briten denken, wir hätten in Sachen Regen nichts mehr dazuzulernen. Falsch. Britisches Unwetter rauscht meist ziemlich zügig durch, während die Wolken über den Niederungen des Regenwalds oft tagelang hängen bleiben. Es sind die Bäume selbst, die das bewirken, indem sie Stoffe ausdünsten, welche die Verbindung von Wassermolekülen fördern. Bäume beeinflussen ihre Umgebung, und jeder, der im Dschungel leben will, muss damit klarkommen, regelmäßig bis auf die Knochen durchnässt zu werden.

Kameramann Gavin und ich hockten unter einer Plane nahe bei dem Eisenholz und sahen zu, wie das Fallbeil aus Wasser einen Graben im Schlamm um uns herum grub. Die Plumpsklos im Camp waren nachts übergelaufen, und jetzt schwamm unser Basislager in Jauche, in der obendrein auch noch ein Schwein ertrunken war. Kein vielversprechender Auftakt für den Tag, also hatten wir beschlossen, uns in den Wald zurückzuziehen, in der Hoffnung, in unsere Baumkrone aufsteigen zu können, sobald der Regen nachließ. Anom hatte sich zu uns gesellt und konnte sich nicht beruhigen, als Gavin und ich uns darüber zankten, wie man am besten ein Feuer anzündete, um Teewasser zu kochen. Es war das erste Mal von vielen, dass wir ihn über unser komisches Getue lachen sahen, wobei er vergnügt einen einsamen gelben Zahn bleckte.

Erst am Nachmittag ging der Regen in ein leises Nieseln über, und wir konnten uns an die Arbeit machen. Zunächst zog ich ein Seil in einem hohen, schlanken Baum hoch, der direkt neben dem Eisenholz stand. Inzwischen waren wir von mehreren Korowai umringt, Männern und Frauen; als mein Kletterseil in einer hohen Astgabel hängen blieb, erbot sich einer von ihnen hinaufzusteigen, um es loszumachen. Ich wollte abwinken, aber da war er schon dabei, die 25 Meter freihändig hochzukraxeln, und blitzschnell war das Problem gelöst. Mit Händen und Füßen hielt er jederzeit drei Kontaktpunkte und bewegte sich mit traumwandlerischer Sicherheit, stets darauf bedacht, keinen Ast zu überlasten oder zu erschüttern. Mit das beste Freiklettern, das ich je gesehen hatte. Die Leute waren offensichtlich eins mit den Bäumen, und doch war diese Vorstellung nur ein kleiner Vorgeschmack auf das, was noch kommen sollte.

Sobald meine Seile angebracht waren, kletterte ich auf den Nebenbaum, um eine neue Perspektive auf den Eisenholz zu erhalten. Belohnt wurde ich mit einem perfekten Blick auf seine Krone, etwa in der Höhe, wo das zukünftige Baumhaus eingepasst werden sollte. Dreißig Meter weiter unten sah ich 40 Korowai damit beschäftigt, den Dschungel rings um den Fuß des Eisenholz zu roden. Die Frauen legten kleinere Bäume und Schösslinge mit Steinbeilen um, während die Männer sich um die wuchtigeren Exemplare kümmerten.

Obwohl sie zusammen nur über ein einziges Beil mit Stahlblatt verfügten, brachten sie die Bäume bald zu Fall. Sie wechselten sich mit dem kostbaren Metallbeil ab, schwangen es linkshändig mit brutaler Gewalt, um den Einschnitt anzubringen, der bestimmte, in welche Richtung der gefällte Baum stürzen würde. Gleichzeitig machte einer sich auf der anderen Seite mit dem traditionellen Steinbeil zu schaffen. Es war erstaunlich zu sehen, wie sie Stein und Metall zugleich benutzten;

während das Stahlbeil zweifellos effektiver war, konnte auch ein Steinbeil einen großen Baum überraschend schnell umlegen. Die Luft war erfüllt von den Rufen der Leute und den rhythmischen Schlägen der Äxte, während die Bäume zwischen mir und dem Eisenholz alle nacheinander umkippten. Von der Schwerkraft angezogen, rauschten ihre Blätterkronen seufzend zu Boden. Keiner der Bäume war so groß wie der Eisenholz, aber es krachte ganz ordentlich, wenn sie umstürzten, und jeder Sturz wurde vom Triumphgeschrei der Korowai begleitet.

Sieben Kleinkinder stolperten zwischen den gefällten Bäumen umher und spielten mit Pfeil und Bogen im Miniaturformat. Ich erschrak, als ich all das Holz auf sie herabprasseln sah. Wie durch ein Wunder wurde niemand verletzt, aber der Regenwald kriegte ganz schön was ab, und am Ende des folgenden Tages stand der Kayu Besi ganz allein in einem Meer der Zerstörung. Seine Freilegung unterstrich seine Größe. Es wollte mir immer noch nicht so ganz in den Kopf, wie diese Burschen ganz ohne Seile in seine Krone hinaufkommen wollten.

Viele der gefällten Bäume wurden ihrer Rinde entkleidet, die für den Bodenbelag gebraucht wurde, und die kleineren Bäume wurden zu Stangen zurechtgestutzt und gebündelt am Fuß des Eisenholz aufgehäuft. Die Männer waren jetzt schwer damit beschäftigt, hölzerne Gerüste mit Leitern bis zu den untersten Eisenholzästen zu errichten. Sie arbeiteten in unglaublichem Tempo, klammerten sich mit nackten Beinen an die aufstrebenden Äste, während Bündel von Stangen an Rattanseilen zu ihnen emporgehievt wurden. Ich filmte sie von gegenüber, an meinen Sicherungsseilen hängend, wie sie vollkommen ungesichert 15 Meter über dem Boden auf dem wackeligen Gerüst herumkletterten, mit nichts als Luft unter sich, um sie aufzufangen, falls sie abstürzten. Wie Ameisen schwärmten sie umher und arbeiteten als eingespieltes Team, um zu gewährleisten, dass ihre erfahrensten Kletterer alles hatten, was sie brauchten, um so schnell wie möglich weiter nach oben zu gelangen. Bis Sonnenuntergang hatten sie die unteren Äste des Eisenholz erreicht und eine Plattform aus Stangen rings um den Mittelstamm gebaut. Diese sollte wohl als Rampe dienen, von der aus sie in die Krone aufsteigen würden, um dort die Balken für das Fundament des Baumhauses zu befestigen.

In der Abenddämmerung blieb ich allein auf der Lichtung zurück und blickte von meiner hohen Warte aus auf die Szenerie herab. Das Resultat eines ganzen Tages Arbeit war ein Hektar Wald, der aussah wie von der Artillerie gemäht – ein Chaos aus brusthohen Stümpfen. Unfassbar: Innerhalb von 24 Stunden war ein ansehnliches Stück Urwald in einen geschundenen Haufen Splitterholz verwandelt worden. Gut, es war auch ein Stahlbeil im Spiel gewesen, aber in erster Linie war diese geschwinde Rodung von 40 Leuten mit Steinbeilen bewerkstelligt worden. Als Experiment in praktischer Archäologie könnte es nicht aufschlussreicher sein: Die Wälder des neolithischen Britannien hatten seinerzeit offensichtlich keine Überlebenschance gehabt.

* * *

Am Abend ging ich wie immer mit den anderen zum Fluss hinab, wo wir uns in dem tiefen schwarzen Wasser wuschen, das träge aus dem uns umgebenden Urwald floss. Bob, unser indonesischer Mittelsmann, dessen Zelt am Wegrand stand, hatte das zweifelhafte Vergnügen, eine Reihe halb nackter Briten in Flipflops dabei zu beobachten, wie sie über die große Pfütze vor seinem Zelt zu springen versuchten, ohne ihre Handtücher, Taschenlampen oder Seifenstücke zu verlieren. Auf den Routinegruß »N'Abend, Bob«, pflegte er mit »N'Abend, BBC, Vorsicht vor den Krokodilen« zu antworten.

An jenem Abend blieb ich stehen, um ihn etwas zu fragen, das mich schon länger beschäftigte. Ich konnte mir einfach nicht erklären, wieso die Korowai den Wald rings um ihre Baumhäuser so weiträumig rodeten. Ein paar Bäume hier und da, gut und schön. Aber war es wirklich nötig, fast einen ganzen Hektar abzuholzen? So viel Baumaterial konnte man doch gar nicht brauchen. Dieses hektische Bäumefällen hatte beinahe etwas Fanatisches. Außerdem war mir aufgefallen, dass die Korowai sich davor hüteten, von der Dunkelheit überrascht zu werden; stets achteten sie darauf, dass alle, besonders die Kinder, vor Sonnenuntergang wohlbehalten in ihren Baumhäusern waren.

Bob erklärte mir, dass die Korowai seit Jahrhunderten den Kopfjägerattacken seitens der Nachbarstämme zum Opfer gefallen waren. Das wusste ich. »Aber dieses Unwesen hat doch sicher längst ein Ende«, wandte ich ein. Im Prinzip schon, meinte Bob, aber alte Gewohnheiten lassen sich schwer abschütteln, und das Erbe dieser Unsicherheit sei ein tief verwurzeltes Misstrauen gegen dichte Bewaldung, die einen Überraschungsangriff verbergen könnte. Durchaus verständlich. Allerdings, fuhr Bob fort, lebten die Korowai auch in ständiger Angst vor einer noch unergründlicheren Bedrohung: Hexerei.

Khakhua sind Hexer in Gestalt eines Stammesangehörigen, den sie völlig unter ihre Kontrolle gebracht haben und zu Gewalttaten zwingen. Wer als angeblicher Khakhua eines Verbrechens bezichtigt wird, sei es von dem Opfer, sei es von der Allgemeinheit, wird hingerichtet und zerstückelt, die Körperteile sodann an die Nachbarstämme verteilt, um bei kannibalistischen Ritualen verzehrt zu werden. Die Korowai glauben, dass dies die einzige Methode sei, den bösen Geist des Khakhua für immer zu besiegen. Jeder kann jederzeit der Hexerei bezichtigt werden, und so lebt jeder innerhalb der Korowai-Gesellschaft sein ganzes Leben lang mit diesem Damoklesschwert über sich. Leute wurden gezwungen, nahe Verwandte den Angehörigen von Opfern auszuhändigen, die sie auf dem Totenbett beschuldigt hatten. Sie vermögen es nicht, die grausige Abschlachtung und rituelle Einverleibung ihrer Lieben zu verhindern.

»Die bösen Geister leben im Dschungel rings um ihre Häuser, und durch das Bäumefällen sorgt man dafür, dass sie sich nicht heimlich in die Häuser schleichen«, sagte Bob.

Finstere Mechanismen. Kein Wunder, dass die Korowai Zuflucht in den Bäumen suchten, um solchen Drohungen zu entkommen.

Während er all dies beim Abendessen aus Käferlarven unserem Anthropologen Jim erzählte, setzte Bob hinzu: »Aliom ist hier der Schamane vom Dienst: Es ist seine Aufgabe, den Stamm vor solchen Geistern zu beschützen.«

Das überraschte mich überhaupt nicht. Obwohl ich Aliom respektierte und mittlerweile sogar recht gern mochte, war er mir manchmal unheimlich. Er war etwas älter als Anom, der andere Stammesälteste, und hatte irgendein Hautleiden, das ihm eine graue, fast gespenstische Farbe verlieh. Er war so sehnig wie die anderen, aber seine Haut schlug merkwürdige Falten, als sei sie ihm eine Nummer zu groß. Er hatte extrem flinke, huschende Augen und eine schwere, oft gerunzelte Stirn, während sein Mund in gewohnheitsmäßig schiefem Grinsen halb offen stand. Ein humorloses wölfisches Grinsen, das den Eindruck vermittelte, man werde von ihm taxiert. Ein rasselnder Husten zerriss ihm alle paar Sekunden die Brust, ansonsten aber verhielt er sich still, gab sich damit zufrieden, uns verstohlen zu beobachten, und ignorierte das Auge der Kamera ebenso wie unsere Versuche, uns mit ihm zu verständigen.

Er hatte etwas Jenseitiges an sich, und es überraschte mich nicht zu erfahren, dass Aliom früher mit ziemlicher Sicherheit an kannibalistischen Ritualen teilgenommen hatte.

»Wie vermutlich alle älteren Männer hier«, fügte Jim rasch hinzu. »Gefangene aus kriegerischen Auseinandersetzungen wurden manchmal der gleichen Prozedur unterzogen.«

Ich wusste nicht recht, was ich davon halten sollte, aber so gern ich sie mochte, konnte ich die älteren Krieger – inklusive Anom – jetzt nicht mehr auf die gleiche Weise sehen wie vorher.

* * *

Am nächsten Morgen stieg Gavin auf das Gerüst, um ein paar Nahaufnahmen von den Männern zu machen, während ich wieder auf den Nachbarbaum stieg, um die ganze Szene aus der Entfernung zu filmen. Eine Frau in Bastrock und mit Hundezahnkette brachte in ein Blatt verpackte Glut, um ein gemeinschaftliches Feuer anzuzünden. Ich sah die dünne blaue Rauchfahne, die hinter ihr aufstieg, während sie barfuß über einen liegenden Baumstamm balancierte und dann heruntersprang, um sich zu den Frauen zu gesellen, die schon unter einem Dach aus Palmblättern saßen. Der Rauch von dem Feuer erfüllte allmählich die Lichtung, und die Morgensonne schien in breiten Strahlen hindurch, was diese ohnehin wie aus der Zeit gefallene Szene in eine magische Stimmung tauchte. Es kam mir vor wie eine halbe Ewigkeit, seit wir zuletzt die Sonne gesehen hatten. Dies war unser erster Tag ohne Regen, und alle waren guter Dinge und entschlossen, ihn nach Kräften zu nutzen.

Die meisten Männer befanden sich schon oben auf dem Turm. Manche trugen Stangenbündel auf den Schultern, während sie die Leitern emporstiegen, andere schulterten schlangengleich eingerollte Rattanranken. Alles schwirrte vor Geschäftigkeit; ich musste an die Szene in *Gullivers Reisen* denken, wo die Liliputaner Gulliver mit Seilen festbinden. Ein ähnliches Heer winziger Gestalten arbeitete jetzt emsig daran, den riesigen Kayu Besi mit einem dicht verwobenen Netz zu überziehen. Die Korowai waren unermüdlich, arbeiteten pausenlos, als fürchteten sie, der Baum könnte plötzlich aufwachen und weglaufen, bevor er ordentlich festgezurrt war.

Bis zum Vormittag war der Turm auf fast 30 Meter Höhe angewachsen und reichte schon bis hinauf in die gigantische Baumkrone. Von hier aus nahm das Konstrukt ganz neue Formen an. Bald war ein raffiniert ausgetüfteltes Gitterwerk entstanden, das die Baumkrone wie ein Weidenkorb zu umschließen schien. Ein achtjähriger Junge, der höher hinaufgestiegen war, um sich hervorzutun, wurde von einem älteren, erfahreneren Burschen barsch nach unten beordert und verbrachte die nächsten zehn Minuten damit, wie ein Irrer durch den Baum zu turnen. Was sicher nicht so gefährlich war, wie es aussah; schließlich lernten die Korowai, auf Bäume zu klettern, kaum dass sie laufen konnten. Doch ich fand es beruhigend, dass der Kleine unter Aufsicht stand, denn allzu viel Selbstgefälligkeit war hier fehl am Platze. Die Männer hier oben wussten genau, was ein Sturz aus 30 Metern Höhe bedeutete, selbst wenn es den Kindern noch nicht klar war. Also konnte ich mich halbwegs entspannt zurücklehnen und mich daran freuen, wie der ganze Bau vor meiner Kameralinse Gestalt annahm.

Am folgenden Morgen hatte das Gitterwerk mehr als die Hälfte des Baums überwuchert, und für Gavin und mich war es jetzt an der Zeit, zusammen mit den Korowai in die Krone zu steigen. Es würde das erste Mal seit meinem Testaufstieg vor einer Woche sein. Inzwischen hatte der Baum sich bis zur Unkenntlichkeit verändert, und obwohl meine Steigseile noch am Stamm herabhingen, wurden sie nicht mehr benötigt; jetzt würden wir über die Leitern hochklettern. Da ich gut 20 Kilo schwerer war als die meisten Korowai, bewegte ich mich anfangs sehr vorsichtig in ihrem Gitterwerk. Einige Sprossen rutschten ein paar Zoll herab, bevor sie in ihre Rattanschlingen einrasteten, doch ich war überrascht, wie stabil das Ganze sich anfühlte. Es bog und dehnte sich, aber das war Absicht. Der Kayu Besi war ein dynamisches Lebewesen, das sich in einem Sturm heftig hin und her bewegen würde, und was immer man in seine Krone hineinbaute, würde ebenfalls flexibel sein müssen, um nicht auseinandergerissen zu werden. Die Leiter, die die erste Plattform mit der oberen Baumkrone verband, hatte eine Neigung von 45 Grad, was mir eine fantastische Sicht auf den gerodeten Waldboden 30 Meter weiter unten bescherte. Dort sah ich Kinder und Hunde herumlaufen, und ich genoss das Gefühl, so hoch oben zu sein, ohne mich auf Seile verlassen zu müssen.

Die obere Plattform war genau in die mittlere Krone eingepasst. Sie würde das Fundament für das geplante Haus abgeben. Von hier aus war der Boden außer Sichtweite, weshalb eine Gruppe von Teenagern es sich rauchend und schwatzend auf der Plattform gemütlich gemacht hatte, in friedlicher Abgeschiedenheit von ihren Müttern und Schwestern dort unten. Manche Dinge sind überall gleich.

Nachdem ich es nun schon so hoch geschafft hatte, wollte ich mir die spektakuläre Aussicht zu Gemüte führen. So gut es sich auch anfühlte, frei von Seilen zu sein, schien es mir doch vernünftiger, zwei Sicherungsschnüre für Gavin und mich um einen der Stämme zu schlingen, bevor wir uns auf einer horizontalen Stange weiter nach außen wagten. Als ich in eine Astgabel griff, um mich abzustützen, entdeckte ich einen leichten Seilabrieb an der Rinde. Ich stand just an der Stelle, wo ich bei meinem ersten Aufstieg vor einer Woche in meinem Klettergurt gehangen und die Spinne beobachtet hatte. Was bedeutete, dass wir uns jetzt 36 Meter über dem Boden befanden. Es schien unmöglich, dass es sich um denselben Baum handelte. Seine herrliche Krone war nicht mehr wiederzuerkennen.

Ganze Stämme fehlten, abgehackt und beiseite geschafft, um dem Haus Platz zu machen. Wo vorher lange, elegante Äste gewesen waren, gab es nur mehr ein hässliches Gestrüpp aus amputierten Stümpfen, und das Blätterdach jenseits des zerfetzten Astwerks hatte keine Ähnlichkeit mehr mit der unberührten Krone, die dort prangte, bevor die Bäume ringsum gefällt worden waren. Aber so hässlich dies auch war, hatten die Korowai doch gute Gründe, die Baumkrone auszudünnen. Blätterreiche Kronen stemmen sich dem Wind entgegen wie Segel und sind der Hauptgrund dafür, dass hohe Bäume im Sturm so sehr ins Schwanken geraten. Da das Baumhaus der Krone noch mehr Gewicht und Starre aufbürden würde, war es sinnvoll, ihr eigenes Gewicht so weit wie möglich zu verringern. Das verringerte zugleich den Windwiderstand und half, den Baum im Gleichgewicht zu halten. In dieser Höhe in einem Holzhaus zu sitzen, während es von dem sturmgepeitschten Baum zerlegt wurde, hätte wohl niemandem Spaß gemacht. Unser Baumhaus in Gabun war viel weiter unten gebaut worden, und dennoch hatten die peitschenden Äste des Ebana ihm ganz schön zugesetzt. Dieses hier, hoch oben in der Krone des Kayu Besi, würde noch weit Schlimmeres überstehen müssen.

Als ich mich umwandte, fiel mein Blick auf einen älteren Korowai-Krieger auf der Plattform, der hinter den anderen Platz genommen hatte. Er wirkte viel älter als die übrigen, und weder Gavin noch ich hatten ihn jemals zuvor gesehen. Etliche Leute waren in letzter Zeit aus benachbarten Korowai-Clans dazugestoßen, um beim Bau des Baumhauses zu helfen, doch es war immer noch überraschend, jemand völlig Unbekannten zum ersten Mal oben auf dem Baum anzutreffen. Er hockte im Schneidersitz da, hielt die Stangen unter sich mit den Zehen umklammert und verwendete lange Rattanstränge, um die Stangen aneinanderzufügen. Er machte einen etwas wackeligen

Eindruck und sah reichlich wild aus, selbst für einen Korowai. Wie viele der älteren Krieger trug er eine kleine Kaurimuschel in die Nasenspitze eingepasst und ein Stirnband um den Kopf. Er war furchtbar mager, mit eingefallenen Wangen unter dem kurzen grauen Bart. Als ich mich hinhockte, um ihm bei der Arbeit zuzusehen, brach er in grellen Gesang aus. Eine Serie von Strophen, die wie beim Jodeln zwischen den Oktaven oszillierten, erklangen glockenrein durch die Baumkrone. Wahrscheinlich war er noch bis ins Gebiet des Nachbarclans zu hören. Er unterbrach seinen Gesang, um zu den Teenagern hinaufzuspähen, die wie Gibbons im Baumwipfel herumturnten. Sie schüttelten die ganze Baumkrone, und sein Stirnrunzeln zeigte deutlich, was er davon hielt. Auf einmal, als ob er mich erst jetzt bemerkte, beugte er sich zu mir vor und spähte mir ins Gesicht, so nah, dass unsere Nasen sich fast berührten. Seine Augen waren milchig vom grauen Star. Ich staunte: Ein 60-Jähriger, der kaum die Hand vor Augen erkennen konnte, kraxelte hier 35 Meter über dem Boden durch den Baum. Diese Leute waren unglaublich.

Nun ging es immer schneller voran. Das Stangenfundament, auf dem das Haus stehen würde, war fast fertig, und weiteres Baumaterial für die Wände und das Dach wurde in großen Bündeln hochgehievt, die an Rattanseilen durch die Luft schaukelten.

Der Alte blickte wieder zu den Jugendlichen hinauf, die sich fünf Meter über uns im Geäst verlustierten. Sie balancierten auf fingerdicken Zweigen, hielten sich mit den Zehen fest und surften mit wedelnden Armen auf dem wippenden Blattwerk. Eisenholz ist widerstandsfähig, aber es gibt Grenzen. Nasé beorderte die Jungen herab, damit er in Ruhe damit fortfahren konnte, die Äste auszudünnen. Einer von den Jungs ignorierte ihn, worauf Nasé dem Ast, auf dem er stand, einen Hieb mit dem Steinbeil versetzte. Eine leere Drohung, doch sie verfehlte nicht ihren Zweck: in Windeseile kam der Junge heruntergerutscht. Tatsächlich war der Eisenholz viel zu hart für ein Steinbeil, also reichte Nasé die einzige Machete, die der Clan besaß, zu Wayu hinüber, der sich mit metallisch klirrenden Schlägen über die Äste hermachte. Es klang wie Schwertkampf, als ob das massive Eisenholz die Klinge parierte und sie blitzartig in unvorhersehbare Richtungen zurückschnellen ließ. Aber Wayu ließ nicht nach, und als er den Ast endlich durchtrennt hatte, ertönte das vertraute Johlen von Nasé, um die Leute unten zu warnen. Der buschige Ast kippte über die Kante der Plattform und rauschte senkrecht unter seinem Fallschirm aus Blättern zu Boden, wo er mit einem fernen, dumpfen Aufprall landete.

Die Männer pfiffen die ganze Zeit beim Arbeiten, ein Chor aus schrillen Strophen, die sich endlos wiederholten, während sie im Schneidersitz dahockten und die Stangen am Gerüst befestigten.

»Und ich dachte schon, *dein* Pfeifen wäre nervtötend«, meinte Gavin. »Man kommt sich hier ja vor wie in einer Horde von Briefträgern.«

Bis zum Nachmittag des folgenden Tages war das Haus fast vollendet: Wände aus hölzernen Stangen, die mit Rattan zusammengefügt waren, ein schräges, mit Sagopalmblättern gedecktes Dach und ein Boden aus Baumrinde, welche die Lücken in der tragenden Plattform überdeckte. Gavin hatte ganz einmaliges Bildmaterial von dem Bauwerk eingefangen, das um uns herum Gestalt annahm.

Noch ehe es ganz fertig war, wurde es schon von Frauen und Kindern eingeweiht. Viele hatten handgeknüpfte Beutel umgehängt, die Ferkel und Welpen enthielten. Bis Anom dem Haus seinen ersten Besuch abstattete, knisterten schon zwei Feuer in Lehmöfen, und überall tollten Kinder und Tiere herum. Anom nahm auf dem kleinen Balkon des Hauses Platz, rauchte seine Pfeife und genoss mit sichtlichem Behagen den Ausblick über den Dschungel.

Tatsächlich sahen alle glücklich aus, und das zu Recht: Was hier vollbracht worden war, war nichts weniger als phänomenal. Das Baumhaus war ganz und gar aus Materialien gefertigt, die aus dem Wald stammten: Ranken, Rinde, Holzstangen und Palmblätter – sonst nichts. Und wenn es irgendwann einmal aufgegeben würde, dann würde es auf den Boden zurückfallen und völlig in der Natur aufgehen. Der Eisenholzbaum würde überleben, die gekappten Äste würden nachwachsen, und zweifellos würde der Kayu Besi noch über viele Jahrzehnte, wenn nicht gar Jahrhunderte gedeihen.

* * *

Der Bau eines solchen Hauses war natürlich ein großes gesellschaftliches Ereignis für die Korowai, ein Akt, durch den sie ihre Kultur definierten. Sie waren sehr stolz auf ihr Werk, und ihre Fähigkeit, sich mit solcher Sicherheit in einem so extremen Umfeld zu betätigen, schien ein grundlegendes Element ihrer Identität zu sein. Häuser in Baumkronen zu bauen war das, was sie ausmachte, und sie machten es besser als jeder andere auf dem Planeten. Ich konnte nur hoffen, dass wir hier nicht ihrem Schwanengesang beiwohnten. Missionare drangen immer weiter flussaufwärts in Richtung der Korowai-Gebiete vor, und manche Clans hatten den Urwald schon verlassen und lebten nun in staatlich subventionierten Siedlungen aus tristen Holzhütten.

Offenbar haben die Korowai ein ebenso komplexes wie inniges Verhältnis zu dem Urwald, der ihren Lebensraum bildet. Die Bäume liefern ihnen fast alles, was sie brauchen: Materialien, Brennstoff, Zuflucht und Kultur. Selbst ihr tägliches Brot stammt von den Bäumen. Die Sagopalme liefert Kohlenhydrate (in Form von Fladen, die aus ihrem stärkehaltigen Mark gebacken werden) und Eiweiß: dicke Käferlarven, die wie Geleebohnen aus dem Stamm kullern.

Es gab so viele Fragen, die unbeantwortet blieben. Hatte ihre Verbindung zu den Bäumen auch etwas Spirituelles? Es war ja unvermeidlich, dass Bäume eine große Rolle in ihrer Folklore und Religion spielten, aber welche Rolle genau? Verehrten sie die Bäume als Götter, oder fürchteten sie sie nur als Horte böser Geister? Oder vielleicht beides, da Furcht und Verehrung oft Hand in Hand gehen?

Obgleich ich Einzelne manchmal mit Staunen zum Kayu Besi aufblicken sah, schien es im Alltag der Korowai wenig Raum für Sentimentalität zu geben. Bäume wurden nicht umarmt oder romantisiert, was mich veranlasste, meine eigene Haltung zu überdenken. War meine Zuneigung zu Bäumen einfach eine Projektion meiner eigenen spirituellen Bedürfnisse – um die Leere zu füllen, die das moderne Misstrauen gegenüber der etablierten Religion hinterlassen hatte? Ich weiß es nicht, aber sollte ich das Glück haben, jemals wieder einem Korowai zu begegnen, werde ich ihn nach seiner *inneren* Beziehung zu den Bäumen fragen. Obwohl man ebenso gut einen Fisch nach dem Wasser oder einen Vogel nach der Luft fragen könnte, durch die er fliegt.

KAPITEL 9

Fortaleza – Venezuela

1987

Simon und ich hockten auf dem Teppich im Wohnzimmer seiner Mutter. Wir waren zwölf Jahre alt und gerade aus dem Wald zurück, wo wir durchs Gebüsch gekrochen waren und Rehe beobachtet hatten. »Hier, schau mal«, sagte er, nahm eine VHS-Kassette von dem schwankenden Stapel neben dem Videorekorder und drückte auf Play. Der Bildschirm füllte sich mit dem satten Grün eines tropischen Urwalds. Die Kassette war die Kopie einer Kopie und ziemlich unscharf, aber ich konnte die Silhouette von jemandem erkennen, der auf einen riesigen Baum stieg. Die Kamera zoomte heran, und man sah, wie er an seinem Seil 30 Meter über dem Boden baumelte. Er benutzte Klampen wie ein Bergsteiger, um sich Zentimeter um Zentimeter das dünne Seil hochzuarbeiten, und aus irgendeinem merkwürdigen Grund trug er einen Motorradhelm. Er wirkte sehr ungeschützt und verletzlich. Hoch über ihm war gerade noch eine ausladende Baumkrone im Dunst zu erkennen. Gigantische schwarze Äste, unterbelichtet vor einem milchig-weißen tropischen Himmel. Jeder Ast war so dick wie ein ganzer englischer Baum und eingepasst in dichtes, buschiges Laubwerk, und der Stamm, der diesen hängenden Garten trug, war mächtiger als jeder andere, den ich je gesehen hatte. Dagegen wirkte der Kletterer zwergenhaft, wie ein Kind.

Während ich mich noch fragte, wozu er so einen Helm trug, kam ein großer gefiederter Schatten aus der Krone herabgesegelt und versetzte dem Kletterer einen Stoß gegen die Schulter, der ihn hilflos zappelnd um sich selbst kreiseln ließ. Er blickte sich hektisch nach allen Seiten um, wohl aus Angst vor der nächsten Attacke. Aber der große Vogel war im Schatten verschwunden, und der Mann am Seil konnte nichts anderes tun, als so schnell wie möglich weiterzuklettern und Zuflucht in den oberen Ästen zu suchen. Eine Minute später ging der Riesenvogel wieder auf ihn los und versetzte ihm einen heftigen Schnabelhieb auf den Hinterkopf. Kein Wunder, dass der Kletterer einen Helm brauchte.

Simon war ganz versessen auf Raubvögel, ein wandelndes Lexikon, was das Thema betraf, und ich fragte ihn, was in aller Welt das für ein Vogel sei. Er hatte wie ein riesiger Adler ausgesehen. »Ja, eine Harpyie oder Papuaadler«, sagte er und spulte die Kassette zurück, damit wir sie uns noch einmal ansehen konnten. »Der Typ klettert da rauf, um ihr Nest zu filmen, und es sind sehr scheue, aggressive Vögel«, erklärte er und drückte die Stopptaste, sobald der Adler auftauchte. Ich rutschte näher an den Fernseher, um mir das flimmernde Bild genauer anzusehen. Die Harpyie war in vollem Angriffsmodus zu sehen, mit weit gespreizten Flügeln. Die langen Beine hielt sie nach vorn gestreckt, um den Kletterer mit ihren scharfen Klauen zu zerfetzen.

Der Name passte gut zu ihr: Sie sah aus wie ein mythischer Dämon. Das Video wirkte eher wie ein Science-Fiction-Film als wie eine Naturdokumentation. Mit seiner riesigen Flügelspanne war der Vogel viel größer als der Kameramann, den er angriff. Ebenso beeindruckt war ich aber von dem kolossalen Baum, der alles turmhoch überragte und die Szene beherrschte. Der Kommentator erklärte, es sei ein Kapokbaum, tief im Dschungel von Mittelamerika beheimatet, und ich konnte das Adlernest sehen, das er hielt, ein struppiger Horst aus Zweigen, der sich in die Astgabel am oberen Ende des Stammes schmiegte. Sicher saß ein Junges im Nest, was die Angriffslust der Harpyie gegen den Eindringling erklärte. Es war der ideale Baum, um einem so eindrucksvollen Vogel als Nistplatz zu dienen: eine lebende Festung. Völlig unbezwingbar ohne Seile.

Simon drückte auf Play, und die Harpyie entschwand als verwischter Streifen aus dem Bild, während der Kletterer wieder zappelnd an seinem Seil kreiselte.

Der Rest des Films zeigte das geheime Leben innerhalb eines Harpyienhorsts. Der Kameramann hockte in seinem Versteck zwischen den obersten Ästen des Kapokbaums. Es war magisch. Zwar hatte er ein paar ordentliche Püffe von dem Adler abbekommen, aber der Rest des Films bezeugte, was mit ein bisschen Entschlossenheit und sehr viel Geduld zu erreichen war. Für einen Zwölfjährigen, der ohnehin schon auf Bäume und Wildtiere abfuhr, war das Ganze eine Offenbarung.

Es sollte noch einige Jahre dauern, bis ich zusammen mit Paddy und Matt im New Forest auf meinen ersten Baumriesen stieg, doch Simons Video hatte die Saat einer Besessenheit in mich eingepflanzt, die nach und nach mein Leben bestimmen würde. Und mit der typischen Naivität eines zwölfjährigen Schuljungen hoffte ich, dass ich eines Tages das Glück haben würde, auf eine Harpyie zu treffen, während ich an einem Kletterseil in der Krone eines Kapokbaums hing.

Ich ging in unser Camp, ließ mich auf einen Stuhl fallen, öffnete ein warmes Bier und nahm die angebotene Zigarette. Adrian nahm schon einen tiefen Zug von seiner, und ich tat es ihm gleich. Es war ein ganz schön anstrengender Morgen gewesen. Nikotin und Alkohol waren jetzt höchst willkommen, obwohl es kaum zehn Uhr vormittags war und ich eigentlich nicht rauchte. Blut rann mir den Hals herab, ich war schweißgebadet, mein Rücken war voller Blutergüsse und meine Hände zitterten. Stumm saßen wir da, jeder in Gedanken versunken, und versuchten die Ereignisse zu rekonstruieren, die zu dem gegenwärtigen Moment geführt hatten. Ich starrte auf den Teerfleck am Ende meines Zigarettenfilters und schnippte abwesend die Aufreißlasche meiner Bierdose hin und her. Ich trank die Dose in einem Zug leer, und Adrian reichte mir schweigend eine neue. Ich spürte, wie mein Körper sich entspannte, und eine tiefe Erschöpfung überkam mich. Meine Knochen fühlten sich an wie Blei, und ich rutschte vom Sitz, lag flach auf der Erde und blickte hinauf in den wolkenlosen venezolanischen Himmel.

Was war passiert? Mir war schwindelig, also drückte ich die halb gerauchte Zigarette im Staub neben mir aus und versetzte mich im Geiste zurück an den Anfang der Ereigniskette, die in den jetzigen Erschöpfungszustand mündete. Ich schloss die Augen und dachte an den Tag, als ich vor drei Monaten zum ersten Mal den Fuß in diesen Wald gesetzt hatte – den Tag, als ich zum ersten Mal unter dem kolossalen Kapokbaum gestanden und zu dem Harpyiennest hinaufgespäht hatte, das wir hier für die BBC filmen wollten.

Aus der gleißenden Sonne zum ersten Mal in den kühlen, dunklen Dschungel zu treten war eine Wohltat. Wie an einem heißen Tag in einen kühlen See zu tauchen. Die Geräusche des Urwalds umgaben mich, und ich brauchte eine Weile, um mich an das Zwielicht der neuen Umgebung zu gewöhnen. Jeder Regenwald hat eine andere Atmosphäre, und dieser hier wirkte vom ersten Moment an besonders angefüllt mit Leben. Papageienschwärme schossen lärmend durch den Morgenhimmel. Kolibris schwirrten in der üppigen Vegetation umher, und eine lange schwarze Schlange hatte ich auch schon getroffen, als wir einen Fluss durchquerten. Sie war mir züngelnd durch das Wasser entgegengekommen. Ich war wie angewurzelt stehen geblieben und hatte sie auf ihrem Weg stromabwärts zwischen meinen Beinen durchschlüpfen lassen. Die Warnrufe der Vögel gellten ihr immer noch nach, als ich sie schon längst zwischen den dunklen Wirbeln und Strudeln aus den Augen verloren hatte.

Kaum war ich aus dem Fluss gestiegen, stand mir ein kurzer, aber steiler Aufstieg bevor. Mein Rucksack war schwer beladen mit Seilen und Gurtzeug, und meine Stiefel rutschten auf dem knöchelhohen Belag aus feuchten Blättern. Ich ließ mir Zeit; mein Atem ging keuchend, während meine Lungen die letzte schale Flugzeugluft von der langen Reise nach Venezuela ausstießen. Oben auf dem Hügel angekommen, blieb ich stehen, um zu verschnaufen und mich umzusehen.

Der Wald um mich herum war eine ungeheuer lauschige Pracht. Jungbäume reckten sich unter den dichten Kronen erwachsener Bäume empor. Der Boden war gescheckt von tanzenden Lichtflecken, und große Spinnweben glitzerten im Gegenlicht quer über dem Pfad; offenbar war ich der Erste, der hier heute entlangging.

Der Wald roch unglaublich. Ein erdiges Aroma von modernden Blättern, durchsetzt von den zarten Zitrusnoten unsichtbarer Blumen. Verschiedene Gerüche hingen in der kühlen Luft, ohne sich zu vermischen, und immer wieder empfingen mich neue, verlockende Düfte, während ich durch die klebrige Spinnenseide voranschritt.

Adrian, unser Produzent, hatte mir den Weg zu dem Harpyienbaum beschrieben.

»Du kannst ihn nicht verfehlen, er ist bei Weitem der Größte weit und breit«, meinte er, nachdem er mir beim Kaffeetrinken einen Plan in den Staub geritzt hatte.

Ich wollte so früh wie möglich los, also hatte ich ihn beim Ordnen einiger Dinge im Camp zurückgelassen und war allein in den Wald aufgebrochen. Ich machte mir keine Illusionen bezüglich der Herausforderungen, die auf uns zukamen, und ich würde keine Ruhe finden, bevor ich nicht mit eigenen Augen sah, auf was ich mich da eingelassen hatte. Einen ausgewachsenen Kapokbaum zu erklimmen, um eine ferngesteuerte Kamera in einem aktiven Harpyiennest zu installieren, war eine spannende Aufgabe, aber keine, die man auf die leichte Schulter nehmen sollte.

Ich folgte weiter dem Pfad, bog rechts ab, um den Weg über einen Felsenkamm einzuschlagen, und nach ein paar Minuten ging es nach links einen sanften Hang hinab. Adrian zufolge musste der Kapok hier irgendwo im Windschatten des Felsenkamms stehen. Aber ich konnte ihn nirgends finden. Für einen Urwaldriesen hielt er sich ganz schön bedeckt.

Ich blickte den Hang hinunter ins dämmrige Grün, und plötzlich fiel mir auf, dass die Baumgruppe dort am Fuß des Hügels tatsächlich ein einziger riesiger Baum war. An der Basis betrug sein Umfang mindestens neun Meter, und das Sonnenlicht flirrte über seine glatte graue Rinde. Ich spähte den kolossalen Stamm hinauf bis zu der Stelle, wo er hinter anderen Ästen im Vordergrund verschwand, nur um ein gutes Stück weiter oben über den restlichen Baumkronen wieder aufzutauchen. Erst dort in lichter Höhe entfaltete der Kapok seine riesigen Äste, um die Nachbarbäume wie ein mächtiger Schirm zu überspannen. Es war eine der breitesten Baumkronen, die ich je gesehen hatte. Auch wenn es nicht mein erster Kapok war, so war es doch der weitaus größte – ein wahrer Gigant. Ich stand da und konnte mich nicht sattsehen, erinnerte mich an das erste Mal, dass ich ein Bild von einem Kapok gesehen hatte, 23 Jahre zuvor in Simons Haus. Und hier war ich nun endlich, drauf und dran, einen zu erklimmen.

Ich ging näher auf ihn zu. Unten verbreiterte sich der Stamm in einer Lawine von Strebepfeilern. Riesige Wurzeln flossen wie geschmolzenes Wachs über den Boden, ehe sie in der Erde verschwanden. Horizontale Risse in der Rinde folgten den Konturen der Wurzeln, wie Dehnungsstreifen auf der Haut, und grüne Algenflecken zeigten, wo sich noch länger Feuchtigkeit hielt. Manche Strebepfeiler reichten so hoch hinauf, dass kein Sonnenlicht in die Ritzen dazwischen gelangte. Ich klopfte mit dem Fuß an eine der Wurzeln. Zwei winzige Fledermäuse flogen auf, schwirrten mir ein paar Sekunden um den Kopf und kehrten dann an ihren Schlafplatz zurück. Ich beugte mich über die Wurzel und sah sie kopfüber an kleinen Rillen in der Rinde hängen, aufgeregt miteinander schnatternd. Ich setzte den Rucksack ab und trat ein paar Schritte zurück, um mir den Rest des Baumes genauer anzusehen.

Sein Stamm ragte gut 35 Meter hoch auf, bevor er sich in vier Riesenäste aufspaltete, die sich immer wieder teilten und verzweigten, um die ungeheure Krone zu tragen. Unten am Fuß des Stammes stand ich noch im morgendlichen Schatten, aber hoch droben leuchtete das Laub im strahlenden Sonnenschein. Jedes der Blätter war so groß wie eine offene Hand. Das Blattwerk war dicht, aber größtenteils auf die Spitze der Zweige beschränkt. Innerhalb der Krone befand sich ein offener, luftiger Raum, von mächtigen grauen Ästen durchkreuzt, von denen die meisten von massiven Dornen bedeckt zu sein schienen. Dies würde dem Aufstieg eine zusätzliche Dimension verleihen; ich würde die Sicherungsseile sehr sorgfältig befestigen müssen, damit das dünne Nylon nicht zerriss. Während ich diese neue Herausforderung überdachte, fiel mir irgendetwas weiter oben ins Auge, und ich sah hinauf und begegnete dem unverwandten Blick einer ausgewachsenen Harpyie.

Sie war die ganze Zeit schon da gewesen und hatte mich reglos beobachtet, während ich im Zwielicht 60 Meter unter ihr herumgelaufen war. Vielleicht einen Meter hoch, hockte sie da auf ihrem dornigen Ast, mit grauem, überraschend eulenhaftem Gesicht. Das Anthrazit ihrer Kehle stand in reizvollem Kontrast zum schneeweißen Brustgefieder. Die großen gefalteten Flügel waren schiefergrau, die Flanken schwarz-weiß gestreift. Das Auffälligste aber waren ihre mächtigen Beine. Sie waren leuchtend gelb und so dick wie meine Handgelenke. Ihre Fänge waren so groß wie meine Hände, jeder mit vier tiefschwarzen mörderischen Krallen bestückt. Ich hob mein Fernglas und sah sie mir genauer an. Besonders die rückwärtigen Klauen, beide gut zwölf Zentimeter lang, sahen wie echte Killer aus. Vermutlich benutzte sie diese Daumenklauen, um ihre Beute zu schlagen, rammte sie wie Messer in den Leib eines Affen oder Faultiers.

Bei aller Schönheit war sie auch einschüchternd. Sie strahlte eine greifbare Aura von Macht und Mordlust aus. Als sie sich entdeckt sah, lehnte sie sich vor, um meinen Blick zu erwidern und mich noch genauer zu begutachten. Ihr Kopf neigte sich langsam von einer Seite zu anderen, und zweifellos registrierte sie jede Einzelheit meiner Erscheinung. Das Objekt einer Begutachtung durch Adleraugen zu sein war unheimlich, besonders, da sie jetzt auch noch den dunklen Federkamm auf ihrem Kopf aufstellte. Der Kamm bewegte sich leicht im Wind, und ich hatte das Gefühl, dass sie genau wusste, was ich vorhatte, und versuchen würde, dies auf alle Fälle zu verhindern.

Es ist natürlich unvernünftig, Tiere zu vermenschlichen, aber in diesen ersten Minuten wusste ich einfach, dass sie meine Absicht durchschaute, ihren Baum zu erklimmen. Und es war *ihr* Baum. Der Kapok dominierte den Wald, doch ihr gehörte der Kapok. Dieser Baum war ihre Festung – ihre *fortaleza* –, und es war mir klar, dass sie alles tun würde, um ihr Nest zu verteidigen.

Dieses Nest lag irgendwo unterhalb von ihr verborgen. Ich konnte es nicht sehen, aber offensichtlich barg es etwas, das ihr wichtig war. Schließlich spreizte sie ihre dunklen Flügel und segelte hinüber zur anderen Seite des Baumes, wo sie auf einem Ast landete und über den Wald hinausblickte. Anscheinend war meine erste Audienz bei einer Harpyie beendet.

Ich stieg wieder den Hügel hinauf, auf der Suche nach einem Blickwinkel, von dem aus das Nest zu sehen war. Und tatsächlich entdeckte ich es in der Astgabel am oberen Ende des Hauptstamms, geschützt vor den Elementen wie vor neugierigen Blicken. Ich staunte, dass etwas so Massives vom Boden aus nicht zu sehen gewesen war. Das Nest war drei Meter breit und einen Meter fünfzig tief. Ich hätte bequem drin schlafen können. Tja, *das* wäre mal eine denkwürdige Nacht gewesen, sagte ich mir, als ich zum Lager zurückwanderte, um den Rest meiner Kletterausrüstung zu holen.

* * *

Außerhalb des Waldes stach mir das gleißende Licht in die Augen. In den Schatten des Camps zurückzukehren war eine Erleichterung. Ich hörte Stimmengemurmel. Adrian und Graham, der Kameramann, füllten gerade ihre Wasserflaschen. Wir setzten uns an den improvisierten Küchentisch und besprachen unsere Vorgehensweise.

Wir hatten das alles schon x-mal durchgekaut. Die Frage, wie man die Kamera am besten in das Nest schmuggeln sollte, war seit Tagen unser Gesprächsthema. Am wichtigsten war uns dabei, dass die Vögel nicht unter unserem Eindringen litten. Wobei das Eindringen in ein Harpyiennest wohl das schwierigste Unterfangen überhaupt war. Jeder Schritt musste sorgfältig geplant sein, um möglichst wenig zu stören. Ein Ei anzuknacksen oder ein Küken zu beschädigen wäre absolut unverzeihlich. Oder gar die Elternvögel so unter Stress zu setzen, dass sie sich bei der Verteidigung ihres Nests selbst verletzten. Sie konnten sich leicht eine Klaue zerren, eine Feder abknicken oder sogar einen Flügel brechen, während sie versuchten, uns zu vertreiben. Ich jedenfalls wollte nicht mit einem zerstörten Harpyiennest auf dem Gewissen leben.

Unsere Sorgen waren berechtigt, aber wir waren auch zuversichtlich, dass wir es schaffen könnten, ohne Schaden zu verursachen. Wir mussten die Sache eben sorgsam vorbereiten. Gut möglich, dass wir irgendwann von den Elternvögeln angegriffen würden. Aber wir hatten uns darauf geeinigt, dass unsere Verteidigung weitgehend passiv zu sein hatte. Selbst einen attackierenden Vogel abzuwehren konnte ihn verletzen.

Ursprünglich war geplant gewesen, die Kamera heimlich zu installieren, ohne dass die Eltern es mitbekämen. Aber das Verhalten des Weibchens hatte mir heute Morgen gezeigt, dass wir uns diese Hoffnung abschminken konnten: Sie würde die Nachbarschaft ihres Baumes zu keiner Zeit aus den Augen lassen.

An der Art, wie sie immer wieder hinabgeblickt hatte, war klar ersichtlich gewesen, dass entweder ein Ei oder ein Küken im Nest sein musste. Wie auch immer, wir würden sie nicht lange von ihrem Nest abhalten können. Ohne schützende Mutter würde ein Ei oder Küken schnell auskühlen oder überhitzen, je nach Tageszeit. Weder das eine noch das andere durfte passieren, und die Uhr würde ticken, sobald sie bei unserem

Anrücken vom Nest aufflog. Ich beschloss, die Kletterseile noch am selben Nachmittag anzubringen, damit die Vögel sich wieder beruhigen konnten, bevor wir noch einmal hinaufstiegen, um die Kamera zu installieren.

* * *

Ich kniete mich auf den Blätterteppich und zog die dicke Gummischlinge des Katapults so weit herunter, wie ich konnte. Den Y-förmigen Kopf des Katapults hatte ich auf eine Stange montiert, um mir so viel Schubkraft wie möglich zu geben. Der Zielast war 40 Meter weit oben, durchaus in Reichweite, sodass ich die Schlinge gar nicht so sehr hätte dehnen müssen. Aber die Schusslinie lag nicht frei. Der Wurfbeutel musste durch einige Lücken im Laub geschossen werden, und ich brauchte den maximalen Schub, damit er nicht von den Blättern abprallte, die im Weg hingen. Der Kapok stand in vollem Saft, seine Krone war dicht und kerngesund, ohne hängendes Totholz. (Dieses Fehlen von Totholz war eine große Erleichterung. Das Letzte, was ich wollte, war, etwas Schweres auf das Nest fallen zu lassen.)

Die kleinere, weniger aggressive männliche Harpyie hatte ich noch immer nicht gesehen, aber das formidable Weibchen hockte wieder auf ihrem stachligen Ast über mir, den Kopf eingezogen, den Kamm aufgestellt. Sie balancierte auf einem Fuß, den anderen hielt sie vor sich ausgestreckt und krümmte immer wieder die Klauen, offensichtlich irritiert. Ich war froh, sie so deutlich zu sehen, dann bestand wenigstens keine Gefahr, sie aus Versehen mit dem Katapult zu treffen. Da machte ich mir schon mehr Sorgen um das Nest. Ein Wurfbeutel konnte leicht ein Ei zerschmettern oder ein Küken verletzen. Ich wählte meine Schussposition sehr sorgfältig, und von diesem Winkel aus war das Nest von einem der riesigen Kapokstämme vollständig geschützt.

Ich zielte auf einen etwas höher gelegenen Punkt als den Ast, den ich treffen wollte, zog die Gummischlinge die letzten paar Zentimeter herab, atmete langsam aus und ließ los. Der Beutel flog pfeilgerade durch die Lücken im Laubwerk, über den angepeilten Ast hinweg und wickelte sich schließlich um ein paar Zweige an der Spitze des Baumes. Es war ein guter Schuss. Ich wartete, bis der Beutel aufhörte zu baumeln, bevor ich ihn vorsichtig durch die Blätter zurückzog, um ihn über den großen Ast fallen zu lassen.

Die ganze Zeit verfolgte die Harpyie den kleinen blauen Wurfbeutel mit gespannter Aufmerksamkeit. Sie rückte näher, um ihn genauer in Augenschein zu nehmen. Nachdem sie ihre Neugier befriedigt hatte, drehte sie sich wieder zu mir um und flog dann zu einem anderen Ast, außer Sichtweite.

Ich brachte das Kletterseil in Stellung. Als der Baum hergerichtet war, ging es bereits auf die Dämmerung zu, und ich wollte den Vögeln endlich ihre Ruhe lassen. Ich verstaute meine Rucksäcke in der Blätterschicht am Fuß des Kapok und machte mich auf den Rückweg zum Camp.

Oben auf dem Hügelkamm warf ich einen Blick zurück zu dem Kapok, der in der Abendsonne leuchtete, als glühte die riesige Krone von innen. Es war wirklich ein herrlicher Baum, der wie ein riesiger Pilz den Rest des Waldes überragte. Aus diesem flacheren Winkel konnte ich gut erkennen, wie massiv die unteren Äste waren, die steil vom Stamm aufstiegen, und wie geräumig der Platz dazwischen war. Die Vögel hatten ihren Nistplatz gut gewählt; sie hatten einen ungehinderten Blick auf alles, was in der Baumkrone und ringsherum geschah. Wir würden uns nirgends verstecken können, sobald wir in die Krone eingestiegen waren.

Am folgenden Morgen zog ich mir die schwere Kevlarweste über mein Kletterhemd und schnürte sie fest zu. Es war beruhigend zu wissen, dass sie eine Messerklinge aufhalten konnte, aber hatte sie sich je gegen eine wütende Harpyie bewähren müssen? Ich streifte ein Paar Armschoner über und bückte mich nach dem schweren Helm, der zu meinen Füßen lag. Er war dunkelblau, mit zerkratztem Plexiglasvisier und gepolstertem Nackenschutz. Vorne drauf stand in verblassten Lettern das Wort »Police«. Wegen der Schaumgummidämmung war mein Hörvermögen in dem Ding stark eingeschränkt, und wenn ich sehen wollte, was sich seitlich von mir tat, musste ich den Kopf drehen. Als ich das Visier herunterklappte, beschlug es sofort, wodurch das Gefühl klaustrophobischer Enge noch verstärkt wurde.

Diese Secondhand-Rüstung hatten wir aus Bristol mitgeschleppt. Darin einen Baum zu erklimmen würde keinen Spaß machen. Aber es war wohl immer noch besser als von einem wütenden Adler zerfetzt zu werden. Auch wenn es nicht unbedingt so weit kommen musste. Jede Harpyie ist anders, und vielleicht würde dieses Paar sich damit zufriedengeben, unseren Aufstieg aus einiger Entfernung zu beobachten. Doch das konnten wir nicht wissen, bis wir an den Seilen hingen, und dann wäre es natürlich zu spät. Sicher ist sicher, sagte ich mir, eingedenk des Videos, das Simon mir damals gezeigt hatte.

* * *

Am nächsten Morgen um halb sechs standen Graham, Adrian und ich zwischen den riesigen Wurzeln am Fuß des Kapok. Graham stellte die Kamera ein, während Adrian und ich unsere Gurte anlegten. Um das Nest mit der Kamera zu bestücken, brauchte es nur einen Kletterer, aber vier Augen waren besser als zwei, darum würde Adrian mit mir hinaufsteigen. Graham würde unseren Aufstieg vom Nachbarbaum aus filmen. Von dort aus konnte er sich auf die Vögel konzentrieren und uns, wenn nötig, über Funk eine Warnung zukommen lassen. Das war wirklich wichtig, da es vielleicht nicht nur das Weibchen war, mit dem wir es zu tun bekämen. Ich hatte ihren Partner noch nicht gesehen, aber zweifellos hatte das Männchen mich schon des Öfteren wahrgenommen, und wir mussten davon ausgehen, dass beide Elternvögel uns auch jetzt in diesem Moment beobachteten.

Ich spähte die dünnen weißen Seile hinauf. Sie hingen im offenen Raum, sechs Meter vom Stamm entfernt. Ich schüttelte sie, um sie von Verhakungen freizubekommen. Ein leichter Dunstschleier verlieh der Szenerie Tiefe und verdeutlichte, wie hoch wir zu steigen hatten. Fünfundvierzig Meter über uns erleuchteten die ersten Sonnenstrahlen die Spitze des Baumes, und darüber kündete der blassblaue Himmel einen weiteren wolkenlosen Tag an. Zeit, in die Gänge zu kommen.

Ich steckte die Nestkamera in einen kleinen Beutel, den ich an meinen Klettergurt hängte, dann klinkte ich mich ins Seil. Unter dem Helm war es erstickend heiß. Ich schwitzte jetzt schon, und dabei hatte ich noch kaum den Boden verlassen. Das Gewicht von Helm und Schutzweste brachte mich aus dem Gleichgewicht und zog mich nach hinten. Kombiniert mit der Elastizität des Seils, machte es das Klettern schwierig; es war fast unmöglich, einen effizienten Rhythmus zu finden. Ich war mies drauf und mühte mich, einen klaren Kopf zu kriegen. Es kam mir alles so verkehrt vor. Ohne richtig hören und sehen zu können, fühlte ich mich völlig losgelöst von dem Baum, den ich gerade erklomm.

Doch es ging nicht anders. Ja, es würde schwierig werden, aber ich erinnerte mich daran, dass niemand mich zwang, diese Ausrüstung zu tragen. Es war meine eigene Entscheidung, also riss ich mich jetzt besser zusammen und machte, dass ich vorankam. Aus gutem Grund hatten wir uns in die Rüstung gezwängt, und falls wir von den Harpyien angegriffen würden, hätte das ganze Unbehagen sich schon ausgezahlt.

Drei Meter neben mir kämpfte Adrian ebenso wie ich an seinem Seil. Unser Plan war, miteinander Schritt zu halten, uns gegenseitig im Auge zu behalten, aber wir kreiselten langsam um uns selbst, dem natürlichen Drall des Seils ausgeliefert, und ohne peripheres Blickfeld konnte ich Adrian nur sehen, wenn er direkt vor mir war. Ich drehte mich, er tauchte mit dem Rücken zu mir auf, dann war er wieder weg, während ich mich weiterdrehte.

Es war alles ganz schön surreal, und je höher ich stieg, desto unwohler fühlte ich mich. Wir wurden beobachtet, und ich sah es Adrians Körpersprache an, dass er es ebenfalls spürte. Wir hielten immer wieder inne und blickten uns um, in dem vergeblichen Versuch, die Vögel im Baum zu entdecken.

Fünfzehn Meter über dem Boden durchbrachen wir das dichte Blattwerk des Unterwuchses und stießen in den offenen Bereich der gigantischen Baumkrone vor. So verletzlich ich mich eben beim Aufstieg noch gefühlt hatte, war das gar nichts gegen das Gefühl des Ausgeliefertseins, das mich jetzt ergriff. Während der nächsten 22 Meter würden wir ohne jede Deckung an den Seilen hängen, und ich war auf einmal erleichtert, diese ganze Schutzkleidung zu tragen. Die Unternehmung hätte sonst leicht ins Selbstmörderische kippen können. Das Herz klopfte mir im Hals, und ich erwartete jede Sekunde eine Attacke aus dem Hinterhalt. Die Fantasie ging mit mir durch, also riss ich mich zusammen und konzentrierte mich einfach aufs Klettern.

Der Baumstamm neben uns war selbst in dieser Höhe immer noch massiv. Ich spähte zum Nest hinauf: gut zwölf Meter noch bis dahin. Es war fast gänzlich hinter einer riesigen Schlingpflanze verborgen, und mir fiel auf, dass sie einer Zimmerpflanze namens Monstera glich, die meine Eltern in den Siebzigern auf der Fensterbank stehen hatten, nur eben in riesigem Format. Da kommen die Biester also her, dachte ich – wie eigenartig, ausgerechnet hier so ein Exemplar zu sehen.

»Achtung, sie kommt!« Grahams Stimme im Funkgerät katapultierte mich abrupt zurück in die Gegenwart.

Ich blickte über die Schulter und gewahrte gerade noch einen Schatten, der fünf Meter entfernt aus dem Baum strich, und als ich mich umdrehte, sah ich die Harpyie zum Nachbarbaum hinüberfliegen und auf dessen Wipfel landen. Sie plusterte die Federn, stellte den Kamm auf und nahm eine kauernde Stellung ein, um jede unserer Bewegungen zu verfolgen.

So schnell ich nur konnte, kletterte ich weiter zu den belaubteren Ästen hinauf. Adrian war ein Stück unter mir und noch sehr exponiert. Wieder warf ich einen Blick zu der Harpyie hinüber, die uns aus 30 Metern Entfernung beobachtete. Plötzlich stürzte sie vornüber und ließ sich lautlos von ihrem Ast fallen. Den Kopf zwischen die mächtigen Schultern eingezogen, kam sie geradewegs auf Adrian zugeschossen.

»Pass auf, Adrian, klapp das Visier runter!«, rief ich.

Mit einer schnellen Handbewegung senkte er das Plexiglas vor die Augen, aber er kehrte der nahenden Harpyie noch immer den Rücken zu. Doch im letzten Moment fing sie sich mit erstaunlicher Geschwindigkeit ab und landete fünf Meter über uns auf einem Ast. Sie funkelte uns mit ihren Mörderaugen an. Sie so dicht neben Adrian zu sehen hatte mir einen Eindruck von ihrer wahren Größe verschafft, und als sie abgebogen war, hatte ihr Flügelschlag unsere Seile zum Schwanken gebracht. Es war eine Warnung gewesen, ein Schuss vor den Bug. Wie würde sie wohl reagieren, wenn wir schließlich zum Nest hinaufgelangten?

Wir konnten gar nicht anders, als sie ständig im Blick zu behalten, während wir zügig weiterstiegen. Nach ein paar Minuten hatte ich die ausladende Plattform aus Zweigen erreicht und schwang mich über die Kante. Jetzt konnte ich erkennen, wie massiv das Nest tatsächlich war: drei Meter lang, zwei Meter breit. Manche der Zweige, aus denen es bestand, waren abgestorben, andere hatten noch grüne Blätter, aber alle waren ordentlich groß und schwer. Es war eine beeindruckende Konstruktion, stabil genug, das Gewicht mehrerer Leute auszuhalten. Und dort zu meinen Füßen, tief in eine Kuhle gebettet, lagen zwei zarte elfenbeinfarbene Eier. Sie waren beinahe rund und etwa so groß wie Gänseeier. Also war die Harpyie noch beim Brüten. Die Küken waren noch nicht geschlüpft. Ich blickte zu ihr nach oben, wo sie immer noch auf ihrem Ast hockte, und behielt sie im Auge, bis Adrian sich ebenfalls hinaufgeschwungen hatte. Sie flog zurück zum Nachbarbaum und gab sich damit zufrieden, uns von dort aus weiter zu observieren.

Dieser unsichere Waffenstillstand hielt die ganze Zeit, die ich brauchte, um die Kamera zu installieren. Sie an einem Ast neben dem Nest anzubringen war eine ziemliche Fummelei. Sobald es geschafft war, seilte Adrian sich die 40 Meter bis zum Boden ab. Ich folgte ihm ein paar Minuten später, wobei ich immer wieder anhalten musste, um das lange Stromkabel der Kamera am Stamm zu befestigen. Auf halbem Weg abwärts spürte ich eine Bewegung in der Luft, konnte aber nichts sehen, als ich mich danach umdrehte.

Es war eine ungeheure Erleichterung, endlich wieder zwischen den riesigen schlangenhaften Kapokwurzeln zu stehen.

»Hast du sie gesehen?«, wollte Adrian wissen.

Ich nahm den Helm ab und sah ihn an. »Was meinst du? Wann?«

»Die Harpyie, sie hat vor ein paar Minuten noch einen Anflug auf dich gestartet.«

»Nein, hab ich nicht gesehen.« Es musste der Luftzug gewesen sein, den ich gespürt hatte. Ein Adler, neun Kilo schwer, mit einer Flügelspanne von gut zwei Metern, war dicht an mir vorbeigesegelt, und wegen des klobigen Helms hatte ich kaum etwas davon mitbekommen.

Es war eine Erleichterung zu wissen, dass die Kamera einsatzbereit war, aber entspannen konnte ich mich erst, wenn wir ein Bild sehen konnten. Graham gesellte sich zu uns, und wir steckten die Köpfe über dem kleinen LCD-Monitor zusammen, der auf einer Baumwurzel balancierte. Wir schalteten ihn ein. Der Bildschirm leuchtete einen nervenzerreißenden Moment lang nur blau, ehe er ein wunderbares Weitwinkelbild des gesamten Nests offenbarte. An der rechten Seite des Ausschnitts lagen die zwei weißen Eier in ihre Kuhle geschmiegt. Den Hintergrund bildete ein weites Panorama des umgebenden Waldes. Es sah großartig aus.

Adrian und ich zogen die Seile herab und trugen unsere Ausrüstung zurück zum Lager. Graham kam eine Stunde später nach und berichtete, das Weibchen habe gleich wieder zu brüten begonnen, sobald wir den Baum verlassen hätten. Das war eine fabelhafte Nachricht. So weit, so gut: Unsere Mission war ein voller Erfolg. Mit etwas Glück würden wir nun bald einmaliges Filmmaterial davon bekommen, wie einer der imposantesten und zugleich scheuesten Adler der Welt seine Jungen aufzog.

Aber das war viel verlangt von der kleinen Kamera. Harpyien-Küken brauchen lange, um flügge zu werden – sechs Monate nämlich, eine enorme Zeitspanne für ein Gerät, das in so einer feuchtheißen Umgebung funktionstüchtig bleiben sollte. Die Vorstellung, noch einmal dorthinauf zu müssen, um die Kamera wieder flottzukriegen, gefiel keinem von uns. Sobald die Küken geschlüpft wären, würden die Eltern erst recht etwas zu verteidigen haben, und je mehr sie in die Aufzucht investierten, desto stärker würde die Bindung, und desto aggressiver würden sie sich bei der Verteidigung ihrer Brut verhalten. Aber einstweilen schien alles in bester Ordnung. Die Kamera funktionierte, die

Vögel hatten die Störung gut überwunden, alles lief glatt. Mit etwas Glück würde ich erst wieder auf den Kapok steigen und die Kamera abmontieren, wenn die Jungen das Nest verlassen hatten. Dann konnte ich mir die Schutzkleidung sparen und diesen großartigen Baum in aller Ruhe auskundschaften.

Ein schöner Gedanke, doch als nach ein paar Monaten mein Telefon klingelte und Adrians Nummer auf dem Display erschien, wusste ich gleich, dass mit der Kamera irgendwas schiefgelaufen war.

* * *

Es kam mir vor, als hätte ich erst gestern am Fuß dieses mächtigen Baumes gestanden.

Doch inzwischen waren drei Monate vergangen, und seitdem war einiges passiert. Die Kamera im Nest lief zwar noch, aber das Objektiv war total beschlagen, und die Bilder waren unbrauchbar. Jemand musste sich der Sache annehmen, also wieder hinaufsteigen, nur diesmal hinauf zu einem Nest, das ein sehr großes Adlerküken beherbergte. In einer der Aufnahmen konnte man seine flauschige weiße Silhouette umhertorkeln sehen. Es war jetzt ein paar Monate alt und wuchs rasant, wohlgenährt mit Affen und Faultieren. Seine Eltern jagten rund um die Uhr und brachten regelmäßig Beute heim, um ihren unersättlichen Nachwuchs zu päppeln.

Es war die betriebsamste Zeit in einem Harpyiennest; die Eltern hatten viel Zeit und Mühe in ihr Küken investiert, seit es geschlüpft war. Diesmal hatten sie also viel mehr zu verlieren, da würden sie nicht einfach nur zuschauen, wie ich ihr Nest aufsuchte. Sie würden sicher reagieren. Man konnte allerdings nicht vorhersehen, wie ihre Reaktion ausfallen würde, bis ich tatsächlich dort oben war.

So kniete ich denn wieder auf dem Waldboden, zielte sorgfältig mit dem Katapult und ließ das Gummiband losschnalzen.

Der Wurfbeutel flog in schnurgerader Bahn über denselben Ast wie beim ersten Mal. Ich ließ das Katapult fallen und griff nach der dünnen Angelschnur, die sich immer schneller in die Baumkrone hochspulte. Aber genau in dem Moment gab es einen Ruck, die Schnur wurde mir aus der Hand gerissen und ratschte mir die Finger auf. Ich blickte nach oben: Die Harpyie zerrte an dem Wurfbeutel und versuchte, ihn in ihren Klauen davonzutragen. Sie hing kopfüber an dem Beutel und flatterte mit ihren riesigen Schwingen. Besorgt, dass sie sich verheddern könnte, zog ich wieder und wieder an der Schnur; einen Moment lang gab es ein erbittertes Tauziehen zwischen mir und der Harpyie, bis sie schließlich von dem Beutel abließ und aus dem Baum davonglitt. Ich blickte mich nach allen Seiten um, konnte sie aber nirgends sehen. Wie der Blitz war sie aufgetaucht und ebenso schnell wieder verschwunden. Alles war wieder still, bis auf das leise Niederregnen von Schrotkugeln auf die Blätter. Sie hatte das dicke Segeltuch des Wurfbeutels mit den Klauen aufgerissen und mich mit blutenden Fingern hier stehen lassen.

Das verhieß nichts Gutes für den Aufstieg. Zwar konnte ich nun in Ruhe die Seile anbringen, innerlich aber war ich voller Ängste und Zweifel. Als ich zurück im Camp war, hatte ich mich entschieden, zusätzliche Schutzkleidung anzulegen. Der Helm, die Sicherheitsweste und Armschoner waren ja gut und schön, aber ich brauchte noch irgendeine Polsterung, um auch die Nieren und Schenkel zu schützen; ein bisschen resigniert dachte ich daran, wie ich beim ersten Mal allein schon über den Helm und die Weste gejammert hatte. Doch ich hatte das ungute Gefühl, dass die heute Morgen offenbarte Angriffslust nur ein Vorgeschmack auf das gewesen war, was noch kommen sollte.

Ich erwachte im Dunkeln. Die Nachtluft war erfüllt vom Summen der Insekten, und durch das dünne Fliegengitter meines Zeltes konnte ich das schwache Glimmen eines Glühwürmchens sehen. Die schauerlichen Brüllaffenrufe in der Ferne kündeten die Morgendämmerung an. Ich sah auf die Uhr: halb fünf. Da ich ohnehin nicht mehr schlafen konnte, zog ich mich an und kroch hinaus an die frische Luft. Schwarz standen die Bäume vor einem Himmel voller Sterne.

Ich stieg in die Stiefel und ging hinüber in die Küchenhütte, um mir einen starken schwarzen Kaffee aus der Thermoskanne einzugießen. Eine halbe Stunde saß ich nur da und versuchte, mich irgendwie auf das Kommende einzustellen. Es war klar, dass ich von einer der Harpyien oder beiden attackiert werden würde. Damit konnte ich umgehen, ich hatte ja meine Rüstung, und wer wollte es den Vögeln verübeln, dass sie ihr Nest verteidigten? Es war der Preis, der für die Reparatur der Kamera gezahlt werden musste. Nein, was mich umtrieb, war die Sorge, die Vögel bei einem Zusammenstoß aus Versehen zu verletzen. Ich konnte nur versuchen, mich möglichst passiv zu verhalten, sie nicht zu provozieren. Doch der Selbstverteidigungsinstinkt ist schwer zu unterdrücken und würde meine Geduld auf die Probe stellen. Zur Not müsste ich mich eben zurückziehen, bevor das Ganze aus dem Ruder lief.

Eine Stunde später standen wir drei zusammen unter dem Kapok. Adrian hatte irgendwo ein paar Lederstreifen aufgetrieben und wickelte sie mir mit Klebeband um die Taille. So war wenigstens die Lücke zwischen der Weste und dem Klettergurt geschlossen. Die Schenkel umwickelte ich mir auf die gleiche Weise, während Adrian sich um Grahams Rüstung kümmerte. Um uns nicht so breitzumachen, hatten wir nur ein Paar Seile im Baum. Also würde ich als Erster hochklettern, zeitweilig auf einem Ast vor Anker gehen und die Seile für Graham frei machen. Dann könnte ich zwar nicht flüchten, falls es zu einem Angriff kam, aber so konnte einer von uns an der Kamera werkeln, während der andere Wache hielt. Nur den Aufstieg musste halt jeder allein schaffen.

Der Helm roch nach Schimmel und ranzigem Schweiß. Ich stülpte ihn über und schloss den Kinnriemen. Ich hängte mich mit meinen Steigklemmen in das Seil, schaltete das Funkgerät ein und machte mich an den Aufstieg. Noch hielten die Vögel sich bedeckt, hatten mich aber sicher schon im Auge.

Das eingeschränkte Sichtfeld des Helms wirkte wie Scheuklappen, und Geräusche drangen nur gedämpft an mein Ohr, wie unter Wasser. Dafür klang mein Atem umso lauter. Da ich kaum etwas sehen oder hören konnte, konzentrierte ich mich auf den Rhythmus des Aufsteigens. Oberhalb des dichten Unterwuchses angekommen, klappte ich das Visier herab, denn von jetzt an gab es keine Deckung mehr. Das zerkratzte Plexiglas beschlug sofort, sodass ich mich praktisch blind durch das Gewirr der Zweige wühlen musste.

Oben im offenen Bereich war es nur eine Frage der Zeit, bis die Adler mich als Störenfried orten würden. Das Rennen um das schützende Blätterdach 20 Meter über mir hatte begonnen, und bis ich mein Ziel erreichte, konnte ich mich praktisch als Beute fühlen. Schweiß rann mir in die Augen und meine Muskeln brannten. Ich peitschte mich das Seil hinauf, so schnell ich nur konnte.

Die erste Warnung war ein Unheil verkündender Schatten, der urplötzlich von links niederstieß. Mit eingezogenem Kopf zeigte die Harpyie ein stromlinienförmiges Profil, bis sie etwa drei Meter vor meinem Gesicht die Krallen zum Angriff ausfuhr. Im letzten Augenblick aber schwenkte sie doch noch zur Seite, weil sie merkte, dass ich sie gesehen hatte. Der Luftzug ihrer riesigen Schwingen brachte mich an meinem Seil ins Schaukeln; nun kehrte ich ihr den Rücken zu. In blinder Hast kletterte ich weiter, und das Herz pochte mir laut in den Ohren.

Sekunden später knisterte das Funkgerät los: »Pass auf, sie kommt wieder zurück.« Als ich mich umdrehte, war sie schon bis auf 30 Meter herangekommen und hielt mit majestätischen Schlägen ihrer weiten schwarzen Schwingen in beängstigender Geschwindigkeit auf mich zu. Ich konnte nichts anderes tun als zuzusehen, wie sie immer größer und größer wurde. In etwa zehn Metern Entfernung setzte sie zum Segelflug an, schoss im letzten Moment schräg an mir vorbei und hieb mir dabei ihre Krallen in die Nieren. Zum Glück hielt meine improvisierte Rüstung. Ihre Klauen drangen nicht durch, auch wenn der Schlag eine heftige Prellung verursachte und mich an meinem Seil kreiseln ließ. Mir blieb nichts weiter übrig als in panischem Tempo weiterzuklettern.

In schwindelerregenden Spiralen schraubte ich mich an dem pendelnden Seil in die Höhe. Mir wurde übel von der Hitze, dem Schweiß, der Blindheit und obendrein dem ganzen Geschaukel. Ich klappte das Visier hoch, um Luft zu holen, und prompt sah ich die Harpyie auf mein Gesicht zugeschossen kommen, keine sieben Meter entfernt. Das Seil schwenkte mich noch mal im Kreis herum, wieder streifte mich der Luftzug ihrer Schwingen, wieder traf mich ein heftiger Schlag – diesmal mitten ins Kreuz. Ich erhaschte noch einen kurzen Blick auf die breit gerundeten Flügelspitzen und den fächerförmig geplusterten Schwanz, unter dem die mächtigen Fänge wie Dolche herabhingen.

Ein paar Minuten später tauchte sie wieder über mir auf und landete auf einem Ast in der Nähe meiner Seile. Da es gerade keine klare Flugroute zwischen uns gab, nahm ich die Gelegenheit wahr, mich weiter hinaufzuhieven, so schnell meine brennenden Muskeln es zuließen. Ich näherte mich bereits dem Ende des Seils und war bis in die Baumkrone vorgedrungen. Dort wartete die Harpyie schon auf mich. Ihre schwarzen Augen starrten mich unverwandt an, und ihr großer gebogener

Schnabel öffnete sich leicht und ließ eine reptilienhafte Zunge sehen, die im Takt ihres schnellen Atems vibrierte.

Die mächtigen gelben Krallen hielten den Ast umklammert, auf dem sie vornübergebeugt saß, während die rückwärtigen Klauen auf ihren messerscharfen Spitzen ruhten. Offenbar lauerte sie nur auf eine weitere Chance zum Angriff. Ohne sie aus den Augen zu lassen, quetschte ich mich durch eine Astgabel und verharrte in unsicherer Balance, um zu der Harpyie aufzusehen. Langsam schien sie sich zu entspannen, streckte sich auf ihrem Ast und stellte den Kamm auf.

Jetzt kam der schwierigste Teil. Um die Seile für Grahams Aufstieg frei zu machen, war es nötig, ein weiteres Sicherungsseil am Baum zu verankern. Dafür musste ich die Harpyie ein paar Sekunden aus den Augen lassen, in der Hoffnung, dass sie ihren Vorteil nicht nutzte.

Ehe ich mich's versah, baumelte ich wieder am Seil und sah Sterne. Ich hatte ein Dröhnen in den Ohren und spürte einen durchdringenden Schmerz im Genick. So schnell wie möglich hangelte ich mich auf den stacheligen Ast zurück und legte die Hand auf die schmerzende Stelle. Die ganze linke Halsseite war taub, und als ich die Hand wegnahm, hatte ich Blut an den Fingern. Sie hatte wohl die Lücke zwischen Nackenschutz und Kevlarweste erspäht und sich daraufgestürzt. Es war ein Gefühl, als hätte mich ein Baseballschläger getroffen; ich drehte den Kopf hin und her, um sicherzugehen, dass nichts gebrochen war. Aber das Blut war kein gutes Zeichen, und als ich die Hand auf die Wunde drückte, wurde mir flau.

»Alles okay«, rief ich den Jungs unten zu, »aber mir reicht's, ich komm runter!«

Gedämpft hallte Grahams Stimme zu mir herauf: »Bleib da, James, ich bin gleich bei dir!«

Ich hatte gerade noch Zeit, mich auszuklinken und am

nächstbesten Ast anzudocken, als das Seil unter mir heftig zu wippen begann. Er war auf dem Weg.

Doch Sekunden später attackierte die Harpyie mich erneut, schoss mit ausgestreckten Krallen auf mein Gesicht zu. Diesmal sah es nicht so aus, als ob sie sich durch reines Standhalten von ihrem Vorhaben abbringen ließe, also brüllte ich sie an und schwenkte die Arme. Sie bog ab und landete auf einem Ast in drei Metern Entfernung, wo sie sich vorbeugte, um mich zu mustern, die Flügel nur halb zusammengelegt, bereit zur nächsten Attacke, sobald sich die Gelegenheit ergab. Ihr jetzt den Rücken zuzukehren oder auch nur kurz wegzusehen würde sicher einen weiteren Angriff auslösen. Den Fehler würde ich nicht noch mal machen. Während sie mich also mit vorgestrecktem Kopf fixierte, bemühte ich mich, den Blickkontakt zu halten, während ich den Ast neben mir zur Deckung nutzte. Wir befanden uns in einer Pattsituation – Auge in Auge. Dies hier war ihr Revier, und ich war der Eindringling.

Mit einem schnellen Blick nach unten vergewisserte ich mich, dass Graham gerade aus dem Unterwuchs hervorkam. Die Harpyie hatte ihn wohl ebenfalls bemerkt, denn sie beugte sich noch ein Stück weiter vor, um hinabzuspähen. Ich dachte schon, sie würde auf Graham losgehen, als plötzlich das Adlermännchen wie aus dem Nichts auftauchte und unterhalb von mir ins Laubwerk einschwebte, direkt auf Graham zu. Ich schlug Alarm, doch Graham hatte es ebenfalls schon gesehen und streckte die Füße vor, um einen Krallenhieb abzuwehren. In letzter Sekunde schwenkte der Adler zur Seite und ließ Graham am Seil kreiselnd zurück. Trotz allem kletterte er zügig weiter und gesellte sich alsbald zu mir auf den Ast. Ich hatte meine Nerven inzwischen wieder halbwegs unter Kontrolle, zumal die Blutung gestillt zu sein schien. Da Graham mir nun zur Seite stand und ein Auge auf das Weibchen hatte, konnte ich mich zum ersten Mal dem Nest hinter uns zuwenden.

Wo sich drei Monate zuvor zwei kleine weiße Eier in eine zarte Kuhle geschmiegt hatten, hockte nun ein großes, zorniges Küken. Es war so groß wie ein ausgewachsenes Huhn, mit grauen Flügeln, einem weißen Kopf und enormen gelben Krallen, die es mir abwehrend entgegenstreckte. Den Schnabel hatte es aufgesperrt, und alle paar Sekunden schob sich in kalter reptilienhafter Weise eine blasse Nickhaut über die stechenden schwarzen Augen.

Der Boden des Nestes war mit einer dicken Blätterschicht bedeckt und mit den Überresten verspeister Kleintierkadaver übersät. Fette grünliche Fliegen krochen scharenweise über verfaulende Fleischfetzen, die von Maden wimmelten. Das Küken rückte Stück für Stück von uns ab. Wir mussten aufpassen, dass es uns nicht vor Angst aus dem Nest fiel, also angelte ich mir nur ganz behutsam die Kamera. Graham und ich verbrachten die nächste halbe Stunde damit, den Adlerdung von der Linse zu entfernen und den angesammelten Dreck von drei Monaten wegzuputzen. Als wir damit fertig waren, schien das Küken sich überraschend gut mit unserer Anwesenheit abgefunden zu haben, doch ein schneller Blick über die Schulter zurück zur Mutter erinnerte mich daran, dass allzu viel Selbstsicherheit fehl am Platz war. Graham und sie behielten sich im Blick, und der Waffenstillstand hielt – gerade noch. Allerdings würde einer von uns sich bald wieder abseilen, und der andere müsste dann allein mit ihr klarkommen. Ich erbot mich zu bleiben und sah zu, wie Graham sich auf dem Ast zurücklehnte und ins Leere fallen ließ, um gut 30 Meter weiter unten vom dichten Unterwuchs verschluckt zu werden. Die Harpyie blieb wo sie war und fixierte mich wie gehabt; Graham aber war unversehrt entkommen.

Jetzt war es an mir, mich abzuseilen, und ich wusste schon, was mir blühte. Mit einem letzten nachdrücklichen Blick in ihre Richtung sprang ich von dem Ast und kurbelte mich so schnell an meiner Abseilvorrichtung hinab, wie ich mich nur traute, aber nein, es ließ sich nicht vermeiden: Mit angelegten Schwingen stieß sie auf mich nieder und umschwirrte mich, um mir einen letzten Klauenhieb in die Schulter zu verpassen, bevor sie in den Wald entschwand. Ich hatte jetzt wirklich die Schnauze voll und ließ mich wie ein Stein am Seil auf den rettenden Waldboden fallen.

»Junge, du blutest ja«, sagte Adrian, sobald ich den Helm abnahm. »Sieht gar nicht gut aus …« Er beugte sich vor, um die Stelle genauer zu begutachten. »Dein Kragen ist zerrissen, der Nackenschutz aufgeschlitzt, anscheinend hat sie dich mit der Klaue haarscharf an der Schlagader vorbei am Hals verletzt. Ein klein bisschen weiter links, dann hättest du jetzt nichts mehr zu lachen.« Die Frage war nur: Was für Bakterien besiedeln so eine Harpyienklaue? Die Wunde würde eine gründliche Reinigung brauchen, aber wenigstens floss kein Blut mehr.

Wir versammelten uns um den kleinen LCD-Monitor, um uns das Küken anzusehen, wie es im Nest saß und in die Kamera schmollte. Nach ein paar Minuten landete der Muttervogel im Bild. Reglos stand die Harpyie da und starrte vor sich hin. Dann rupfte sie ein Stückchen Fleisch aus einem Kadaverfetzen und bot es ihrem Küken an, das mit schwächlich flatternden Flügeln näher gerückt kam. Unendlich sanft steckte sie ihm den Happen in den aufgesperrten Schnabel. Es war ein fantastischer Anblick; wir hätten uns keine bessere Bestätigung wünschen können, dass alles gut gegangen war und die Vögel keinen Schaden genommen hatten.

Ich blickte hinauf zu den riesigen Silberästen, die hoch oben im Sonnenlicht schimmerten. Es war eine andere Welt dort in der Festung der Harpyien. Welch ein Privileg, sie besucht zu haben.

»Wir müssen zurück zum Camp, die Wunde desinfizieren«, mahnte Graham. Das ließ ich mir nicht zweimal sagen. Es war zwar erst Vormittag, aber ich brauchte jetzt ein Bier.

KAPITEL 10

Idylle – Marokko

2013

Lose Kalksteinsplitter klirrten wie zerbrochenes Geschirr unter meinen Füßen, während ich langsam den Berghang hinaufstapfte. Der Boden bestand aus staubtrockenem Gestein, mit einer dünnen Schicht Erdkrume zwischen wahllos verstreuten Felsbrocken. Dürre Grasbüschel wuchsen hier und dort, so gut es eben ging. Es war ein Wunder, dass in dieser Landschaft überhaupt etwas wachsen konnte, und ich staunte über die gigantischen Bäume, die hier praktisch aus dem nackten Fels emporragten.

Es waren Atlaszedern. Die klare Bergluft war erfüllt von ihrem würzigen Harzgeruch, ein wunderbar atmosphärischer Duft, der aus versunkenen Zeiten herüberzudriften schien wie Weihrauch. Wenn ich aufblickte, sah ich ihre Wipfel im Sonnenlicht baden, doch hier unten stand ich im Schatten, umgeben von ihren breiten Stämmen inmitten eines spartanischen Unterwuchses aus Stechpalme und Ahorn.

Es war Mitte Oktober in den Atlasbergen. Rote Beeren in den Stachelbüschen verkündeten, dass es Herbst war, und obwohl die Sonne wärmte, ließ der schneidende Bergwind einen harten Winter vorausahnen. Monatelang von der gnadenlosen nordafrikanischen Sommersonne gebacken, im Winter dann bei Minusgraden in tiefen Schnee gehüllt, war dieser Wald ein Ort der Extreme. Was hier wuchs, musste enorm widerstandsfähig sein, um überleben zu können. Was auf die knorrigen Zedern um mich her zweifellos zutraf. Anders als die jüngeren Bäume, die an geschützten Stellen weiter talabwärts wuchsen, besaßen diese massiven Veteranen eine echte Persönlichkeit. Die Baumgruppe, unter der ich stand, drängte sich auf einem Felsgrat zusammen, wie ein Bataillon Soldaten vor dem letzten Gefecht. Ein jeder unterschied sich völlig von seinem Nachbarn, und ihre Körpersprache schien tapfer den Verwüstungen durch Zeit und Klima zu trotzen. Viele Äste waren unter dem Schnee abgebrochen, viele Stämme von Sommerfeuern geschwärzt. Jeder Baum war ein lebendes Andenken an seine vergangenen Tage, mit einer epischen Geschichte, die offen dalag für alle, die sie lesen wollten.

Ich suchte mir einen Platz zwischen zwei Wurzeln, lehnte mich mit dem Rücken gegen den Stamm und blickte den Hang hinab, den ich gerade hochgeschnauft war. Von hier oben wirkte er noch steiler; ich befand mich jetzt auf gleicher Höhe mit den Wipfeln einiger großer Zedern. Ihre stufigen, waagerechten Äste schimmerten im Gegenlicht der Morgensonne, und ihre zarten immergrünen Nadeln hatten einen silbrigen Glanz. Das Sonnenlicht wurde vom Waldboden zurückgeworfen und erleuchtete die Unterseite der Äste, und die riesigen schuppigen Stämme glommen in warmem Kastanienbraun. Die nadelförmigen Blätter bewegten sich in der Brise unter dem klaren Himmel. Der Wald atmete eine Stimmung von zeitloser Gelassenheit.

* * *

Vor zwei Tagen waren mein Dad und ich hier im Mittleren Atlas in der geschäftigen Berberstadt Azrou eingetroffen. Es war einer unserer Lieblingsorte, seit wir ihn vor 16 Jahren zum ersten Mal besucht hatten. Ich lebte und filmte damals in der südmarokkanischen Wüste, und so sehr ich die spröde Schönheit der Sahara liebte, hatten mir doch die Bäume gefehlt. Als Dad mich dann besuchen kam, hatten wir uns auf Entdeckungsfahrt gemacht und dieses Juwel im Herzen der Berge gefunden. Azrou ist das Tor zu einigen der wunderbarsten Wälder, die ich je gesehen habe, und ich bin immer wieder dorthin zurückgekehrt, obwohl nach meinem Geschmack längst nicht oft genug.

Die Atlaszeder ist einer der schönsten Bäume auf dem Planeten, finde ich. Aber wie alle Lebewesen muss man sie in ihrem natürlichen Umfeld sehen, um sie wirklich schätzen zu können. Jede einzelne offenbarte die atemberaubende Ausgewogenheit aller wilden Dinge, die sich in Harmonie mit der Natur entwickeln. Vielleicht hat es auch etwas mit dem wunderbaren Duft ihres Harzes zu tun oder mit der meditativen Einsamkeit ihrer Bergheimat, aber mir tat es einfach in der Seele wohl, mich in der Nähe dieser uralten Bäume aufzuhalten.

Zum Glück macht es auch richtig Spaß, auf Zedern zu klettern. Es sind nicht die höchsten Bäume, aber dafür haben sie starke, ausladende Äste, und (bei älteren Bäumen) eine flache Krone, auf der man sich ausstrecken kann, um die Aussicht zu genießen. Dad durchstreifte den Souk und schacherte nach

Herzenslust mit den Händlern um Teppiche und Fossilien, sodass ich den ganzen Tag Zeit hatte, um die waldigen Hänge nach dem idealen Kletterbaum abzusuchen. Am nächsten Tag wollte ich dann wiederkommen, den Baum besteigen und die Nacht in seinem Geäst verbringen. Ich hatte schon viele Zedern erklommen, aber noch nie in einer übernachtet, und ich hatte nun mal das Bedürfnis, diesen wunderbaren Bäumen so nahe zu kommen wie nur irgend möglich.

Eine Bewegung unterhalb von mir lenkte meinen Blick auf einen Trupp Berberaffen, die durch die Bäume tollten, Steine umdrehten und unter Totholz nach Fressbarem stocherten. Sie erinnerten mich plötzlich daran, dass man hier trotz der Bergluft und des Nadelwalds in Afrika war, und dass diese abgelegenen Täler bis vor Kurzem noch andere Säugetiere beheimatet hatten, die nur auf diesem Kontinent existierten.

Die einzige Bärenart Afrikas überlebte hier bis Mitte des 19. Jahrhunderts, und die letzten Berberlöwen hatten sich hier noch bis in die Vierzigerjahre des vorigen Jahrhunderts in freier Wildbahn getummelt. Einst hatte es von beiden Tierarten einen gesunden Bestand gegeben. Die meisten Löwen, die im Sand des römischen Kolosseums ein unrühmliches Ende fanden, stammten von hier.

Ich versuchte mir vorzustellen, wie es gewesen sein musste, Berberlöwen in dieser Landschaft zu sehen. Sie waren berühmt für ihre Größe und ihre zottigen schwarzen Mähnen und boten gewiss einen majestätischen Anblick, wenn sie in mondhellen Nächten durch den Schnee streiften, lautlos zwischen den tiefblauen Schatten riesiger Zedern dahingleitend. Die Löwen sind verschwunden, der Wald aber ist noch da, und während ich mich zwischen den alten Bäumen auf dem Felsplateau umsah, war es ein schöner Gedanke, dass so eine Raubkatze vielleicht ihre Krallen an der harten Zedernrinde gewetzt hatte. Vielleicht sogar just an dem Baum, an dem ich gerade lehnte.

Wobei mir einfiel, dass es hier vielleicht sogar noch einen kleinen Restbestand des Berberleoparden geben *könnte*. Obwohl viele ihn für ausgestorben halten, sind manche der ortsansässigen Schäfer überzeugt, dass noch Raubkatzen durch die Wälder streifen. Auch das gefleckte Fell, das ich vor 15 Jahren im Souk von Azrou entdeckte, ist mir lebhaft in Erinnerung geblieben; dicker, flauschiger Pelz, wie ich ihn noch nie in Afrika gesehen hatte. In solchen Dingen bin ich ein hoffnungsloser Romantiker, und so wollte ich einfach glauben, dass es diese Tiere hier noch in freier Wildbahn gab. Wenn irgendeine Großkatze überleben kann, ohne dass die Welt davon weiß, dann der Leopard.

Das Krächzen eines Raben versetzte mich zurück ins Hier und Jetzt. Ich trank einen Schluck Wasser und stand auf, um weiter auf dem Berggrat nach einem Kletterbaum zu suchen.

Allmählich begann sich ein Muster herauszuschälen. Die älteren Bäume standen zusammen und bildeten deutlich hervorstechende Baumgruppen im Herzen des Waldes. Anders als viele Bäume, die am besten im Schwemmland von Flüssen gediehen, schienen Zedern sich auf den kargen Böden von Berghöhen besonders wohl zu fühlen. Mir war das ein Rätsel, was nur noch mehr zu ihrer Faszination beitrug. Es waren trutzige, fast rebellische Bäume, die einem ganz eigenen Lebensrhythmus zu folgen schienen.

Oben auf dem Kammweg angelangt, bot sich mir eine wunderbare Aussicht. Ausgewachsene Zedern bildeten eine offene Kolonnade, wie die Säulenbögen einer gigantischen Moschee, die von den schrägen Sonnenstrahlen erleuchtet wurde. Jeder Strahl, der auf den Waldboden traf, enthielt ein tanzendes Schmetterlingspaar. Mit ihren braunen, hell getupften Flügeln sahen sie aus wie Waldbrettspiele. Verzaubert sah ich sie zarte Staubwolken aufwirbeln, während sie umeinander kreiselnd durch die Lichtsäulen zum Baumkronendach aufstiegen. Ich stand wie in Trance, in paradiesische Gefilde versetzt.

Mein Blick fiel auf einen farbigen Fleck zwischen den Steinen zu meinen Füßen. Ein wilder Krokus. Ich hatte noch nie einen gesehen. Seine sechs lilafarbenen Blütenblätter schienen im scheckigen Sonnenlicht zu glühen. Die orangenen Fäden seiner drei Narben waren deutlich sichtbar. Gesammelt und getrocknet wurden diese Fäden zu Safran. Ich dachte an das kostspielige rote Gewürz, das ich hoch aufgetürmt in Zedernholzschalen im Souk von Azrou gesehen hatte. Die Gemeinschaft von Zeder und Krokus erschloss sich einem nicht auf den ersten Blick, aber irgendeinen Nutzen mussten sie wohl daraus ziehen. Für ihren rauen Lebensraum sind diese Wälder doch erstaunlich fragil; ich erinnerte mich an die ernsthaften Stressfaktoren, denen sie ausgesetzt sind.

Im Jahr 2013 veröffentlichte die Weltnaturschutzunion eine periodische Übersicht über den Gesundheitsstatus der Koniferen weltweit. Über Nacht wurde die Atlaszeder von *kaum bedroht* zu *gefährdet* hochgestuft. Mitte des 20. Jahrhunderts war ihr Bestand um 75 Prozent zurückgegangen, und seit den Achtzigern haben sie immer wieder unter langen Dürrephasen zu leiden. Früher dehnten sich diese Wälder über die ganze Bergwelt des Maghreb aus, doch nachdem sie aus Algerien verschwunden sind, hat Marokko nun 80 Prozent des Restbestands. Das Hauptproblem – in solch einer trockenen Umgebung unvermeidlich – ist wohl die globale Erwärmung. Die Wälder rings um Azrou sind auf den nördlichen Hängen des Atlasgebirges angesiedelt und haben schon immer von der feuchten Atlantikluft profitiert, doch die zunehmende Trockenheit von Süden her übt einen negativen Einfluss aus.

Heutzutage sind die südlichen Hänge von den traurigen Skeletten vertrockneter Zedern übersät, und der Waldsaum zieht sich immer weiter nordwärts zurück. Da die Atlaszeder in der Natur nur in Höhen von etwa 1300 bis 2700 Metern vorkommt, kann der Wald nirgendwohin ausweichen. Zusätzlich bedroht ist er durch illegalen Holzeinschlag, Überweidung und Erosion.

Normalerweise ist für mich ein Glas eher halb voll als halb leer, aber selbst mir fällt es schwer, optimistisch zu bleiben, was die Zukunft der Atlaszeder in ihrem natürlichen Umfeld angeht. Einzelne Bäume lassen sich sehr gut in Großbritannien ansiedeln, aber Wälder sind nun mal so viel mehr als die Summe ihrer Bäume. Die Gene können wir für zukünftige Züchtungen an anderen Orten bewahren, aber das ist kein Vergleich mit einer Zeder – oder auch einem Berberlöwen – in der Umgebung, in die sie gehört.

Vorsichtig berührte ich den Krokus mit dem Finger. Seine Blütenblätter waren so zart, dass ich sie kaum spürte. Wie konnte etwas so Fragiles hier überleben? Mein Blick kehrte zurück zu den Schmetterlingen, so ephemer in ihrem seligen Paarungstaumel zwischen all diesen majestätischen Zedern. Was für ein magischer Ort.

* * *

»Und? Hast du deinen Baum gefunden?«, fragte Dad, als ich gegen Abend nach Azrou zurückkam. In die Betrachtung des Sonnenuntergangs versunken, saß er an seinem Lieblingstisch auf den Stufen des Hôtel des Cèdres, das den Marktplatz überblickte. Er nippte an einem Glas *nous-nous,* und ich staunte wieder mal über seine Fähigkeit, sich zu jeder Tages- oder Nachtzeit beliebige Mengen Kaffee von nuklearer Durchschlagskraft zu genehmigen. Ich setzte mich zu ihm und sagte, ich hätte tatsächlich meinen Traumbaum gefunden und könne es kaum erwarten, ihn zu erklimmen. Neben ihm stand eine Tasche voller frisch erstandener Kleinigkeiten; offenbar hatte er den Tag nicht weniger genossen als ich. Vor ein paar Jahren hatte er sich aus dem Londoner Antiquitätenhandel zurückgezogen, aber alte Gewohnheiten gibt man nicht so leicht auf, und seine zufriedene Miene sprach Bände. Nur die Händler im Souk taten mir ein bisschen leid.

Der Ruf zum Gebet stieg in den klaren Abendhimmel auf, und der Duft der Tajinen, die über Holzkohle schmorten, zog durch die engen Gassen. Über den waldigen Hügeln hing ein Dreiviertelmond, und ich dachte mit Behagen daran, wie ich ihn das nächste Mal aufgehen sehen würde: von einer Hängematte aus, die gut 30 Meter über dem Boden in der Krone einer Zeder aufgespannt war.

* * *

Es war fast schon am Mittag des nächsten Tages. Doch während die kahlen Berghöhen in der sengenden Hitze brannten, war der Wald hier unten schattig und kühl. Die Luft war geschwängert vom mittlerweile vertrauten Duft des Zedernharzes, als Dad und ich uns entlang der bewaldeten Talhänge einen Weg zwischen den Felsbrocken bahnten, auf den Baum zu, den ich mir zum Klettern ausgesucht hatte. Ich hatte seine GPS-Koordinaten gespeichert, was mir ein bisschen wie Schummeln vorkam und den Genuss des Waldes für mich um einiges schmälerte, während ich blindlings der Spur aus digitalen Punkten auf dem Bildschirm folgte. Aber ich wollte so schnell wie möglich an mein Ziel gelangen, um mindestens eine Stunde vor Sonnenuntergang schon in meiner Hängematte zu liegen. Dad wollte ebenfalls unter freiem Himmel übernachten, also hatte ich eine zweite Hängematte dabei, die er irgendwo ebenerdig zwischen den Stämmen befestigen konnte.

Der Baum meiner Wahl stand am äußersten Rand der Schmetterlingslichtung, wo das kleine Plateau zur nächsten Senke hin abfiel. Es war nicht die größte Zeder, die ich je gesehen hatte, aber dafür stand sie an der besten Stelle. Mir war auf den ersten Blick klar gewesen, dass es die richtige war. Nachdem ich endlich meine Wahl getroffen hatte, konnte ich es kaum erwarten hinaufzusteigen.

Sobald wir an ihrem Fuß standen, sah Dad sich nach einem Platz für seine Hängematte um, während ich mich zunächst einmal mit dem Baum vertraut machte, den ich erklettern wollte.

Es war ein wunderschön proportioniertes Exemplar. Der Stamm maß eins achtzig im Durchmesser – nicht sehr massiv – und strebte als glatter, knotenfreier Pfeiler zur Krone auf. Der unterste Ast zeigte sich erst in 22 Metern Höhe und war nichts als ein abgeknickter, toter Stumpf. Aber die Krone darüber war makellos: ausladende waagerechte Äste, die sich in alle Richtungen ausbreiteten und zahllose Möglichkeiten zum Anbringen einer Hängematte boten. Die Randstellung des Baums ergab natürlich eine fantastische Aussicht über das Tal, obendrein in westliche Richtung, was einen spektakulären Sonnenuntergang verhieß.

Ohne länger Zeit zu verschwenden, brachte ich mein Katapult in Stellung und jagte eine Schnur über den tiefsten tragfähigen Ast, den ich sehen konnte. Ich kurbelte mein Seil hinauf, das ich zum Anstieg in die Krone zu nutzen gedachte. Von da an wollte ich von Ast zu Ast durch den Rest des Baumes weiterklettern. Meine Reepschnüre würden mich halten, falls ich fiel. Doch hier war es mir wichtig, an dem Baum selbst hochzuklettern; ich wollte mich nicht einfach nur an einem langen Seil, das den Wipfel mit dem Boden verband, bis zur Spitze hinaufhangeln.

In einigem Abstand hörte ich Steine klirren; offenbar hatte Dad einen Lagerplatz gefunden und bereitete eine Feuerstelle vor. Ich stieg in meinen Klettergurt, zog ihn bis zur Brust hoch und klinkte alles Zubehör los, das ich nicht brauchen konnte. Das Ende des Seils band ich an einen Rucksack, der die Campingausrüstung, Wasser und Proviant enthielt, klinkte mich ein und zog das lose Ende durch. Im trockenen mediterranen Klima zu klettern war die reinste Erholung verglichen mit dem mühsamen Aufsteigen in der feuchten Hitze des tropischen Dschungels. Sehr angenehm, nicht gleich schweißgebadet zu sein, kaum dass man den festen Boden verlassen hatte; sehr erfrischend, nicht die ganze Zeit von bissigen Insekten belästigt zu werden.

Aber ich hatte mich zu früh gefreut. Bald floss auch hier der Schweiß in Strömen. Auf halbem Weg hinauf kam ich in die Sonne, und schon prickelte mir die Haut vor Hitze. Ein paar Minuten später im Schatten der Baumkrone angekommen, hielt ich erst einmal inne, um zu verschnaufen. In der trockenen Luft verdunsteten die Schweißflecken auf meinem Hemd sekundenschnell. Ich spähte den Stamm hoch, um zu sehen, wie weit es noch war.

Das Seil verlief durch eine Lücke zwischen dem Baum und einem riesigen toten Zweig über mir. Vom Boden aus hatte die Lücke viel größer gewirkt: würde ich jetzt überhaupt hindurchpassen? Auf jeden Fall würde es eng werden. Zwar hätte ich die Engstelle mithilfe meiner Reepschnüre umgehen können, doch ich entschied mich dafür, es zu wagen. Es wurde zwangsläufig ein ziemliches Gewürge, und fast wäre ich stecken geblieben. Zu viele Tajinen! Als ich mich endlich aus dem Flaschenhals herausgearbeitet hatte, waren meine Arme voller Kratzer, Harz und Dreck. Rindenschuppen klebten auf den Harzflecken, und bei dem Versuch, sie loszuwerden, riss ich mir etliche Haare aus. Aber der Duft des Zedernharzes war überirdisch, und ich konnte mir eine Kostprobe nicht verkneifen. Gern hätte ich mich damit gebrüstet, ein neues exotisches Elixier entdeckt zu haben, eine Art Zaubertrank, der für unendliches Wohlgefühl sorgte. Leider aber war das Zeug nur entsetzlich bitter und ungenießbar, obwohl da auch ein Hauch von würziger Süße war, durch den ich mich verleiten ließ, es noch einmal zu versuchen. Nein, immer noch furchtbar. Ich spülte den Geschmack mit einem Schluck Wasser hinunter und kletterte weiter, bis ich das obere Ende des Seils erreichte, wo ich mich an einen Ast lehnte, um mir meine neue Umgebung in Ruhe anzuschauen.

Ich lachte laut los, als ich die Aussicht gewahrte, die mich empfing. In fließenden Wellen umgab mich das grüne Meer der Baumkronen. Schicht um Schicht dichten Zederngrüns in den verschiedenen Ebenen der benachbarten Bäume, und alles smaragdfarben leuchtend in den schrägen Strahlen der Nachmittagssonne. Die Sonne selbst war von einem Ast ausgeblendet, doch die Zedernnadeln drum herum schimmerten silbrig, und lange Fäden glitzerten überall, wo Dutzende frisch geschlüpfter Spinnenkinder durch die Baumkrone herabschwebten.

Da mein Baum am äußersten Rand der Senke stand, befand ich mich nun auf gleicher Höhe mit den Wipfeln der Zedern, die am Hang unterhalb von mir wuchsen. Sie wirkten zum Greifen nahe, als könnte ich durch die klare Luft in ihre Kronen hinüberspringen. Zur anderen Talseite stieg der Wald wieder an bis auf ein Hochplateau, und am weiten Horizont erstreckten sich hoch droben die verlockenden Silhouetten der Berge. Alles, was ich sehen konnte, waren Berge und Atlaszedern, die schönsten Bäume des Planeten. Eine wahrhaft idyllische Szenerie.

Bis zur Baumspitze waren es noch weitere neun Meter, aber die Stelle, an der ich mich befand, eignete sich bestens für meine leichte Hängematte. Ich zog den Rucksack hinauf und hängte ihn an den Ast neben mir. Die Hängematte war nagelneu und zu einem festen Bündel zusammengeknüllt. Ich schüttelte sie aus, packte das eine Ende mit den Zähnen und schwang mich am Seil auf die andere Seite eines breiten Astes, um sie daran zu befestigen. Dann schwang ich hinüber zu einem drei Meter entfernten Ast, wo ich sie festzurrte, um mich anschließend genüsslich in mein neues Bett fallen zu lassen. Um den Schlafsack würde ich mich später kümmern; im Moment war es einfach ein großartiges Gefühl, auf dem Rücken zu liegen und zuzusehen, wie das Sonnenlicht in dem Blätterdach über mir flirrte.

Die Sonne stand noch eine Handbreit über dem Horizont, und ich hatte Zeit genug, einfach nur dazuliegen; ich schloss die Augen und lauschte dem Wald. Es wurde kühler, und eine leichte Brise kam auf, als die Sonne hinter den Horizont sank. Die Brise ließ die Zedernnadeln um mich her leise rascheln, und im Tal unten, wo es schon dunkel wurde, schrie ein Käuzchen.

Dort, wo Dad sich aufhielt, hörte ich immer noch Steine klirren – keine Ahnung, was er da machte, vielleicht baute er einen Schutzwall gegen Wölfe. Ansonsten aber herrschte tiefe Stille. Nein, das passte nicht ganz, es fehlte ja nicht an Geräuschen. *Friedvoll* traf es wohl eher oder auch *ruhevoll.* Es lässt sich schwer beschreiben, aber die Stunde, die ich 36 Meter über dem Boden in der Hängematte schaukelnd verbrachte, den Sonnenuntergang über dem Atlasgebirge vor Augen, war eine der seelenruhigsten meines ganzen bisherigen Lebens.

Nach ein paar Minuten sah ich eine winzige Spinne an ihrem Faden über meinem Gesicht hängen. Damit sie mir nicht auf der Nase landete, blies ich sie leicht an, was sie aber nur anspornte, sich noch schneller hinabzulassen, sodass ich sie an ihrem Faden abfangen musste. Ich verankerte ihn an einem anderen Ast und sah zu, wie sie ihren endlosen Abstieg durch die Baumkrone fortsetzte. Ich konnte mir gar nicht vorstellen, dass eine so kleine Spinne in der Lage war, genug Seide zu produzieren, um sich 40 Meter tief abzuseilen. Da ich nichts anderes zu tun hatte, stellte ich mir vor, wie es wäre, wenn der Baum mich in der gleichen Größenordnung überragte wie ich die Spinne: Dann würde ich ein mehr als 20 000 Meter langes Seil brauchen, um von meiner Hängematte aus den Boden zu erreichen. Der Baum wäre fast 27 Kilometer hoch, und seine höchsten Äste würden bis in die Stratosphäre ragen. Verrückt. Allein der Gedanke an eine so hohe Zeder stimmte mich euphorisch. Während ich ihr zusah, wehte die sanfte Brise die Spinne auf den Stamm zu. Sie landete drei Meter unter mir, löste sich von dem Faden und krabbelte über die Rinde davon. So würde ich wohl nie erfahren, wie viel Seide eine Spinne zu erzeugen vermochte.

Im Schlaf müsste ich in mein Sicherungsseil eingeklinkt bleiben, weshalb ich auch meinen Klettergurt anbehielt. Um es mir so bequem wie möglich zu machen, nahm ich alle unnötigen Karabinerhaken ab und hängte sie beiseite. Ich breitete meinen Schlafsack aus, schälte mich aus den Stiefeln, zog eine Mütze über und legte mich auf die Seite, um mir das Abendrot anzusehen. Feuerstreifen zogen sich über den Himmel. *Salat al-maghrib*, der Ruf zum Abendgebet, wehte von einer fernen Moschee in den Tiefen der Bergtäler hinauf, dann war alles wieder still.

Ein paar Stunden später weckte mich die Kälte. Ich war auf meinem Schlafsack eingeschlafen. Jetzt schlüpfte ich hinein, lag da und horchte auf die Geräusche der Nacht. Der zunehmende Mond stieg durch die Bäume auf, stand aber noch nicht hoch genug, um Licht zu spenden, sodass der Wald um mich her tiefschwarz war. Sterne glitzerten in der Baumkrone, hin und wieder schrie ein Käuzchen. Der klagende Ruf erinnerte mich an die erste Nacht, die ich im Goliath verbracht hatte, vor so vielen Jahren im New Forest. Während ich mich noch fragte, was die Käuzchen sich wohl zu sagen hatten, schlief ich wieder ein.

Als ich das nächste Mal erwachte, stand der Mond hoch am Himmel, und der Wald um mich her war in sein mildes Licht getaucht. Die Zedernnadeln hatten einen wächsernen Glanz, aber die riesigen Zweige um mich her blieben im Schatten. Im Tal drunten sah ich die Zedernwipfel ins Mondlicht aufragen. Ich drehte mich in meiner Hängematte um und spähte hinab. Der Zedernstamm war wunderschön silbrig gescheckt. Seine schuppige Rinde wirkte prähistorisch und zeitlos, und ich fragte mich, wie alt der Baum wohl war. Es kam mir vor, als habe er schon immer hier an diesem Ort gestanden und über das Tal Wache gehalten. Sicher war er mehrere Jahrhunderte alt, vielleicht sogar ein halbes Jahrtausend. In der Lebensspanne dieser Zeder würde meine Stippvisite kaum einen Wimpernschlag ausmachen. Aber genau das ist es ja, was den Bäumen solchen Zauber verleiht. Sie wirken wie ewige Marksteine in der Landschaft, erinnern uns daran, in unserem allzu kurzen Leben das Beste aus jedem Tag zu machen. Wieder schrie ein Käuzchen in dem Baum neben mir, und ich schlummerte wieder ein.

Bis ich erneut die Augen aufschlug, war es sieben Uhr morgens, und die Welt hatte sich verwandelt. Die Farbe sickerte allmählich zurück in den Wald; die Mondnacht schien wie ein flüchtiger Traum. Der blasse Lichtschein im Osten kündete die aufgehende Sonne an, und die Morgenbrise brachte den verlockenden Duft des Zedernharzes mit, doch der Wald um mich herum lag noch im Schatten. Es war kalt, aber nicht frostig; ich lag da und versuchte mich dazu aufzuraffen, aus der Hängematte zu steigen und loszuklettern. Ich hatte vor, die aufgehende Sonne vom Baumwipfel aus zu begrüßen, der sich ja nur neun Meter über mir befand. Die Leiter aus dicken, starken Ästen würde mich ohne Mühe dort hinführen. Ich krabbelte aus dem Schlafsack und schwang die Beine über den Rand der Hängematte, um mir die Stiefel anzuziehen.

Ich packte das lose Ende meines Gleitknotens, zog mich am Seil hoch, stand in der Hängematte und stieg aus, um mich zum Stamm hinzuschwingen. Dort stützte ich mich mit den Füßen ab, zurrte mein Gurtgeschirr fest, langte hinauf und hängte mich mit den Händen an einen Ast, um meinen Rücken zu strecken. Die Kälte war mir in die Knochen gekrochen, und es knackte ein paarmal in der Wirbelsäule, während das Gewicht meines Körpers sie dehnte und geschmeidig machte für den Aufstieg. Ich zog mich hoch, gab mir genügend Spielraum am Sicherungsseil und kletterte von Ast zu Ast, bis ich knapp unterhalb des Wipfels angelangt war.

Die Äste waren hier dünner, knorriger, wettergegerbter. Alles war von Flechten überzogen, und wo ich den Baum anfasste, bröselte Staub herab. Manche Äste hatten ihre Rinde verloren und offenbarten labyrinthische Gänge, wo einst Käferlarven gelebt hatten. Die oberste Schicht von Ästen war so verwoben, dass sie eine dichte waagerechte Matte bildete – eine Tischplatte aus Zedernnadeln. Darüber nichts als blauer Himmel. Ich verankerte mich an dem Ast direkt unter mir, ließ dem Seil wieder genügend Spiel und stemmte mich durch die raschelnden Nadeln hinauf ins Freie.

Mit dem Oberkörper ragte ich jetzt über den Wipfel, gerade rechtzeitig, um die ersten Sonnenstrahlen durch die Krone einer benachbarten Zeder hervorbrechen zu sehen. Die Wärme wurde sofort spürbar. Mit geschlossenen Augen hockte ich da und genoss es, wie sie mir bis in die Knochen fuhr. Ein leises Summen ließ mich die Augen wieder öffnen: Dutzende Honigbienen stöberten emsig im Nadelgrün um mich herum. Fingerlange gelbe Zapfen standen zu Hunderten auf den Zweigen. Es waren die männlichen Zedernzapfen, die den Sommer über herangereift und nun, im Herbst, prallvoll mit Pollen waren. Die Bienen hielten reiche Ernte. Auch die Zedernnadeln standen in Büscheln von den Zweigen ab, jedes Büschel auf einem kleinen Stiel. Dicke wächserne Häutchen verliehen den Nadeln ihren bläulichen Glanz. Ich pflückte ein paar Nadeln ab und rieb sie zwischen den Handflächen, um das himmlische Aroma herauszulösen, das ich inzwischen so liebte.

Mein Baum stand in einer Reihe mit weiteren Zedern von gleicher Höhe am Rand der halbmondförmigen Abbruchkante. Ich wandte mich nach Westen und blickte über das Tal zu den hohen Atlasbergen hin. Der Schatten meines Hangs fiel wie eine riesige Sonnenuhr über das Tal, und obwohl der Wipfel, auf dem ich saß, schon in Sonnenlicht getaucht war, lagen die Bäume unter mir noch im Schatten. Während die Sonne höher stieg, sah ich zu, wie die Schattenlinie mehr und mehr schrumpfte. Die Bäume, die im Schutz der Senke wuchsen, waren mit die größten, die ich in diesem Wald gesehen hatte. Angeblich werden Atlaszedern selten mehr als 40 Meter hoch, aber der Baum, den ich erklommen hatte, maß mindestens 45, und ich würde einen Karabiner fressen, wenn die weiter unten im Tal es nicht sogar auf 50 Meter brachten.

Es war eine unglaubliche Aussicht. Doch talabwärts nach Süden hin bekam sie etwas Gespenstisches. Viele der Zedern dort waren tot. Hohe Bäume wie der, auf dem ich mich befand, die wohl noch viele Jahre vor sich gehabt hätten, waren in der Blüte ihrer Jahre abgestorben. Ihre bleichen Skelette ragten geisterhaft über den Rest des Waldes hinaus. Natürlich gibt es immer Bäume, die sterben, und auch diese könnten Opfer natürlicher Umstände geworden sein. Aber sie waren ganz sicher nicht an Altersschwäche eingegangen. Es war irgendwie nicht geheuer, so viele tote Bäume im gleichen Waldstück vorzufinden. Bestimmt hatte es mit der Dürre zu tun. Ein dichter Unterwuchs von Steineichen hatte sich darunter gebildet, und es war höchst unwahrscheinlich, dass irgendein Zedernschössling dazwischen ans Licht gelangen würde. Nicht, dass ich hier bislang überhaupt junge Zedern erblickt hätte. Die umherziehenden Schaf- und Ziegenherden hatten wohl jeden Nachwuchs vertilgt.

Trotz jener toten Bäume fühlte ich mich beglückt von dem fantastischen Rundblick, den ich noch einmal auf mich wirken ließ, bevor ich wieder abstieg. Die Mehrzahl der Bäume um mich her befand sich in gutem Zustand. Selbst die, die eine Menge Äste verloren hatten und deren Krone windzerzaust war, zeigten gesunden Wuchs und hatten sicher noch viele Jahrzehnte vor sich.

Bis ich meine Hängematte losgemacht und mich abgeseilt hatte, wartete Dad unten schon abmarschbereit auf mich. Aus der Asche des Lagerfeuers stieg noch Rauch auf, und es ärgerte mich ein bisschen, unser letztes Trinkwasser darüberkippen zu müssen, damit der Wald nicht abbrannte. Aber wie er lächelnd bemerkte, erwartete uns in Azrou jede Menge Pfefferminztee.

Wir beschlossen, zurück einen direkteren Weg zu nehmen statt der umständlichen Route, die mein GPS vorgab, und nach einer halben Stunde kamen wir an einen Zaun, der zwischen den Bäume verlief. Er war nicht dazu da, Leute abzuhalten, also stiegen wir hinüber und setzten unseren Weg fort. Ab und zu mussten wir uns durch Brombeergestrüpp, Silberdistel und Ahornsträucher kämpfen, die hier in ungewöhnlicher Dichte wuchsen. Das Gras war höher als bisher, und es gab auch mehr Krokusse. Offenbar waren wir in eine Schutzzone eingedrungen, und der Zaun diente dazu, grasende Tiere draußen zu halten.

Dort endlich trafen wir auf einen Miniaturwald aus hellgrünen Zedernschösslingen, direkt unter einer besonders alten, vielstämmigen Zeder. Ein paar hundert neue Bäume wuchsen durch den knochentrockenen Blätterbelag auf dem Waldboden, offenbar alles Abkömmlinge von diesem Methusalem. Es war ein beruhigender Anblick: An unserem letzten Tag im Zedernwald hatten wir den Beweis gefunden, dass die Bäume sich auf natürlichem Wege regenerierten. Hier, rings um uns her, gab es Hoffnung für die Zukunft. Ein paar hundert Schösslinge machen noch keinen Wald, aber es war ein Anfang. Als ich 16 Jahre zuvor hier gelebt hatte, gab es noch keinerlei Schutzmaßnahmen. Aber der Zaun ließ erkennen, dass endlich etwas für den Wald getan wurde, der nunmehr eine echte Überlebenschance hatte. Alles, was die Natur braucht, ist ein bisschen Entgegenkommen; den Rest schafft sie von allein.

Ich nahm den Rucksack ab und legte mich zwischen die trockenen Zweige und Rindenstücke auf den Bauch, um die Schösslinge genauer in Augenschein zu nehmen. Nicht mehr als fünf Zentimeter hoch, jeder ein zartes Büschel aus weichen grünen Nadeln auf einem dünnen kastanienbraunen Stiel. Sie wirkten unglaublich fragil, und ich konnte mir vorstellen, wie ein Schaf kurzen Prozess damit machte. Dies waren die kleinen Leckerbissen, die gleich als Erstes abgerupft würden. Ich stützte das Kinn in die Hand und blickte hinauf zu der mächtigen Baumkrone über mir. Es war eine Urmutter des Waldes, viele Jahrhunderte alt, und wieder einmal staunte ich, aus welch unfassbar winzigen Anfängen sich so gigantische Organismen entwickeln. Kaum zu glauben, dass ein kleines Fitzelchen Leben, nicht viel größer als ein Zahnstocher, zu einem der gewaltigsten Bäume auf Erden heranwachsen kann – und zu einem der schönsten. Ich kann nur hoffen, dass sie in den Bergen, wo sie hingehören, noch Tausende von Jahren zu finden sein werden. Wer weiß? Vielleicht werden die Zedernwälder des Atlas eines Tages wieder die Heimstatt von Löwen und Bären sein.

EPILOG

Ich sitze in meiner Hängematte, 25 Meter über dem Boden, auf halber Höhe von Goliath. Zu meiner Rechten erstreckt sich ein drei Meter langer Ast, zu meiner Linken der kolossale Stamm, der mit seiner dicken rötlichen Rinde weitere 28 Meter über mir aufragt.

Die Frühlingssonne flirrt durch das zarte Laub, und die Luft ist voller Vogelgezwitscher. Während ich dies schreibe, flattern Sommergoldhähnchen auf der Suche nach Leckerbissen durch die Zweige um mich her, und ein Waldbaumläufer hüpft neben mir den Stamm hinauf. Einfach nur dasitzen und die Natur beobachten, die sich ringsumher entfaltet, als ob man gar nicht da wäre, ist das Schönste am Aufenthalt in einer Baumkrone. Morgenstunden wie diese sind es, die den Reiz des New Forest ausmachen.

Zum ersten Mal habe ich diesen Baum vor 26 Jahren erklommen – obwohl ich es damals nicht ganz bis zur Spitze schaffte. Demnächst werde ich 42, auch wenn ich mich nicht so fühle. Jedenfalls nicht im Kopf. Verschiedene kleine Verletzungen haben im Lauf der Zeit dazu geführt, dass ich die Bäume nicht mehr so wieselflink hinaufkomme wie früher, aber ich bin immer noch der Bursche, der für sein Leben gern durch die Äste kraxelt und sich die eine oder andere Stunde Zeit nimmt, um die Aussicht zu genießen. Wahrscheinlich habe ich mich sehr verändert, seit ich vor 9500 Tagen zum ersten Mal auf diesem Ast saß, aber so ist es ja mit dem Altern – man selbst kriegt es zum Glück immer als Letzter mit. Außerdem habe ich so schnell nicht vor, meinen Klettergurt an den Nagel zu hängen – wo es auf der Welt doch noch so viele herrliche Bäume zu erklettern und zu erforschen gibt. Die Baumkrone und das Filmen der Wildtiere, die sich darin aufhalten, haben nichts von ihrer Faszination verloren, ganz im Gegenteil. Nächsten Monat werde ich mich aufmachen, um Paradiesvögel in Neuguinea zu filmen, gefolgt von vier Wochen mit Orang-Utans in Borneo. Ich kann es kaum erwarten, obwohl es mir nicht leichtfällt, meine Familie über einen so langen Zeitraum zu verlassen.

Goliath ist jetzt ein paar Meter höher als bei unserer ersten Begegnung, und die kaum noch sichtbaren, verheilten Seilkerben auf den Ästen um mich herum bezeugen, dass zweieinhalb Jahrzehnte auch im Leben eines Baumes eine lange Zeitspanne sind. Kambiumschoner, die dazu dienen, die Rinde vor Abschürfungen zu schützen, gab es 1991 noch nicht, darum hinterließen unsere Seile Kerben in den Ästen, von denen wir uns abseilten. Heutzutage ist das anders. Die Kletterer geben sich viel mehr Mühe, die Bäume nicht zu beschädigen. Überhaupt scheinen die Leute sich jetzt sehr viel stärker bewusst zu sein, wie sich ihr Verhalten auf die Umwelt auswirkt. Als ich hier in der Gegend aufwuchs, war die Vorstellung, einen Otter im Wald zu sehen, oder einen Habicht aus den Tiefen des Waldes rufen zu hören, ein reines Hirngespinst. Bussarde waren selten, und man musste schon weit aufs Land gehen, um einen Wanderfalken oder Raben zu erspähen. Aber gerade erst heute Morgen wurde ich vom grellen »Kek-kek-kek« eines Habichts empfangen, als ich mit den Seilen auf dem Rücken zwischen den Bäumen herlief. Und als ich mich anschickte, Goliath zu erklettern, sah ich die schwarzgefiederte Silhouette eines Raben über ihn hinwegfliegen.

Trotz der ganzen Kontroversen und negativen Berichterstattung über Umweltthemen glaube ich, dass wir in einer Zeit leben, die zu großen Hoffnungen für die Tierwelt berechtigt. Natürlich sollten wir uns deshalb nicht selbstzufrieden zurücklehnen: Doch der Aufschrei der Öffentlichkeit, den 2010 das Projekt der britischen Regierung auslöste, geschütztes Waldgebiet an Privatleute zu veräußern, war ein ermutigendes Beispiel dafür, wie sehr die Menschen sich einsetzen. Solange die Bäume noch stehen, gibt es, wie es scheint, auch noch Hoffnung.

Wie zuvor schon bemerkt, sind Bäume oft die Konstante, an der wir das Vergehen der Jahre und der Ereignisse unseres eigenen Lebens messen. Wir projizieren unsere Erinnerungen auf sie; während ich jetzt durch die Zweige hinabblicke, sehe ich meinen Großvater, meinen Vater und mich dort am Fuß des Baumes stehen und aufblicken. Fast höre ich noch das aufgeregte Kläffen meines Hundes, Buster, als er von meinen Kumpels zu mir hinaufgehievt wurde, mit dem Kopf aus der Ausrüstungstasche hervorschauend. (Er begrüßte mich mit überschwänglichem Schwanzwedeln und versuchte sogleich, bis zum äußersten Ende des Astes zu laufen, woraufhin mir klar wurde, dass er zu ebener Erde weit besser aufgehoben war, sodass ich ihn schnell wieder auf den sicheren Boden hinabließ.)

Das Jahr, in dem ich es endlich bis zur Baumspitze schaffte – 1994 –, war auch das Jahr, in dem ich meine zukünftige Frau kennenlernte. Yogita und ich saßen im selben Seminar an der Uni in Derby, und ich kann mich noch gut an den Moment erinnern, als ich sie zum allerersten Mal erblickte. Dreiundzwanzig Jahre, drei Kinder, viel Freude und ein wenig Traurigkeit später sind wir uns näher denn je, aber Goliath hat sie noch nicht mit mir erklommen. In Wahrheit klettere ich jetzt überhaupt fast immer allein, wenn ich nicht gerade irgendwo in einem Dschungel arbeite. Neben meinem Job als Naturfilmer bringe ich anderen in eigener Regie das Baumklettern bei. Das macht mir Spaß. Aber der nicht endende Papierkram, den man sich mit einer eigenen kleinen Firma aufhalst, würde mir meinen Job bald verleiden, könnte ich mich nicht regelmäßig hinaus zu den Bäumen flüchten. Dankenswerterweise scheint Yogita ein unfehlbares Gespür dafür zu haben, was mir guttut, und verbannt mich oft genug in die Baumkronen, wohl wissend, dass ich hinterher entspannter und umgänglicher sein werde. Risikokalkulation, Mails, Buchhaltung und dieser ganze Kram lassen James sonst nur zu einem Langweiler werden.

Also kam ich gestern bei Sonnenuntergang hierher in den Wald. Aus dem Auto zu steigen und den Waldboden unter den Füßen zu spüren war, als würde ich Verbindung zu allem Gewesenen aufnehmen. Ich war in meinem ureigenen Revier und von Erinnerungen umgeben, während ich durch die Dämmerung auf Goliath zuging, vorbei an der riesigen Sitka-Fichte, die ich schon immer hatte erklettern wollen, seit ich siebzehn war – vorbei an der Douglasie, deren Besteigung mit Anfang zwanzig mir noch lebhaft in Erinnerung ist. Als ich ins Freie hinaustrat, war ich beinahe erleichtert, Goliath dort zu sehen, wo er immer gestanden hatte – als riesige Silhouette vor dem nachtblauen westlichen Himmel. So still, erhaben und stoisch wie eh und je. Was für ein Baum.

Im Näherkommen fiel mir auf, dass irgendwer seine Initialen auf Brusthöhe in den Stamm geritzt hatte. Die Buchstaben waren grobschlächtig mit einem langen Messer in die rötlich lamellierte Rinde gehackt worden. Zuerst war ich verärgert, dann enttäuscht, aber schließlich tat die Person, die das verbrochen hatte, mir nur noch leid. Die Rinde war zu dick, als dass ein Messer den Baum beschädigen könnte, und die Buchstaben würden bald wieder verschwunden sein, wenn die Borke verheilte. Doch es brachte mich dazu, darüber nachzudenken, warum jemand überhaupt so etwas tat. Es erschien mir als ein recht verzweifelter Akt der Selbstvergewisserung. Aber so ist das eben: Menschen sind von Natur aus unsichere Wesen. Die meisten Baumgraffiti, und seien sie noch so primitiv, sind wohl ein hilfloser Versuch, sich mit einem kleinen Teil unserer selbst in die Zukunft eines anderen Organismus einzupflanzen, der garantiert sehr viel länger leben wird als wir.

Anderswo im Wald steht eine uralte Buche, welche die ergreifende Inschrift »T. B. James« trägt, gefolgt von einem US-Stern und der Jahreszahl 1944. Der Baum hat sein Bestes getan, um die Wunde zu heilen, aber die silbergraue Rinde einer Buche ist viel dünner als die vielschichtige Borke eines Mammutbaums, und die Buchstaben waren nach mehr als 70 Jahren immer noch lesbar. Vielleicht waren sie mit einem Messer eingeritzt worden, vielleicht auch mit dem Bajonett, auf jeden Fall aber von einem amerikanischen Soldaten am Vorabend der Landung der Alliierten in der Normandie. Also, *das* kann ich verstehen. Und ob er die Landung nun überlebt hat oder nicht, die Erinnerung an ihn ist für immer in den Baum eingraviert, der für mich die Hoffnung des Einzelnen symbolisiert und die Unsterblichkeit des Opfermuts.

Im letzten Tageslicht schoss ich meine Schnur in Goliaths Astwerk und kehrte dann im Morgengrauen zurück, um hinaufzusteigen, sodass ich gerade rechtzeitig oben an der Spitze ankam, um die Sonne aufgehen und die höchsten Wipfel um mich her in goldenes Licht getaucht zu sehen. Ich schlang die Arme um den Stamm und genoss die beglückende Wärme nach der frostigen Nacht im Auto, genoss das wunderbare Glitzern der Sonnenstrahlen in der Baumkrone, während ich dem Präludium aus Bachs Cello Suite Nr. 1 im Kopfhörer lauschte. Als ich dieses Stück zum ersten Mal oben in einem Baum gehört hatte, rührte es mich zu Tränen; diesmal schloss ich die Augen und wiegte mich leicht im Takt des auf- und abschwellenden Bogenstrichs und öffnete sie wieder zum abschließenden Crescendo, um über den Wald hinauszublicken. Ich fühlte mich, als würde ich fliegen, im Sturzflug von Goliath herabsegeln, um wie ein Vogel über die Eichenwipfel weit drunten hinwegzustreichen.

Dieser Blick von Goliaths Spitze ist mir immer noch der liebste von allen Bäumen, die ich je erklommen habe. Vor ein paar Jahren war ich in Kalifornien, um Mammutbäume in ihrem Ursprungsland zu erklettern. Manche dieser Baumgiganten waren ungeheuer hoch, sie waren eine Klasse für sich. Mehr als doppelt so hoch wie Goliath, sogar noch 30 Meter höher als Roaring Meg: einfach über alle Maßen grandios. Aber selbst der Blick von der Spitze eines weit über 100 Meter hohen Küstenmammutbaums ließ sich nicht mit dem vergleichen, den ich an diesem Morgen vom Wipfel eines für mich so erinnerungsträchtigen Baumes aus erlebte.

Während ich über den New Forest hinausblickte, erinnerte ich mich daran, wie ich einmal einen ganz anderen Baum erstiegen hatte, der sich dann als der Lieblingsbaum eines weit berühmteren Zeitgenossen herausstellte.

Im Park von Buckingham Palace stehen zwei wundervolle

Platanen Seite an Seite, nahe bei den Privatgemächern der Königin. Sie wurden von Queen Victoria und Prince Albert gepflanzt und sind daher nach ihnen benannt, obwohl ich nicht weiß, welcher von beiden welcher ist. Ich weiß nur, dass sie beide absolut atemberaubend sind – einfach herrliche Bäume, mit ausladenden, kraftstrotzenden Kronen, typisch für erwachsene Platanen in den besten Jahren. Während ich eine von ihnen erklomm, um Kameras für einen Dokumentarfilm anzubringen, sah ich zufällig zum Palast hinauf. Die Queen, hatte man mir gesagt, wäre an jenem Tag nicht zu Hause, sodass ich ziemlich verblüfft war, plötzlich eine vertraute silberhaarige Gestalt an den Netzgardinen ihres Balkons stehen und reglos zu mir herüberblicken zu sehen. Ich hatte gerade den Baumwipfel erreicht und streckte den Kopf aus dem Laubwerk hervor, und da war sie, keine 30 Meter entfernt, und starrte mich ungläubig an. Ich hatte keine Ahnung, was ich tun sollte. Ich widerstand der Versuchung, ihr zuzuwinken, und fühlte mich ziemlich verunsichert. Die strenge Miene Ihrer Majestät sprach Bände; offenbar hatte niemand sie davon in Kenntnis gesetzt, was ich dort trieb.

Nach zehn der surrealsten Minuten meines Lebens schwang das Palasttor auf und ein Minirudel Corgis kam die Stufen hinuntergehoppelt, in Begleitung eines smarten Typen in Nadelstreifen und Weste mit Goldknöpfen. Mir war klar, dass jetzt eine Erklärung angesagt war, und zwar fix, also seilte ich mich ab, mitten hinein in die kläffende Meute.

»Die Chefin würde gerne wissen, was Sie da in ihrem Lieblingsbaum machen«, meinte der Typ und rief die Hunde zurück. Anscheinend hatte keiner die Mitglieder des königlichen Haushalts vorgewarnt, dass sie heute einen wildfremden Menschen in der Baumkrone vor ihren Fenstern herumklettern sehen würden. Ich entschuldigte mich und versicherte ihm, dass ich den Baum in keiner Weise beschädigen würde; aber da kann man mal sehen, wie sehr manche Bäume von Menschen aller Gesellschaftsschichten geschätzt werden. Selbst die Queen hat ihren Lieblingsbaum, und das finde ich irgendwie ermutigend. Es erscheint mir symbolisch für die tiefen Gefühle, die Bäume in uns allen zu wecken vermögen – wo auch immer wir herkommen.

Neulich habe ich einmal nachzurechnen versucht, wie viele Reisen – von zwei Wochen bis zu drei Monaten – ich seit 1998 in den Regenwald unternommen habe. Bei 76 habe ich aufgehört zu zählen. Macht summa summarum acht Jahre. Doch selbst nach all der Zeit im Dschungel steht Goliath in meinen Augen für alles, was am Baumklettern so wunderbar ist. Tatsächlich ist er leicht zu ersteigen. Aber das ist ja gerade das Schöne: Je älter ich werde, desto weniger möchte ich mich zu Tode erschrecken. Wohlbefinden und Vertrautheit sind inzwischen an die Stelle adrenalintreibender Abenteuerlust getreten. Mittlerweile ist es mir wichtiger, eine echte Verbindung zu dem Baum aufzunehmen, den ich erklettere.

Der begabteste Baumkletterer, den ich kenne, ein Freund namens Waldo, hat seinen Lieblingsbaum in der Nähe seines Elternhauses in Dorset. Obwohl sehr schön, ist er nicht besonders schwer zu erklimmen, keine große Herausforderung. Aber die Sache ist die, dass Waldo sich in seinen Ästen zu Hause fühlt. Er kann sich die Freiheit nehmen, seine Gedanken schweifen zu lassen, während er sich von Ast zu Ast schwingt, und wenn er wieder am Boden landet, fühlt er sich verjüngt, wie neu belebt. So geht es den meisten von uns Kletterern – irgendwo haben wir unseren Lieblingsbaum stehen, zu dem es uns hinzieht, wenn wir das Bedürfnis haben, uns wieder zu erden und ein paar kostbare Stunden fern von allen Ablenkungen zu verbringen.

In dieser Hinsicht ist Goliath für mich noch immer ein Rückzugsort. Als ich vor neun Jahren zum ersten Mal Vater wurde, packte mich fast über Nacht ein Widerwille dagegen, extreme Risiken einzugehen. Vieles in unserem Leben können wir kaum beeinflussen, aber wenn ich eine Wahl hatte – vor allem in den Baumkronen des Regenwalds –, habe ich es stets vermieden, mich unnötig in Gefahr zu begeben. Das Leben hält schon genug unerwartete Herausforderungen bereit, ohne dass man noch um Katastrophen buhlen müsste. Was das Baumklettern betrifft, bin ich heute deutlich vorsichtiger und versuche, nicht unabsichtlich in riskante Situationen zu geraten. So sehr ich sie liebe, sind Bäume doch extrem dynamische, lebendige Strukturen, und es gibt keine Garantie dafür, dass nicht plötzlich Äste brechen oder herunterkrachen, oder dass dort oben nicht verborgene Gefahren lauern.

* * *

In der Nähe unseres Hauses im Südwesten Englands gibt es eine uralte, knorrige Eibe, die gut und gern tausend Jahre alt sein könnte. Sie steht im stillen Winkel eines lang vergessenen Waldstücks und blickt aufs Tal hinaus. Wenn mir mal alles zu viel wird, lasse ich meine Seile zu Hause und klettere in ihre obersten Äste, um in mich zu gehen und die Welt dort unten vorüberziehen zu sehen. Manchmal reicht das schon, und wenn ich dann wieder am Boden bin, fühle ich mich viel gelassener und irgendwie erholt, nur weil ich ein wenig Zeit hoch oben in ihren Ästen verbracht habe. Manchmal fange ich auch an zu reden, nicht unbedingt mit dem Baum, mehr so zur Welt im Allgemeinen. Ich bringe meine Kümmernisse, Ängste und Sorgen zum Ausdruck und lasse sie vom Wind davontragen, der um mich herum durch die Baumkrone streicht. Ich will nicht behaupten, dass das immer funktioniert. Mancher Kummer reicht zu tief, als dass er gänzlich geheilt werden könnte. Auf jeden Fall aber ist es hilfreich, einen Ort zu haben, an den man sich stets zurückziehen kann – einen Ort abseits des geschäftigen Treibens unserer Lebenswelt, einen Ort, an dem ich darüber nachsinnen kann, was verloren ist, oder mich auf das einstellen, was vor mir liegt. Als lebende Wesen strahlen Bäume Energie aus, und besonders Eiben haben eine Kraft, die einfach unbeschreiblich ist. Mich zwischen ihren Ästen aufzuhalten, inmitten dieser Energie, hilft mir oft, mit den Zumutungen des Lebens fertigzuwerden. Wenn mir alles zu schwer wird – und so kann es gelegentlich jedem gehen –, hilft es mir, die Dinge wieder im richtigen Maß zu sehen und meiner Familie die Unterstützung zu bieten, die sie braucht, um voranzukommen.

Diese Eibe ist der Ort, wo ich in Zeiten der Trübsal nach Antworten suche, wo ich aber auch Dank sage für alles andere, das wunderbar und positiv ist. Es gibt so vieles im Leben, wofür man dankbar sein kann; ich finde Dankbarkeit für all das Erfreuliche mindestens genauso wichtig wie Trauern dort, wo Trauer angebracht ist. Das Leben ist da, um gefeiert zu werden, und schon wenige Minuten Konzentration auf das Positive empfinde ich als überaus hilfreich für das innere Gleichgewicht.

Ich bin sehr offen für spirituelle Erfahrungen. Je mehr ich reise, desto mehr wird mir bewusst, wie wenig ich weiß und wie viel man aus den Überzeugungen anderer Menschen lernen kann. Ich bin als Christ aufgewachsen, habe zwei sehr eindrückliche Jahre in einer streng religiösen muslimischen Gesellschaft verbracht und in eine liebevolle Sikh-Familie eingeheiratet. Über die letzten zwei Jahrzehnte haben meine Reisen mich in Kontakt mit Dutzenden unterschiedlicher Religionen und Weltanschauungen gebracht, und sie alle enthalten tiefgründige Wahrheiten, die ich respektiere. Doch ich habe auch erkannt, dass die Spiritualität da ist, wo man sie findet, und ich finde sie am ehesten oben in den Bäumen.

Ein Blick in die Zukunft: Unsere Jungs werden bald alt genug sein, die Wunderwelt der Baumkronen ihrerseits zu erkunden. Sie schaukeln jetzt schon an den Ästen der Eiche in unserem Garten, und es wird nicht mehr lange dauern, bis sie mich auf einem richtigen Kletterausflug begleiten. Eines Tages möchte ich hierher zum New Forest zurückkehren und mit allen dreien auf Goliath steigen. Vielleicht, wenn weitere 25 Jahre vergangen sind. Obwohl ich die Dinge dann wohl etwas langsamer werde angehen müssen.

DANK

Dieses Buch wäre nicht entstanden ohne die kreativen Visionen und die Knochenarbeit von zwei Leuten: Sarah Blunt, Rundfunkredakteurin bei der BBC in Bristol, und Jamie Joseph, Cheflektor bei Penguin Random House.

Über viele Jahre war es mir ein Vergnügen, mit Sarah an zahlreichen naturgeschichtlichen Radioprogrammen zu arbeiten. Ihre Fähigkeit, meine Baumkletterer-Gedanken und -Spinnereien in Sendungen zu verwandeln, die Leute sich tatsächlich anhören würden, hat mich immer wieder in Erstaunen versetzt. Jamie hörte eines Tages zufällig rein und kontaktierte mich überraschend, um vorzuschlagen, dass sich daraus doch vielleicht auch ein Buch übers Baumklettern ergeben könnte.

Jamie hat entscheidend dazu beigetragen, dass dieses Buch schließlich Gestalt annahm. Ohne seinen Anruf (oder Tweet!) wäre es nie so weit gekommen, und die Geschichten hätten nie die Seiten meiner Tagebücher verlassen. Jamie und Sarah haben den Anstoß dazu gegeben, und ich bin überaus dankbar, dass ich die Chance bekam, mit ihnen zu arbeiten.

Viele Kapitel in diesem Buch schildern Abenteuer in den Baumkronen des Dschungels beim Filmen im Auftrag von National Geographic, BBC und verschiedenen unabhängigen Filmgesellschaften. An solchen Produktionen sind viele Leute beteiligt, und jeder spielt eine wichtige Rolle bei der Verwirklichung solcher Projekte. Ich bin sehr dankbar, dass ich Gelegenheit hatte, mit euch allen zusammenzuarbeiten. Ganz besonders danke ich folgenden Leuten (von denen viele in diesem Buch vorkommen) dafür, dass sie geholfen haben, jede Reise in den Dschungel zu einem so wunderbaren und denkwürdigen Erlebnis zu machen: John Waters, Genevieve Taylor, Michael »Nick« Nichols, Dave Morgan, Brian Leith, Ralph Bower, Huw Cordey, Mike Salisbury, Sean Christian, Justine Evans, Rupert Barrington, Rebecca Cecil-Wright, Mirko Fernandez, Kevin Flay, David Roubik, Guy Grieve, Melanie Price, Tom Greenwood, Brett Mifsud, James Smith, Nick Dunbar, Bob Pelage, Rachael Kinley, Jim Hoesterey, Tom Hugh-Jones, und meinem Freund aus Kindertagen, Simon Holloway. Mein besonderer Dank gilt auch Adrian Seymour und Graham Hatherley für ihre Rückendeckung bei dem Harpyien-Abenteuer und – natürlich – Sir David Attenborough, dessen Naturbegeisterung und Leidenschaft für Millionen von uns immer eine wichtige Inspirationsquelle waren.

Danken möchte ich auch dem fantastischen Team bei PRH, vor allem Lucy Oates, Kealey Rigden und Will Atkins, deren hilfreiche Anmerkungen und Vorschläge viel zum Erzählfluss beigetragen haben. Mein Dank geht auch an Alistair Carr, Helen Macdonald und Justin Marozzi – drei sehr erfahrene und talentierte Schriftsteller –, weil sie einem kompletten Neuling wie mir im Umgang mit der Verlagswelt mit Ermutigung und

Rat zur Seite standen. Alistair – mein besonderer Dank an dich für all die großzügige, inspirierende Unterstützung.

Außerdem danke ich Andy Page und Jayne Albery von der New Forest Forestry Commission für die Erlaubnis, in den Baumkronen des Waldes herumzuklettern, um Werbeaufnahmen zu machen. Viele dieser Bäume sind Exemplare von nationaler Bedeutung, und ich weiß das in mich gesetzte Vertrauen zu schätzen, dem ich diese uneingeschränkte Bewegungsfreiheit verdanke.

Ferner danke ich all jenen freigeistigen Baumkletterern und Freunden, mit denen ich im Lauf der Jahre das Vergnügen hatte, Zeit in den Baumkronen dieser Welt zu verbringen. Es waren viele, aus allen Ecken unseres Planeten, aber mein besonderer Dank und Respekt gilt Ben Jones und Waldo Etherington, dafür, dass sie mir ständige Quellen positiver Energie und purer Lebensfreude dort oben in den Bäumen waren. Ihr beide besitzt einfach so viel natürliche Großzügigkeit, dass ihr das Leben all jener verschönt, die sich glücklich schätzen, euch zu Freunden zu haben.

Ganz besonderen Dank an Paddy Graham und Phil Hurrell, die mich überhaupt erst aufs Baumklettern brachten. Paddy – deine ansteckende Kletterbegeisterung war mir von klein auf ständiger Ansporn und Inspiration. Dank dir dafür, dass du mir mein erstes Seil und meinen ersten Klettergurt geschenkt hast, und dafür, dass du mir eine unglaubliche Baumkronenwelt nahegebracht hast, die nur wenige jemals besucht hatten. Phil – dir bin ich ewig dankbar dafür, dass du mir mit Rat und Tat geholfen hast, als Naturfilmer Fuß zu fassen. Du bist eine Legende.

Ebenso danke ich meinem Kameramann und Freund Gavin Thurston, für den ich so viele Jahre als Kameraassistent arbeiten durfte. Anfangs war ich ihm dabei wohl mehr Hindernis als Hilfe, aber ich habe unendlich viel von ihm gelernt, und jeder Kameralehrling braucht jemanden, zu dem er aufschauen kann.

Meine anhaltende Wertschätzung, Liebe und Dankbarkeit gelten meiner Mutter Alison und meinem Vater Chris für ihre unermüdliche Unterstützung bei der Verwirklichung meiner Träume. Ich weiß gar nicht, wo ich anfangen soll – es gibt eine Million Gründe, dankbar zu sein –, aber aus tiefstem Herzen möchte ich euch beiden hier mal meinen Dank dafür aussprechen, dass ihr so tief in die Tasche gegriffen habt für die Abzüge all der unzähligen Fotos, die ich als Kind von Bäumen, Eichhörnchen und Rehen machte (in einer prädigitalen Ära), und dass ihr mir immer die Freiheit gelassen habt, tagelang durch die Wälder zu streifen. Dieses Buch verdankt euch seinen Anfang. Liz danke ich dafür, dass sie – nun, ganz einfach meine Schwester ist. Schwestern müssen eine Menge aushalten.

Schließlich möchte ich noch anmerken, dass dieses Buch niemals vollendet worden wäre ohne die Unterstützung, Geduld und Liebe meiner Frau Yogita und unserer Söhne Rohan, Tarun und Eshan. Eshan – unser Jüngster – wurde mitten in der Abfassung dieses Buches geboren; dieses letzte Jahr als einigermaßen intensiv zu bezeichnen wäre also noch reichlich untertrieben. Yogita – ich kann nur sagen, Respekt. Nicht nur hast du unseren wundervollen dritten Sohn zur Welt gebracht, du hast es auch noch irgendwie geschafft, mir Zeit und Raum zur Fertigstellung dieses Buches zu lassen. Ohne deine bedingungslose Liebe und Solidarität wäre es nie was geworden. Die nächsten 300 Schulfahrten gehen auf mich! Und Jungs, nun, da das Buch abgeschlossen ist, können wir unsere Wochenenden wieder damit verbringen, Bäume, Museen und Schlösser zu besuchen – oh, ihr Glücklichen!

Für alle, die mehr darüber wissen möchten, was man tun kann, um einen Beitrag zum Erhalt des restlichen Regenwalds zu leisten, hier ein paar Websites, die den Besuch lohnen. Danke!

Greenpeace
www.greenpeace.de

World Land Trust
www.worldlandtrust.org

Global Canopy Programme
www.globalcanopy.org

Borneo Orangutan Survival Foundation
www.orangutan.or.id